祝酒词

贺词一本通

（超值实用版）

张超 编著

中国纺织出版社

内 容 提 要

语言，是人类表达心声、实现交流的一种手段。祝酒词，是表达祝福、烘托气氛的关键所在。贺词，更是各种喜庆场合中对他人表达祝贺、沟通感情的重要媒介。一篇好的祝酒词或是优秀的贺词，不仅能够迎合喜庆的气氛，更能给别人留下良好的印象，有利于自己的人际交往和事业的发展。

本书从不同性质的宴会出发，配以风格各异的祝酒词或贺词，全面而具体地介绍了不同场合上适宜的祝酒礼仪和贺词技巧，相信您认真地阅读本书之后，一定能在各种场合的宴会上妙语连珠、应对自如。

图书在版编目（CIP）数据

祝酒词贺词一本通：超值实用版 / 张超编著 .— 北京：中国纺织出版社，2012.9（2024.10 重印）

ISBN 978-7-5064-8713-9

Ⅰ.①祝… Ⅱ.①张… Ⅲ.①酒—文化—中国 Ⅳ.①TS971

中国版本图书馆 CIP 数据核字（2012）第 118359 号

责任编辑：闫 星　　责任校对：高 涵　　责任印制：储志伟

中国纺织出版社有限公司出版发行

地址：北京市朝阳区百子湾东里 A407 号楼　邮政编码：100124

销售电话：010—67004422　传真：010—87155801

http://www.c-textilep.com

中国纺织出版社天猫旗舰店

官方微博 http://weibo.com/2119887771

鸿鹄（唐山）印务有限公司印刷　各地新华书店经销

2012 年 9 月第 1 版　2024 年 10 月第 2 次印刷

开本：710×1000　1/16　印张：24.5

字数：331 千字　定价：59.80 元

前　言

文明古国的中国曾卓立世界，是酒的故乡。酒是一种特殊的食品，是属于物质的，它的发展历程与经济发展同步。它又不仅仅是一种古老的食物，因为它还具有精神文化价值。作为一种精神文化，它体现在社会政治生活、文学艺术乃至个人的人生态度、审美情趣等诸多方面。

无论是在古代还是当今社会，酒文化作为一种特殊的文化形式，在社会生活中始终具有独特的地位。在几千年的文明史中，酒几乎渗透到社会生活中的各个领域。结婚生子、迎宾送客、逢年过节、职位升迁、开业庆典、贸易洽谈，人们都要把酒言欢，正所谓“无酒不成席”。古代的酒宴上，为了烘托宴会的气氛，促进人们的感情交流，一般都会行酒令。现代的宴会上当然不会再像古代那样吟诗作对，取而代之的就是具有特色的祝酒词。

祝酒词，顾名思义就是人们在宴会上敬酒、祝酒、劝酒时要说一些祝福的话语。内容丰富多样：或祝贺，或叮嘱，或欢迎，或壮行，或自勉，或歌功颂德，不拘一格，它是招待宾客的一种礼仪。祝酒词的应用十分广泛，除了独自小酌，只要是有酒的地方，上至国宴，下至民众平常的喜庆酒、生日酒、节庆酒，几乎都少不了祝酒词，适宜的祝酒词可以烘托酒会气氛、增添情趣。

若说酒是宴会上贺词的媒介，那么语言就是表达祝贺的工具和手段。中华民族是礼仪之邦，祝贺的文化源远流长。从古至今，人们每遇良辰美事，总免不了要庆祝一番。在庆祝活动上，最能展示人才华、最能带动现场气氛的，莫过于一篇热情洋溢、才华横溢、感人至深的贺词。

在现代交际中，语言能力已经成为决定一个人事业成败的重要因素。自然，宴会中酒桌上的语言能力更是不容小觑。贺词水平的高低就是语言能力的一个重要的表现。无论是节日庆典、生日宴会、结婚典礼、开业庆典，还是周年庆典、升迁庆典，若是被邀请致辞时哑口无言，或是语无伦次、词不达意，那一定会让人大失所望。不仅丢了面子，还容易让人忽视，影响自己的事业发展。相反，如果你能脱口而出、淡定自若地发表一篇或热情洋溢，或幽默诙谐，或严谨肃穆的贺词，那一定能让你在众人面前有鹤立鸡群之感，得到别人的赞赏、信任和支持。无论政界还是商界，祝酒词、贺词都是一个人在各种庆典、宴会活动中展示才华与魅力的最好机会。可见，致好祝酒词和贺词对一个人的人生和事业来说，都是十分有益的。

当然不可否认的是，每个人的语言能力是不尽相同的，再加上庆典场面、气氛的多种多样，因此想在任意的场合中出口成章、一鸣惊人，不是一件容易的事，这就需要我们日常生活中的积累。本书行文之宗旨正是基于此。本书以不同行业、不同身份的人在各类喜庆场景中的贺词范例为主，以宴会中的各种规范、礼仪为辅。全面而具体地介绍庆祝新婚、生日、庆功、商务、政务、聚会、佳节、周年、升学、乔迁、聚会等喜庆的场景，风格也不尽相同。有的幽默诙谐，有的妙趣横生，有的感人至深，还有的庄严肃穆。这样就充分满足了各层次、各场合的不同需要。书中所涉及的致辞规律都是经过大量的资料收集和研究分析工作之后归纳出来的，对于贺词内容的确定和表达技巧的发挥，都具有很好的指导作用。除范例之外，书中还包含大量的佳句、对联等素材，为致辞人的即兴创作提供了较大的选择空间。

相信如果您熟练地掌握了本书提供的各种宴会祝酒礼仪以及祝酒词、贺词技巧，那么在各种宴会场合上都可以泰然自若、出口成章、应对自如。愿本书有助于您在各种喜庆的场景中一鸣惊人、一展风采。

目录

第一章　婚宴酒

良辰美景，百年好合

结婚是人生中的一件大事，更是一件喜事。良辰美景、花好月圆，如此绝妙的时刻，怎么能少得了酒的甘醇。中国的传统婚宴上，人们总是邀请亲朋好友，共享这一温馨浪漫的幸福时刻。这时，在喜庆的婚礼上，精彩的祝酒词就如同锦上添花，不仅能够调动现场的热烈气氛，还能让新人难以忘怀，因而祝酒词是婚宴中不可或缺的元素。

第二章　生日酒

烛光相伴，众人祝福

生日意味着新的开始，是一个人一年中最特别的日子。为了庆祝这个特别的日子，人们往往举办生日宴会，生日宴会不仅给寿星送去祝福，还能够增加亲朋好友间的感情，祝酒词在这其中就发挥了传递祝福、沟通感情的作用。根据寿星年龄、身份的不同，祝酒词也要灵活应用，这一点至关重要。

第三章　庆功酒

今日同饮庆功酒，壮志未酬誓不休

“今日痛饮庆功酒，壮志未酬誓不休。”这句经典的唱词出自著名京剧选段《智取威虎山》，建功立业的雄心壮志需要美酒相配；春风得意需尽欢的喜悦更需要美酒相伴。这庆功酒既要喝出喜庆，又要喝出自豪，喝出激情。这样一来，就需要几句适宜的祝酒词，活跃宴会气氛，唤起人们的激情。

第四章 商务酒

“商务”有酒，越喝越有

在商界，很多的生意都是在酒桌上谈成的，酒桌上会大大缩短人和人之间的距离。在酒桌上谈生意，不仅要能喝酒、会喝酒，还要能说、会说，这时候好的祝酒词就是必不可少的了。掌握了商务宴会的祝酒词，再配以适宜的商务祝酒礼仪，一定会让你的商务洽谈事半功倍。

【漫话祝酒词】

第五章 政务酒

沟通合作促发展

政务酒宴有别于一般的朋友聚会和商业聚会，因为参与双方都是政府的相关部门，相比于其他的酒宴显得更加庄重和严肃。因此这种场合的祝酒词就不能太过随性，不可肆意发挥，一定要行文规范。一篇优秀的祝酒词，不仅能够促进双方的交流与合作，还能够增进双方的感情，进而促成政务工作的顺利开展。

【酒之道，礼先行】

【举杯词相随】

第六章 聚会酒

相聚饮酒乐当先

人生没有不散的宴席，也正是因为有了离别，才让相聚显得那样的珍贵，那样的可喜可贺。无论是久别的亲人，还是小别的爱人，抑或多年未见的老朋友，重逢之时，共饮一杯香醇的美酒、倾诉一番发自肺腑的思念之语，不仅能拉近感情，更能让这幸福、美好的时刻铭刻在心。

第七章 节庆酒

佳节饮酒须尽欢

“每逢佳节倍思亲”，在中国人的心中，节日向来是人们喜庆和团聚的日子，尤其是一些传统佳节。节庆的宴会上一定少不了美酒来助兴，饭桌上人们推杯换盏、开怀畅饮，把酒言欢、互诉思念。把最诚挚的祝愿化作杯中醇香的佳酿，把最衷心的祝愿汇成一篇洋溢的祝酒词，不仅可以联络感情，更能够将节日的气氛推向高潮，让人难忘。

【酒之道，礼先行】

【举杯词相随】

第八章　职场酒

群英相会酒助威

职场宴会是一个比较正式的场合，因此职场祝酒词也就应该严谨得体，而不能像家常祝酒词那样随意、轻松。职场祝酒词要求措辞得体，既要庄重以表现自己的诚意，又要不失活泼以表示自己的热情。因为职场宴会的正式性，所以在发表祝酒词的时候必须遵循一定的标准和规范，不能随意发挥。在职场中如果能有效地运用祝酒词，一定有助于自己在同事、上下级关系中如鱼得水，游刃有余，助力于自己的职场生涯。

第九章 贺佳节

海上生明月，天涯共此时

“人逢喜事精神爽，时值佳节面貌新”。佳节来临之际，为了表达喜悦之情，人们往往举办各种各样的庆祝活动，这时候除了吃喝玩乐，彼此之间表达祝福的祝词也是必不可少的。根据不同节日的性质和主旨，要恰当地运用语言的风格和情调。只有准确地把握节日的气氛，才能增强贺词的吸引力和感染力。

【漫话贺词】

第十章　贺新婚

执子之手双心结，与子偕老入爱河

婚礼是一个隆重而又温馨浪漫的场合，在这里亲朋好友们纷纷向新人表达自己的祝福。面对喜结连理的新人，献上婚礼的祝福已经成为必不可少的环节。好的贺词一方面能够充分地表达出祝福者的美好祝愿，另一方面也能体现其学识和文采。

【贺词有讲究】

第十一章　贺生日

年年有今日，岁岁有今朝

生日庆典是中华民族的一个古老传统，人们借此方式为对方祈福、庆贺。在这样一个特殊的日子里，一句真诚的祝福，一个美好的祝愿，一篇动情的贺词，远胜过芬芳的鲜花，胜过昂贵的礼物。无论是对少年的期待，还是对中年的赞美，抑或对老年人的祝愿，得体的贺词在生日宴会上都是必不可少的。

第十二章　贺开业

——生意兴隆通四海，财源茂盛达三江

开业庆典十分常见，无论是小的店铺，还是大的商场、酒店等等，在开张的时候为了美好的希望都要举办一个或大或小的庆典。在开业典礼上，致开业贺词是非常重要的、不可或缺的一个环节。贺词一般由机构代表或者领导进行，主要是表达对机构的祝福、期待，对来宾的欢迎和感谢。贺词可长、可短。好的贺词不仅能够调动现场的气氛，更能够提高机构的知名度，扩大影响范围，对机构今后的发展有重大的意义。

【漫话贺词】

第十三章　贺周年

贺喜贺周年，继往以开来

周年纪念日，这是一个值得庆贺的日子。不仅是对过去的经历的一个总结，更是对美好未来的祝愿和憧憬。同时，在举办的周年宴会上，主办者和嘉宾们又能够联络感情、增强凝聚力。这么重要的场合当然是少不了贺词的了，贺词中不仅可以表达出对主办者的美好祝愿，还能够表达自己的感情，烘托庆典的气氛。

【贺词有讲究】

【经典贺词共赏】

【漫话贺词】

第十四章 贺升学

春色常昭志士，才华乐奉勤人

升学自古就被看成一件可喜可贺的大喜事。古有“登科”之说，现有“千军万马过独木桥”之言。学子们通过自己的努力，考上了理想的院校，不仅自己高兴、父母欣慰，就连亲戚朋友也激动不已，于是一场庆祝宴会在所难免，宴会上的贺词更是不可或缺的。父母和亲朋好友们要表达对学子的祝贺，学子要致辞对别人的祝贺表示感谢。

【贺词有讲究】

【经典贺词共赏】

第十五章　贺聚会联谊

海内存知己，天涯若比邻

亲朋好友聚会是一件多么令人高兴的事，大家欢聚一堂共享亲情的温暖、友情的温馨。在这样美好的气氛中，我们无须准备就能说出博得掌声和欢呼声的贺词，因为这贺词发自肺腑。我们甚至不用冥思苦想就能出口成章，因为那是为最真实的情感书写的华美的赞诗。

第十六章　贺乔迁

华屋辉生壁，紫气指新梁

古代民俗中“乔迁之喜”，是需要举行盛大宴会、同时亲朋要送贺礼的。根据民俗，一般乔迁时亲朋送红竹石饰品寓意红红火火。现如今，无论是个人还是单位，旧宅换新舍都是一件喜事，也是值得庆祝的，因而一篇激情洋溢的贺词是必不可少的。乔迁贺词应做到：既有祝福之情，又有贺喜之意。

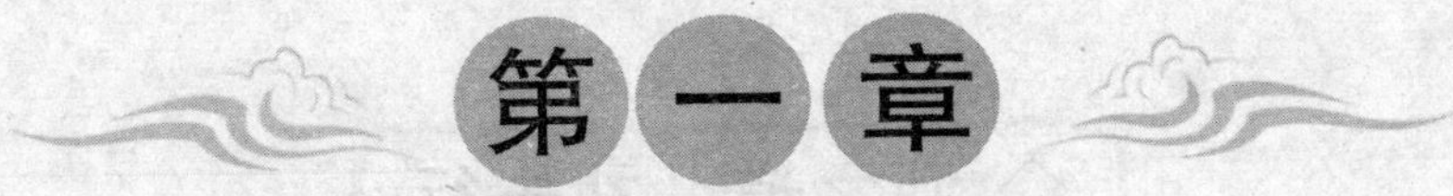

第一章

婚宴酒

——良辰美景，百年好合

结婚是人生中的一件大事，更是一件喜事。良辰美景、花好月圆，如此绝妙的时刻，怎么能少得了酒的甘醇。中国的传统婚宴中，人们总是邀请亲朋好友，共享这一温馨浪漫的幸福时刻。这时，在喜庆的婚礼上，精彩的祝酒词就如同锦上添花，不仅能够调动现场的热烈气氛，还能让新人难以忘怀。因而祝酒词是婚宴中不可或缺的元素。

◇ 酒之道，礼先行

宾客敬酒礼仪

从古至今，婚宴都离不开美酒，宴会上喝酒能够增加热闹的气氛，若再配以吉祥的祝酒词更显喜庆。说到喝酒，那就不得不提到酒桌上的礼仪，中国是礼仪之邦，酒桌上的礼仪当然是必不可少的。不同身份的人敬酒配以不同的礼仪，这样不仅烘托气氛，更能展现礼仪之邦的礼仪文化。

宾客是婚宴上很重要的一类客人，也是人数最多的一类。所以宾客敬酒的礼仪尤为重要。接受敬酒的宾客不必喝酒，只需坐在座位上，微笑面对敬酒者。向宾客敬酒时，如果席间有十位宾客甚或更多及彼此间不是很熟识，务必站起身来。如果是在人数较少或彼此都熟识的场合，则可以坐着敬酒。为了引起他人的注意，可以先说句开场白，如“各位女士，各位先生，我想向×××先生（小姐）敬个酒”，或者也可以不必说得那么正式，只要声音比正常说话时大一点儿，如“现在我想说几句”。不过，如果你是以敲杯沿的方式来引起他人注意，可千万不要太过用力，以免把杯子敲破。不过，若非很熟识的场合或聚会，不宜采用敲杯碟这种方式，因为那很不礼貌。

婚宴上每一次敬酒时间不宜超过三分钟。因此，应该避免东拉西扯、没完没了。向新人致意时，话语中可以表达关怀，语气幽默风趣、率真感人，也可以有适当的幽默，活跃气氛。但是要掌握说话的分寸，要注意自己的身份。

婚宴上喝酒是少不了的，婚宴上的祝酒词更是不可或缺的，不同身份的人的祝酒词也各不相同，下面着重介绍婚宴主要人物的祝酒礼仪及祝酒词。

伴郎敬酒礼仪

伴郎，在婚礼上算得上一个很重要的角色。在宴席上，伴郎一方面要敬新郎、新娘双方的父母，一面又要照顾宾客。婚礼开始前，伴郎既要充当新郎的贴身管家，又要帮忙迎亲。在婚宴开始的时候，伴郎更是发挥着很重要的作用。婚宴上，新郎会遇到很多问题，尤其是敬酒的时候，伴郎也要不时地为新郎解围。这就要求伴郎不仅要随机应变，有胆识、有酒量，还要会说得当的祝酒词和应付宾客的祝酒词。伴郎在敬酒时需要注意，敬酒词中要体现出新郎是非常优秀的，新郎和新娘的结合是完美的，同时还要表达对新郎、新娘父母的敬意和对宾客们的谢意。与此同时，当有宾客强行向新郎敬酒、有意为难新郎时，伴郎要为新郎挡酒。

新人敬酒礼仪

在举行婚礼这一天，对于新人而言除了婚礼仪式以外，婚宴上的敬酒也是重头戏。

新人应当根据来宾的不同身份按顺序敬酒。在主桌上，新人要先敬女方父母和男方父母，再敬其他长辈。这时的祝酒词中，要表达对双方父母养育之恩的感激、对长辈的感谢，以及对父母长辈的祝福等。一般等到吃过凉菜和第一道热菜时，新人开始主桌敬酒。敬酒一般从两家的长辈开始，然后是亲戚和父母的同事、朋友，最后是与新人同辈的朋友、同学、同事。对于长辈和父母的同事，祝酒词一般要多表达感激、敬意和祝福，言辞恳切，态度恭敬。而对于朋友、同学、同事，祝酒词一般多为表示欢迎和感谢。也可以根据关系的亲疏灵活地变动，关系较好的朋友可以使用活泼的言辞，只要保持一个度，一些小玩笑、小幽默更能增添婚礼的乐趣。

敬酒时新人要亲手为客人将酒杯倒满，双手为客人端起，但不要强求客人一饮而尽，等客人放下酒杯后，新人的祝酒词就非常简短了，一句“谢谢”足矣，并再次为客人将酒杯添满。伴郎、伴娘应陪在新人身边，以便随时为新人提供帮助。

这么隆重的日子里，宴席固然需要丰盛，加以完美的酒礼，配以适当的祝酒词，相信这样的婚礼不仅是热闹的、幸福的，更是令人愉悦的、难忘的。

新郎挡酒礼仪

婚礼当天，酒席自然十分重要，但是酒席过后新郎和新娘还有许多其他的事情要做，况且若是新郎喝醉了，洞房花烛夜还得让新娘来照顾。为了避免因为宾客们过于热情的敬酒而喝醉，除了靠伴郎来挡酒，新郎自己也要掌握一定的挡酒的祝酒词，这样既能将酒挡下而不喝醉，又能够增添幸福、喜庆的气氛。

为了不致喝醉，一定要掌握好侧重点。首先，如果能够把酒换成白开水，以假乱真那样最好。但是如果这样的办法行不通的时候，就要讲究一定的顺序，先从主桌开始敬酒，然后是给长辈的客人敬酒。这个时候新人可以少喝一点，多用一些甜美的祝酒词转移长辈们的注意力。一般情况下，长辈是不会为难晚辈的，关键是在之后的同学、同事、朋友们，就需要“斗智斗勇”了，所以新人要留好量等着后发制人。一旦到了给同学、同事、朋友等同辈人敬酒，就要注意他们的祝酒词，以便新人配合以自己挡酒的词语。要把朋友、同学、同事摆在一个比较高的位置上，自己要表示谦卑，这就要通过一定的祝酒词来应对了。比如，面对年长的同学或资历深的同事，新人多说崇拜、钦佩和赞扬的祝酒词，让他们自己觉得身份特殊，这样就可以减少被“欺负”的机会。而对其他的朋友、同学、同事，要多多地表示对他们的感谢之情，对他们动之以情，这样也会让很多人心慈手软。挡酒的方法也是很多的，在这大喜的日子里，挡的是酒，迎接的却是喜气。因此这一天的宗旨就是：既要喝的少，又要让气氛和谐美好。

◇ 举杯词相随

司仪祝酒词

结婚乃人生中的一件大喜事，每一位新郎、新娘都希望婚礼既温馨浪漫，又热烈喜庆。因此司仪的祝酒词一定要含蓄、文雅、浪漫，同时应该灵活多变，善于即兴发挥，这样才能推波助澜，使婚礼的气氛渐趋生动、活泼。例如，在新郎、新娘喝交杯酒时，司仪可以这样说："喝了这杯酒，生活美满全都有；喝了这杯酒，夫妻恩爱心中留；喝了这杯酒，祝福你们天长又地久！"这一番话轻而易举就烘托出了结婚的喜庆气氛，让在场的每个人都能感受到婚礼的热闹红火。

范文一：司仪在婚礼上的祝酒词

【场合】婚宴

【人物】新郎、新娘及双方的亲友、嘉宾

【致辞人】司仪

尊敬的各位朋友，女士们、先生们：

大家好！

朋友们，看你身旁女士灿烂的笑脸，再看你身旁男士喜悦的面容，就知道今天是个好日子。没错！今天就是××先生和××小姐大喜的日子。一对相亲相爱的恋人，经过一个个365里路的携手并肩，经过一个个花前月下的卿卿我我，终于走到了一起。朋友们，走到一起来，天地放光彩，走到一起来，幸福大无边。

在这幸福的时刻，请允许我代表各位来宾，向新郎、新娘致以衷心的祝福。同时，我也代表新郎新娘和双方的亲友，向百忙之中亲临喜宴的各位来宾，表示热烈的欢迎和最衷心的感谢。

爱情和婚姻是人生中永恒的话题，无论古今。鹤舞楼中玉笛琴弦迎淑女，凤翔台上金箫鼓瑟贺新郎。今天这一对郎才女貌的天赐佳人，在

庄严的《婚礼进行曲》中，在亲朋好友的祝福声中，共同步入神圣的婚姻殿堂，共同见证人世间最美的幸福。正所谓郎情妾意，他们从“月上柳梢头，人约黄昏后”到“柔情似水，佳期如梦”，从“诗题红叶、彩耀青鸾”到“欢连二姓，缘结三生”。如今他们的爱情终于修得正果，组建成一个幸福的新家庭。

看我们的新郎那是才华横溢、年少有为，再看我们的新娘温婉大方、贤惠善良，他们组建的家庭必然是锦上添花。我们祝愿这一对新人在生活上“百年好合”，在事业上“相互扶持”。希望他们婚后的生活和和美美、幸福一生。

让我们共同举起手中的酒杯，为两位新人祝福：祝福他们喜结良缘永相爱，祝福他们壮怀鹏志共双飞。同时也祝愿所有的来宾身体健康、阖家欢乐，干杯！

范文二：司仪在婚礼庆典上的祝酒词

【场合】新婚宴会

【人物】新郎、新娘及来宾

【致辞人】婚礼司仪

尊敬的各位来宾、各位朋友们：

大家早上好！

乾坤定泰，金地献山珍，酒美茶香，广绽宾朋欣就坐；乐赋唱随，婚宴借海味，食珍礼好，新郎新娘喜开宴。今天是××小姐和××先生喜结良缘的日子，在这个幸福的时刻，让我们衷心地祝福这对新人新婚快乐！在此，请允许我，代表两位新人以及他们的家人，向各位来宾表示热烈的欢迎和诚挚的谢意！

凤落梧桐梧落凤，珠联璧合璧联珠。今天，我们欢聚一堂，共同见证两位新人的爱情修成正果，也共同见证了一个幸福的新家庭的诞生。祝愿这对新人能够“锦堂双璧合，玉树万枝荣，携手浴爱河，新婚结同心”。婚姻的缔结，象征的不仅仅是圆满的爱情，更是两个人相依相偎共担风雨。婚姻是幸福的相守，更是一种责任的担当，希望两位新人，在以后的生活中相互理解、相互包容，将爱情进行到底。

今天是××××年×月×日，希望两位新人能够永远记住这个美好的日子、这个幸福的时刻，如果在以后的生活中出现什么矛盾或者问题，请你们一定要记得今天，你们在这里共同许下相守一生、相爱一生的诺言。今天，是你们生命中又一个新的起点，从此你们将肩负起家庭的责任，日后，你们还要肩负起为人父母的责任和赡养双方父母的责任，这些责任很重大，需要你们共同承担。作为今天的主持人，我感到十分的荣幸，我希望这对新人婚后能够互敬互爱，生活上互相关心，工作上相互支持，共同去创造美好的明天！

海誓山盟期百岁，情投意合乐千杯。

我提议，且让我们共同举杯，为这对新人的结合送上最真挚的祝福。愿他们一心一意相守，不离不弃相随。同时也祝在座的各位来宾身体健康，生活美满，工作顺利，吉祥如意。干杯！

证婚人祝酒词

证婚人的祝酒词是指证婚人在婚礼上对新人的结合予以“证明”，并向新人致以祝福和希望的发言。证婚人的希望和勉励对新人来说尤为重要，因为正是有了证婚人的“证明”，两个新人的结合才显得神圣而庄重。因此证婚人的祝酒词十分重要，不仅要给予证明，也要给予祝福。

证婚人祝酒词的主要内容应该包含以下几点：首先，要表达自己作为证婚人的高兴心情。其次，要对喜结连理的双方予以证婚，有时还要宣读双方的结婚证书。最后不能忘了向新人致以祝福和希望。

证婚人的祝酒词同时要注意以下事项：第一，言简意赅。证婚人的祝酒词本身并不是婚礼程序中最重要的内容，其主要目的只是对婚恋双方的结合予以“证明”，以示郑重、正式之意，所以不能过长。第二，证婚人在证婚时的态度一定要郑重、严肃，这样才能使在场的嘉宾感受到婚姻的神圣。

范文：证婚人在婚宴上的祝酒词

【场合】婚宴

【人物】新郎、新娘及双方的亲友、嘉宾

【致辞人】证婚人

尊敬的各位来宾，各位朋友：

大家上午好！

今天，伴随着庄严的《婚礼进行曲》，一对新人踏上了通往婚姻殿堂的红地毯，接受亲朋好友的祝福。我受××先生和××小姐的重托，担任此次婚礼的证婚人，对此我感到万分的荣幸。

新郎，××先生现在××单位，从事××工作，担任××职务，今年××岁。新郎不仅英俊潇洒，更重要的是他举止优雅、才华出众。

新娘，××小姐现在××单位，从事××工作，担任××职务，今年××岁。新娘不仅长得漂亮大方，更重要的是她温柔贤惠、知书达理。

我们总是愿意相信缘分是冥冥之中早已注定的，今生因为有缘让他们走在了一起，走过了红地毯，走向美满的新生活。我想，上天不仅会让这对新人一直相亲相爱下去，而且也会在不久的将来将恩泽带给他们的孩子。

现在我宣布：新娘、新郎结为恩爱夫妻，从今以后，你们就要一生一心一意、忠贞不渝地爱护对方，在人生的旅程中永远心心相印、不离不弃。

请大家一起举杯，祝愿这对新人新婚快乐、同心永结。谢谢大家！

新人家长祝酒词

新人的家长祝词，不仅要向自己的孩子提出祝福和希望，而且作为主人还要向宾客亲友们的到来表示感谢和欢迎。

新人家长的祝词一般需要注意以下几个问题：

由于新人家长的身份具有双重性，既是新人的父母，又事婚宴的主人，因此，在致祝酒词时一定要用较多的篇幅向客人们的光临表示欢迎，并致以诚挚的谢意。

可以适当讲一讲在为儿女筹备婚礼时的感想，但是要适可而止。

要对儿女以后的婚姻生活提出自己的期望。比如“希望你们以后相亲相爱，互相包容和理解，共同承担家庭的责任，拥有一个幸福美满的家庭”等。

范文一：新郎的父母祝酒词

【场合】婚宴

【人物】新人、亲友

【致辞人】新郎父亲（母亲）

尊敬的女士们、先生们、朋友们：

大家上午好！

天长地久祝新人，并蒂开放向阳花。

今天是犬子××和××小姐结婚的大喜日子，作为××的父亲（母亲），此时此刻我的内心非常激动。在此，我首先要对这对新人表示祝福，同时也要对来参加犬子和××的婚礼的亲朋、挚友们表示欢迎和感谢！

婚姻是神圣而伟大的，因为两个人视彼此为唯一，两颗心相互忠诚。今天他们共同走上婚姻的圣殿，就要共同承担责任，共同分享快乐、分担忧愁。作为新郎的父亲（母亲），我衷心地希望这对新人能够在漫漫的人生路上，一辈子相互扶持，相敬如宾，白头偕老。

作为过来人，我在这里有几句话要嘱托两位新人：一是希望你们互相理解包涵，在人生道路上同舟共济；二是要尊敬和孝顺父母，常回家看看；三是努力地工作，回报社会、回报父母、回报单位。

除了对两位新人的祝福，我更要感谢在场的每一位亲朋好友，你们在百忙之中来参加犬子和××的婚礼，我不胜感激。借此机会，也祝各位身体健康，事业顺利，家庭幸福，万事如意。

最后我郑重地代表我的全家，诚挚地感谢亲家对犬子的信任，把你们含辛茹苦养大的女儿托付给我的儿子。我保证我们一定将××视如己出，不辜负亲家的托付，请亲家放心！

最后，让我们共同举杯，祝愿这对新人生活幸福、百年好合，祝福各位来宾身体健康、家庭和睦。干杯！

范文二：新娘的父母祝酒词

【场合】婚宴

【人物】新人、亲友

【致辞人】新娘的父亲（母亲）

尊敬的各位来宾：

大家上午好！

今天是我小女××和女婿××结婚的大喜日子。今天，他们就正式地结为夫妻了，我们这两个家庭也结成了亲家。婚姻不仅仅是两个人的结合，还是两个家庭的结合，通过这样一种方式血脉亲情得以传递。其实女儿一直是我们的牵挂，现在她找到了可以托付终生的人，我和我的爱人也就放心了。

孩子们，希望你们能够好好地过日子，相亲相爱，两个人共同营造一个幸福温馨的家庭。作为你们的父亲（母亲），我今天非常激动、也非常欣慰。我代表双方的家长，祝你们新婚快乐，幸福如意！

同时，在这里我也要代表全家人，向在座各位亲朋好友深情厚谊前来道贺，致以热烈的欢迎和深深的谢意。无论是小女的朋友、同事还是女婿的亲戚、领导，你们能在百忙之中亲临现场，见证这对新人喜结连理，我十分感激。谢谢你们对他们的帮助、支持和祝福，我相信他们也一定能够像大家期待的那样，相亲相爱一辈子，永结同心，白头偕老！

现在，我提议，大家满饮此杯中酒，为这对幸福的小两口祝福。干杯！

新人长辈祝酒词

在新人的婚礼当中，长辈们的祝酒词是最正式的，也是必不可少的，是婚礼仪式上很重要的一项程序。作为新人的长辈，不仅仅是在仪式上讲几句客套话草草了事，而是要给新人以谆谆的教诲。以一个过来人的身份，给新人以忠告、以期望。

范文一：新郎的叔叔祝酒词

【场合】婚宴

【人物】新人、亲友

【致辞人】新郎的叔叔

尊敬的各位来宾、朋友们：

大家上午好！

吉人吉时传吉语，新人新岁结新婚。

今天是我的侄子××和××小姐喜结良缘的大好日子。在此，让我们共同向两位新人致以最诚挚的祝福，同时，请允许我代表两位新人和双方的家长，向在座各位来宾百忙中来参加两位新人的婚礼，并送来真挚的祝福，致以最热烈的欢迎和最衷心的感谢。

今天的两位新人真可谓天造一对、地设一双，他们的爱情终于在这一天修成正果。让我们共同祝愿他们成双驾凤海阔天空双比翼，一对鸳鸯花好月圆两知心，恩恩爱爱，白头偕老，心若比翼，永结同好！我衷心地祝愿这对新人，从今以后能做并蒂莲、连理枝，要一生一世、一心一意地爱护对方，在人生的旅程中永远同呼吸、共命运，执子之手，白头偕老。

话不多说，千言万语只化作这杯中酒，让我们举起酒杯，将这祝福的美酒一饮而尽，让我们一起见证两位新人矢志不渝的爱情，见证他们忠贞不渝的婚姻。同时，也祝愿所有到场的嘉宾家庭幸福、万事如意。干杯！

范文二：新娘的伯父祝酒词

【场合】婚宴

【人物】新人、亲友

【致辞人】新娘伯父

尊敬的各位来宾、各位朋友：

大家上午好！

我是新娘的大伯，在这里我代表她所有的长辈首先祝他们小夫妻生活甜美，白头到老！

此时此刻，除了祝福的话，我还有一些忠告要对两位新人说：你们还小，还不能完全理解婚姻生活究竟是怎样的。婚姻生活就如在大海中航行，而你们俩没有一点儿航海的经验。这一片汪洋，风浪、风波总会有的，如果你们还在做梦，认为婚姻生活总会一帆风顺，那就错了。婚姻是个性不同、性别不同、兴趣不同的两个人的组合。两个人共住一个屋檐下难免会有摩擦和争吵，当矛盾出现的时候，如何化解就显得尤为重要。

我的侄女，我诚实地告诉你，婚姻生活不是童话故事，不应再继续你少女时的痴梦，从今天起你就是这个家的半边天，做一个合格的贤内助，承担起家庭事务的重担。我的贤侄，或许你不久就会发现别人的太太更加漂亮，你也会发现爱人有很多缺点，但是不管怎样她会陪你度过人生的种种磨难。唯有她，才是你一生可遇不可求的稀世珍宝，而世上这样的珍宝不多。所以你要加倍地爱惜和保护她。

最后，就是希望你们互相信任、互相扶持，共同走好完美的人生之路。各位尊敬的嘉宾，让我们共同举杯，祝愿二位新人恩爱一生，早生贵子！

新人亲人祝酒词

除了长辈之外，平辈之间也经常在宴会上发表祝酒词，以表示对新人的祝福。与长辈的谆谆教导不同，平辈之间祝酒词显得更轻松、亲切一些。可以说说新人生活中的趣事，也可以谈谈自己作为平辈人对于婚姻的感悟。有些情况下，晚辈也会在婚宴上发表祝酒词，这时候一定要注意措辞，要大方得体，要表示出对新人应有的尊重和祝福。

范文一：新郎哥哥祝酒

【场合】婚宴

【人物】新人、参加宴会的宾客

【致辞人】新郎的哥哥

尊敬的各位来宾、各位朋友：

大家上午好！

今天是我弟弟××和××小姐喜结百年之好的大喜日子，在这隆重而庄严的婚礼上，我首先向两位新人献上最衷心的祝愿，祝愿他们新婚快乐。同时，请允许我代表两位新人，向在座各位亲朋好友的亲切光临，表示最热烈的欢迎和最诚挚的谢意！

在这个神圣而美好的时刻，新娘和新郎正式结为夫妻，成为了终生的伴侣。作为你们的亲友，我们都希望你们在漫长的人生道路上，有福共享，有难同当，同舟共济，相濡以沫。希望你们全心全意、忠贞不渝地爱着对方、守护对方，在人生的旅程中心心相印，白头到永远！

除了祝福两位新人新婚快乐，我还要代表两位新人的家长，向前来参加婚礼的亲朋好友们表示热烈的欢迎和衷心的感谢。谢谢你们在工作和生活中对这两位新人的帮助和支持，在这里祝愿在场的所有嘉宾，身体健康，万事如意。

最后，请让我们共同举杯，为两位新人的幸福美满，也为在座各位的如意吉祥，干杯！

范文二：新郎侄女致辞

【场合】老年人婚礼

【人物】二位老人、亲友、子女

【致辞人】新郎侄女

尊敬的各位来宾、亲爱的各位朋友们：

大家好！

晚年玉成美事，夫妻缔结良缘；暮年欣结贴心伴，今生乐度幸福秋。

今天是×××年×月×日，在这个阳光明媚、百花争艳的大好日子里，我的大伯××先生和××女士喜结连理。老人喜结新连理，秋日姻缘春日情。在这激动人心的美好时刻，请让我们共同祝愿这对银发伴侣新婚快乐，祝愿他们白发朱颜登上寿，长相厮守好姻缘。同时，我也代表两位新人向在座的各位来宾表达诚挚的谢意和热烈的欢迎。

我大伯和××阿姨的相遇为他们各自的晚年生活增添了一道亮丽的光彩。银丝红颜良伴老来冬得艳阳日，红唇白发别具靓丽秋实见春风。他们曾经走过人生的风风雨雨，他们对人生和爱情都有了深刻的体悟和感受，我想这样的结合未来的日子将更能相互体谅、相互珍惜，更能恩爱有加。现在他们在白发苍苍的晚年结成了幸福的伴侣，从此以后相依相偎，相伴相随。

夕阳无限好，萱草晚来香。虽然他们的脸上已经有了岁月的痕迹，他们的发丝已见斑白，他们的脚步不再轻盈，但是他们有着丰富的人生经历，体会过生活的酸甜苦辣，他们深刻地感受过快乐，也对生活有过深深的思索，所以他们将更加懂得如何更好地对待婚姻、对待生活。

走过生命的春华秋实、花开花落，两位老人吹弹着岁月的管弦，奏出了一曲曲最美丽的乐章。如今，他们步入人生的晚年，美好的生活没有终止，美丽的相遇谱写出了他们生活的第二春。

梅开二度，佳期似锦，百年佳偶，一世姻缘。让我们共同举杯，为

××先生和××女士的“白发同偕百岁，红心共映千秋”；为他们的和谐美满、琴瑟和鸣；也为在座各位的家庭美满、如意吉祥，干杯！

新人单位领导祝酒词

领导能够在百忙之中抽出时间参加新人的婚礼，这就说明领导对新人的关心和重视，这种关心和重视从祝酒词中就能体现出来。一篇好的祝酒词，不仅能够表现出领导对员工的关怀和祝福，还能够使领导与下属的关系更加密切，能够更好地促进工作的顺利开展。例如新娘的领导可以这么说：借此机会我要和新郎说几句，你眼光很好，××可是我们单位的精英，不仅人长得漂亮，工作也是踏踏实实、认认真真的。在生活中我相信你比我更了解她，她是个善良可爱、温柔大方的姑娘，我相信你们的婚姻一定会非常幸福，我衷心地祝福你们。

范文一：新郎领导祝酒词

【场合】婚宴

【人物】新人及双方的亲友、嘉宾

【致辞人】新郎领导

尊敬的各位来宾、各位朋友：

大家好！

我是新郎××单位的××（某领导），我很荣幸能够站在这里，参加这样一场温馨浪漫的婚礼，和在座的宾友一同见证这对新人喜结连理。今天是个好日子，因为一对相爱的年轻人，终于在今天走上神圣的殿堂，终于将他们的爱情修成正果，在此，我要衷心地祝福他们新婚快乐。

月下老人巧牵线，世间青年喜成婚。新郎新娘真可谓郎有才、女有貌，他们的结合，正是才子配佳人。愿他们相依花好月圆夜，相伴地久天长时。婚姻既是爱情的结果，也是新生活的开始。婚姻不再是相恋时的甜言蜜语，而是共同承担家庭的责任。希望你们在今后的人生旅途中

能够互敬互爱、互助互让，事业上做比翼鸟，生活上做连理枝。同时也希望你们不要忘了父母的养育之恩，共同孝敬双方的父母、长辈。

最后，让我们共同举杯，祝愿二位新人新婚愉快，早生贵子。也祝福各位来宾身体健康、工作顺利、爱情甜蜜、家庭幸福！干杯！

范文二：新娘领导祝酒词

【场合】婚宴

【人物】新人及所有的亲朋好友

【致辞人】新娘领导

尊敬的各位来宾、朋友们：

大家上午好！

我是新娘××公司的××（某领导），在今天这个美好的日子，我谨代表新娘公司的全体员工，为这对新人送上真挚的祝福。

天上的鸟儿能双对，地上的情人成婚配。今天你们结为夫妻，从此将成立新的家庭，开始新的生活。但是你们要饮水思源，要有乌鸦反哺的孝心，从今以后好好地孝敬双方父母，以报他们的养育之恩。不能因为工作的忙碌而疏忽了父母，要时时刻刻抱有一颗感恩的心，让他们能够感受到你们带来的快乐和幸福。

作为新娘的领导，我首先要说，新郎的眼光很好。我们公司的××不仅在工作上兢兢业业，而且处事落落大方，为人友善、知书达理，一定能够成为一个合格的媳妇。当然，据我所知我们的新郎也是才华横溢、精明能干，而且为人正直、有上进心。他们的结合真可谓天生的一对，地设的一双。我代表公司全体员工忠心地祝福你们：金石同心，爱之永恒，百年好合，比翼双飞！

生活中充满着各种挑战，也许你们婚后会遇到各种各样的问题，发生一些小的矛盾，但是只有你们携手并肩共同奋斗，彼此信任，彼此忠诚，那么所有的困难都会迎刃而解。十年修得同船渡，百年修得共枕眠。每一段缘分都是来之不易的，用真心呵护这份缘吧。

最后，让我们将千言万语的祝福融入这杯中的酒里：祝愿新郎新娘，百年恩爱双心结，千里姻缘一线牵，相亲相爱幸福永，同德同心幸福长！喝了这杯中酒，从此执子之手漫漫人生路一起走；喝了这杯中酒，早生贵子喜双赢；喝了这杯中酒，和和美美全家欢！干杯！

新人朋友祝酒词

新人的朋友包括知己好友、同窗好友，也包括要好的同事和战友。作为朋友，在参加婚礼的时候可以说一些新郎新娘恋爱过程中的一些事，也可以说一下新人之前的趣事，这样能够使现场气氛活泼放松。但是一定要把握好度，不能造成尴尬的场面。比如新娘的闺蜜可以这样说：我是××的闺蜜，上学的时候她经常和我说她心里的小秘密。××是一个纯情善良的好女孩儿，有孝心，知书达理。今天看到她能找到自己的如意郎君，有一个好的归宿，我为她感到高兴，同时也由衷地祝福他们。

范文一：新郎新娘的朋友祝酒词

【场合】新婚宴会

【人物】新人、亲朋好友

【致辞人】新郎新娘的朋友

尊敬的各位来宾、朋友们，亲爱的女士们、先生们：

大家早上好！

沁园春园，并蒂花开百日红；钗头凤头，双翅蝶结万年青。

今天，是××小姐和××先生新婚大喜的日子，作为他们的朋友，首先，我对两位的结合致以最深切的祝福。同时也要恭喜新娘的家长觅得这样优秀的金龟婿，恭喜新郎的家长，娶了这么温柔贤惠的儿媳。

我和新郎、新娘都是多年的朋友了，看着他们从相识，到相爱，现在终于步入了婚姻的殿堂，我真心为他们高兴。新郎是个不错的小伙，对新娘可谓一心一意，当初追她的时候没少花心思，但是这一切都是值得的。今天他也终于如愿以偿，抱得美人归。我们的新娘活泼不失庄重，美丽而又善良，相信在以后的婚姻生活中，她一定能够充当好一个合格的贤内助，帮助她的丈夫做好自己的工作。

一朝结下千种爱，百岁不移半寸心，在漫漫的人生道路上相依相伴，相濡以沫，风雨同舟，休戚与共。作为朋友，我在此向你们表达几点心愿：一愿你们夫妻恩爱，白头偕老。二愿你们早生贵子。三愿你们事业有成，工作顺利。

最后，祝愿所有到场的嘉宾，婚姻幸福，事业有成，万事如意！干杯！

范文二：新郎的朋友祝酒词

【场合】婚宴

【人物】新人及双方的亲友、嘉宾

【致辞人】新郎朋友

尊敬的各位朋友：

大家上午好！

今天是我兄弟××大喜的日子，我和他可是发小，从幼儿园就是很好的玩伴，一直到小学、中学我们都在一起，大学虽然没有在同一个学校，但是一直联系着，以前我们同学聚会，聊到婚姻问题的时候，总是听他说他不会太早结婚的，结了婚就不自由了等之类的话，但是没想到，他却是我们这些同学中最早走进婚姻殿堂的人。看他那一脸的幸福样儿，恐怕早就把他说的话忘到九霄云外了。现在我想就算给他“自由”他也不想要了！

说归说，闹归闹，说实在的，我们都为××能娶到这样一位温柔漂亮的媳妇感到高兴。××上学的时候胃就不太好，现在有这样的贤内助照顾他，想必他以后的身体会更加健康。当然，作为男人，家里的顶梁柱，照顾女人你也是责无旁贷的，我想这应该就是歌里面唱的“甜蜜的负担”吧！

话不多说，最后祝福两位健康、幸福，祝愿所有在场的嘉宾生活美满，幸福一生！干杯！

范文三：同学祝酒词

【场合】结婚典礼

【人物】新人、亲朋好友

【致辞人】新郎大学同学

尊敬的各位来宾，各位朋友：

大家上午好！

世纪开元气象新，红梅报春结良缘。

今天是××××年×月×日，是××先生和××小姐喜结良缘的大喜日子。作为新郎的同窗好友，我为他感到高兴。这对金童玉女，在经历了长达×年的恋爱之后，终于花开并蒂，喜结良缘。在这大吉大利的日子里，我们欢聚一堂，喜酒相逢，共同庆贺。

我们的新郎和新娘有着深厚的情感基础，不仅在生活中相互照顾、相亲相爱，在事业上更是互帮互助、相互支持。如今，他们共同创业，相信只要二人齐心，必定能够在不远的将来开创一片更大的天地。愿他们在漫漫人生路上相依相伴，相濡以沫，休戚与共，风雨同舟。愿他们像荷花并蒂相映红，如海燕双飞试比高。

最后，让我们共同举杯，为新郎新娘的新婚快乐、幸福美满、恩恩爱爱、白头偕老，也为在座各位的家庭幸福安康，干杯！

伴郎祝酒词

作为朋友的伴郎，在祝酒词里，首先要告诉所有在场的来宾，新郎有多么的优秀，他不仅是一个好朋友、好儿子、好员工，将来也会是一个好丈夫。其次，可以简单地介绍，让宾客知道，自己和新郎认识多久了，对他的了解有多少。这期间可以趁机搞搞幽默，活跃现场的气氛，但是要注意分寸，讲话的内容要围绕双方的友谊，尽量简短。

范文一：伴郎在婚宴上的祝酒词

【场合】新婚典礼

【人物】新人、亲朋好友

【致辞人】伴郎

尊敬的各位来宾，各位朋友：

大家好！

今天是个特别的日子，我的好兄弟××先生将在这里完成他人生中最重要的仪式。他将与他美丽的新娘，共同步入幸福的婚姻殿堂，开始人生中一段新的旅程。作为他的好兄弟，我在这里衷心地祝愿××先生和××小姐新婚快乐，愿你们恩恩爱爱、白头偕老。同时，请允许我代表两位新人和他们的家人，向在座各位来宾的亲切光临，表示最热烈的欢迎和最诚挚的谢意！

大地香飘，蜂忙蝶戏相为伴；人间春到，莺歌燕舞总成双。在这春暖花开的时节，这对幸福的新人在这花香浓郁的礼堂中接受大家的祝福，并将这份祝福在今后的岁月中定格成永恒。我的好兄弟，看着你现在满脸幸福的笑容，我想起了曾经我们在一起的那些青春岁月，想起我们一同追逐梦想的过程中那些欢笑与泪水，从那时起我们就建立了深厚的友谊。作为你的朋友，今天你能与相爱的人缘定今生，我由衷地为你们高兴。祝你们百年好合，相爱永远，还有就是早生贵子哦！

各位来宾，现在我提议，让我们共同举起手中的酒杯，为新郎和新娘的喜结连理，为他们的新婚快乐，为他们的恩恩爱爱、和谐美满，为他们未来小日子如日中天、红红火火，同时，也为在座各位来宾朋友的身体健康、家庭幸福，干杯！

范文二：伴郎在婚宴上的祝酒词

【场合】婚宴

【人物】新人、同学、亲朋好友

【致辞人】伴郎

尊敬的各位来宾、朋友们：

大家好！

我很高兴能够参加我的好兄弟××的婚礼，看到他们幸福地牵手，我由衷地为他们祝福。作为新郎的好友，在这个喜庆的日子能够担任伴郎，我感到十分的荣幸。在这里，我首先代表所有的来宾向两位新人表示祝贺，祝二位新婚快乐，百年好合，恩恩爱爱，地久天长！

我和新郎官从小学就是同学，这么多年一路走来，承载了太多美好的回忆。小学时候一起写作业，中学时一起打球，等到了大学，因为各自去了不同的城市，见面的机会少了，但是我们始终保持着联系，友谊也没有因为聚少离多而变淡。现如今，他找到了自己的幸福，找到了他爱的同时也深爱着他的那个人，我为他高兴，为他祝福。

“名花已然袖中藏，满城春光无颜色。”婚姻是爱的延续，婚姻是责任的开始，婚姻是幸福的继续，请你们相互珍惜，将这份幸福和爱好好地传递下去，直到天荒地老，直到海枯石烂，直到白发苍苍，直到牙齿掉光！就让蓝天白云为你们的爱作证，就让鸟语花香为你们的爱锦上添花，就让在场所有嘉宾的真诚祝福为你们的爱证明，从此这爱地久天长！

希望在未来的日子里，阳光洒满你们的小屋，快乐充满你们的心房。你们的日子能够越过越红火，婚姻也越来越幸福！

最后，尊敬的各位来宾，各位亲友们，让我们共同举杯，祝愿这对佳人新婚快乐，永结同心，早生贵子，白头偕老！谢谢！

伴娘祝酒词

作为新娘的朋友，祝酒词中除了表达姐妹的祝福以外，还要对在场的嘉宾表示欢迎。并且要向所有的人介绍新娘有多么的优秀。她不仅温柔善良、而且很有孝心，将来一定是一个合格的贤内助兼儿媳妇。除了这些，也可以讲讲自己和新娘的友谊，这样能够让气氛更加愉悦、轻松。注意分寸，言辞要尽量简短。

范文一：大学同学作伴娘的祝酒词

【场合】新婚典礼

【人物】新人、亲朋好友

【致辞人】伴娘

尊敬的各位来宾，各位亲友：

大家上午好！

今天是××××年××月××日，这是一个值得纪念，并且应该被祝福的一天，因为在这一天我的好姐妹××，终于和他的如意郎君走进了婚姻的殿堂，作为她的好姐妹，能够以伴娘的身份站在这里，见证她的幸福，我感到十分的荣幸。在此请允许我代表在场的嘉宾，为这对新人送上美好的祝福，愿他们和和美美，共同营造一个幸福、美满的家庭。

我与××是大学同学，四年的相处让我们成为无话不谈的挚友。毕业后我们天各一方，但时间与空间的隔离并没有影响我们的友谊。她与我分享了很多她恋爱的美好，那时候从他口中，我知道新郎是一位幽默风趣、博学多才的人，看得出他们十分恩爱，今天在庄严的《婚礼进行曲》中，他们完成了人生中重要的一步，踏上了红地毯，走进了神圣的婚姻殿堂。

在此，我祝愿你们永结同心，相敬如宾，祝愿你们的爱情如莲子般坚贞，可逾千年万载不变；祝愿你们在未来的岁月里甘苦与共，笑对人生；祝愿你们婚后能互爱互敬、互怜互谅，祝愿你们的未来生活多姿多彩，早生贵子，全家幸福。干杯！

范文二：闺密伴娘在宴会上的祝酒词

【场合】新婚典礼

【人物】新人、亲朋好友

【致辞人】伴娘

亲爱的女士们、先生们、朋友们：

大家上午好！

现在正是金秋时节，也是××先生和××小姐的爱情收获的季节。在这美好的秋日阳光下，他们长达×年的恋情终于修成正果。在这里，作为新娘的闺蜜，首先，我衷心地祝愿他们新婚快乐，百年好合！同时，请允许我代表两位新人和他们的家人，向在座各位来宾的亲切光临表示最热烈的欢迎和最衷心的感谢。

百年恩爱双心结，千里姻缘一线牵。凤凰双栖桃花岸，莺燕对舞艳阳春。

今天，很荣幸作为××小姐的伴娘，我手捧着鲜花，拉着新娘的头纱，伴随着音乐，缓缓走入婚礼的殿堂。我所认识的新娘××，不仅美丽可爱，而且贤惠端庄，知书达理，善解人意，将来一定能够承担好家庭的责任，做一位合格的妻子。从新娘的口中我也得知，新郎××不仅才华横溢，而且能够吃苦耐劳，有上进心，并且对新娘疼爱有加。他们真是天生的一对，地设的一双，愿你们的爱情，比美酒更美；比蜂蜜更甜蜜；比珍珠更加珍贵！

各位来宾，让我们高举酒杯，一起祝福这对新人：愿他们爱情比海深，比金坚！祝愿这对新人相亲相爱幸福永，同德同心快乐长！祝你们永远相爱，携手共度美丽人生。干杯！

新人祝酒词

新婚典礼上，当领导、家长、宾客祝词完毕之后，新郎和新娘免不了要对来宾和父母进行祝酒，与大家一起分享此时此刻自己内心的幸福和喜悦。新郎、新娘的祝酒词不但能够渲染气氛，而且有助于赢得领导和来宾的好感，以在未来的工作、生活中获得更多的支持和帮助；同时，这也是两位新人交流情感的一种方式。新郎、新娘致辞的主要内容有：对大家的光临表示感谢，向致辞者表示感谢。表达喜悦的心情，表达自己的决心，祝福来宾等。新郎、新娘致辞应注意的问题如下：

新郎、新娘的祝酒词应体现出各自鲜明的性别特点，如新郎可表现自己对爱情的坚定、对事业的信心等，而新娘可适度表现女性独有的温柔、细致的特点，这样两人才显得般配和谐。把握机会赢得领导与宾朋的好感，可在致辞中有针对性地表达自己今后做好工作、与亲朋交好的决心，以利于将来工作与生活的顺利开展。

范文一：新郎祝酒词

【场合】结婚典礼

【人物】新人、亲朋好友

【致辞人】新郎

尊敬的领导、各位来宾：

大家早上好！

今天是××××年×月×日，是我和××结为连理的日子。对于我来说，这是人生中最重要的时刻，我从内心感到无比的激动、无比的幸福、无比的难忘。我非常感谢今天到场的各位嘉宾、各位朋友，能够在百忙之中远道而来参加我们的婚礼。你们的到来，给今天的婚礼带来了更多的喜悦，也带来了更多的祝福。谢谢各位！

在这个特别的日子里，我有很多话想说。作为今天的新郎官，此时此刻，我的内心十分激动，感慨万千。

首先，我想要对父亲母亲和岳父岳母说：你们辛苦了，感谢你们多年来对我们的养育，没有你们的无私付出就没有我们今天这个美好的时刻。你们永远是我们这一辈子最值得感谢、最应当感恩的人，谢谢你们！

此外，我还想感谢此时此刻站在我身旁的这个女人，××。记得张爱玲曾经说过：于千万人之中遇见你所遇见的人，于千万年之中，时间无涯的荒野里，没有早一步，也没有晚一步，刚巧赶上了，也没有别的话可说，唯有轻轻一问，原来你也在这里。我想，这就是爱情。正所谓：众里寻他千百度，蓦然回首，那人却在灯火阑珊处。我们偶然相遇，但是从看见你的第一眼我就确定你是我这一生要找的人，仿佛我来到这人世间就是为了找到你。我要感谢上苍把你带到我身边，更要感谢你，愿意留在我身边。有了你，我的生命得以完满，因为你，使我在此时此刻成为了世界上最幸福的人。

在这里，当着所有来宾和双方父母的面，我要向你许下庄重的诺言：在往后的日子里，我会更加珍惜我们的感情，这一生一世都不离不弃。亲爱的，希望从今往后，我们一同分享彼此的欢乐和忧愁，一同度过生命中的风风雨雨，相信有你的陪伴，我永远都不会孤单，只要有你在我的身边，任何的艰难险阻都不再可怕。请在场所有的嘉宾为我作证，这一生我都会对××一心一意。

最后，我要把我们的幸福分享给大家，让我们共同举杯，为所有人的幸福，干杯！

◇ 漫话祝酒词

婚礼吉语

祝你们永结同心，百年好合！新婚快乐，甜甜蜜蜜！恩恩爱爱，和和美美！

前世的500次回眸，才换来今生的一次擦肩而过。于茫茫人海中遇到那个对的人，这样的缘分一定要珍惜，衷心地祝福你们幸福美满，恩爱一生！

你们一个是词，一个是谱，今天你们合在一起就是一首和谐的幸福之歌。愿这首歌永远地传唱下去，愿你们的爱情永远和谐、美好。

你们是天造地设的一对，今天终于携手走进神圣的婚姻殿堂，今后你们要互相宽容、相依相偎，共同分担生活的苦，共同品尝爱情的甜！

愿你们恩恩爱爱，意笃情深，愿你们的爱，亘古不变！

由相识到相知，由相知到相爱，由相爱到相守。这份缘分来之不易，请你们一定要彼此珍惜！

愿你们真诚的相爱之火，如初升的太阳，越久越旺；让海水也不能熄灭，乌云也不能掩盖！

愿你们的爱情生活，如同无花果树的果子渐渐成熟；又如葡萄树开花放香，作基督馨香的见证，与诸天穹苍一同每日每夜地述说着神的作为与荣耀！

愿你们的人生，像《诗篇》般的优美，像《箴言书》般的智慧，像《传道书》般的虔诚，像《雅歌书》般的和睦！

愿你们二人和睦相处，彼此相爱、相顾，互相体谅、理解，共同努力、向前，创建幸福的家庭！

吉语祝词

天作之合心心相印永结同心　　相亲相爱
百年好合永浴爱河佳偶天成　　宜室宜家
白头偕老百年琴瑟百年偕老　　花好月圆
福禄鸳鸯天缘巧合美满良缘　　郎才女貌
瓜瓞延绵情投意合夫唱妇随　　珠联璧合
凤凰齐飞美满家园琴瑟合鸣　　相敬如宾
同德同心如鼓琴瑟花开并蒂　　缔结良缘
缘定三生成家之始鸳鸯璧合　　文定吉祥
姻缘相配白首成约终身之盟　　盟结良缘
神仙眷属新婚志喜相亲相爱　　才子佳人

佳联妙对

上联	下联	横批
同心永结劳动果	并蒂常开幸福花	珠联璧合
志同道合好伴侣	情深意长新家庭	天长地久
红梅吐芳喜成连理	绿柳含笑永结同心	花好月圆
同心同德美满夫妻	克勤克俭幸福鸳鸯	比翼双飞
喜期办喜事皆大欢喜	新春结新婚焕然一新	吉日良辰
春暖花朝彩鸾对箅	风和日丽红杏添妆	幸福吉祥

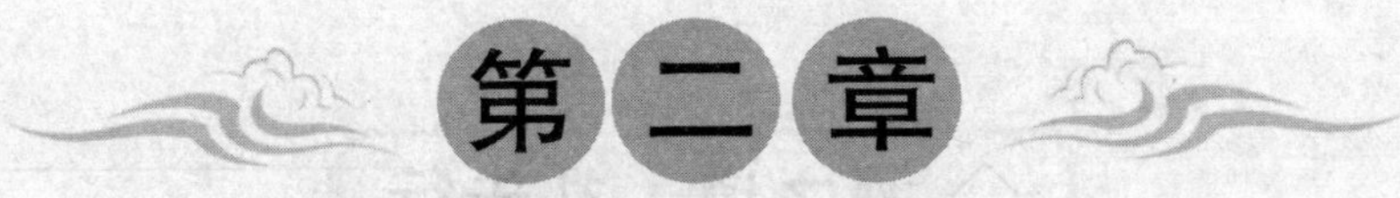

第二章

生日酒

——烛光相伴，众人祝福

生日意味着新的开始，是一个人一年中最特别的日子。为了庆祝这个特别的日子，人们往往举办生日宴会，生日宴会不仅给寿星送去祝福，还能够增加亲朋好友间的感情，祝酒词在这其中就发挥了传递祝福、沟通感情的作用。根据寿星年龄、身份的不同，祝酒词也要灵活应用，这一点至关重要。

◇ 酒之道，礼先行

生日宴重“庆”，更要重“礼”

俗话说“无酒不成席”，这就充分体现出了酒在宴会上的重要性。无论是小孩过百天、庆周岁，还是青年过生日聚会，还是老年人祝寿宴请等场合，都会以酒助兴，这样可以使气氛更热烈、感情更融洽。

在中国古代，饮酒首先是一种很庄重的礼仪活动，其次才是娱悦身心。中国素有礼仪之邦的美誉，祝酒的礼仪就是宴请礼仪上很重要的一部分。我们讲的祝酒礼仪有中式和西式的区分。

在正式的中式寿宴上，酒席开始后，通常先由主人向来宾敬酒并致祝酒词，开始第一次敬酒。这时，宾主都要起立，主人应与来宾一一碰杯或举杯致意，主人先将杯中的酒一饮而尽，并将空酒杯口朝下，说明自己已经喝完，这样做是为了表示对客人的尊重，客人一般也要喝完。然后由来宾或来宾代表向主人祝酒，双方饮酒。开席之后，客人与客人之间应该相互敬酒。为了使对方多饮酒，敬酒者会找出种种必须喝酒的理由，若被敬酒者无法找出反驳的理由，就须喝酒。在这种双方寻找理由的同时，人与人的感情交流就得到了升华。席间敬酒的顺序一般为：(1) 主人敬主宾；(2) 陪客敬主宾；(3) 主宾回敬；(4) 陪客互敬。宾客不能乱敬酒，否则就会有喧宾夺主的嫌疑，是不礼貌的表现。此外，敬酒不可一人敬多人。如果同席有不熟悉的人一起喝酒，要事先打听一下对方的身份或是留意别人对他的称呼，避免出现尴尬场面或伤感情。

在陪客互敬时，通常情况下，敬酒应以宾主身份、年龄大小、职位高低为先后顺序，敬酒时一定要充分考虑好敬酒的顺序，一般来说，寿宴座次是“尚左尊东”、“面朝大门为尊”。若是圆桌，则正对大门的为主客；主客左右手边的位置，则以离主客的距离来看：越靠近主客位置越尊，相同距离则左侧尊于右侧。若为八仙桌，如果有正对大门的座位，则正对大门一侧的右位为主客；如果不正对大门，则面东的一侧右席为首席。敬酒时，敬酒者和被敬者都要站起来，敬酒者应双手举杯，同时可以说些恭祝健康、工作顺利等吉利话。

在祝酒、敬酒时，有时会进行“干杯”。干杯需要有人提议，可以是主人、主宾，也可以是其他客人。提议者应起身站立，右手拿起酒杯后，再以左手托扶杯底，目视其他人，特别是自己的祝酒对象，同时说些祝福的话。干杯之前，可以象征性地轻碰对方酒杯，如果没有特殊人物在场，碰酒最好按顺时针顺序。碰杯的时候，应注意让自己的酒杯低于对方的酒杯，以表示对对方的尊敬。当宴席桌较大，宾客较多或相距较远时，可以用酒杯杯底轻碰桌面，表示和对方碰杯。如果是主人亲自敬酒干杯，同席者要回敬主人，和他再干一杯。有人提议干杯后，同席者要手拿酒杯起身站立，将酒杯举到眼睛的高度，说完“干杯”后，尽量将酒一饮而尽，然后将酒杯杯口朝下与提议者对视一下，以示尊敬，这个过程就算结束。

“罚酒”是中国人“敬酒”的一种独特方式，这种方式能够活跃气氛，增进感情。“罚酒”的理由也是五花八门，多带开玩笑的性质。最为常见的就是对酒席迟到者“罚酒三杯”。如果本人不会饮酒，或已经饮酒太多，或者由于生活习惯、宗教信仰、健康因素等原因不适合饮酒，但是主人或客人又非得敬酒以表达敬意时，可以委托亲友、部下、晚辈代喝或者以饮料、茶水、清水代替。作为敬酒人，也应充分体谅对方，在对方请人代酒或用饮料代替时，不要强迫对方非饮不可，这也是对对方的一种尊重。

而西式的祝酒礼仪则多有不同。在西餐中，为不影响来宾的用餐，正式祝酒词一般在特定的时间进行，通常在宾主入座后、用餐前开始，也可以在吃过主菜后、甜品上桌前进行。在葡萄酒和香槟酒上来之后，通常由男主人或女主人致祝酒词。如果无人祝酒，客人则可以提议向主

人祝酒。如果其中一位主人第一个祝酒，一位客人可以在第二个祝酒。祝酒者并不必把酒杯里的酒喝干，每次喝一小口就可以了。祝酒时不能交叉碰杯，在主人和主宾祝酒时，其他宾客应注意倾听，需停止交谈，暂停进餐，也不能吸烟。敬酒可以随时在饮酒的过程中进行。在正式宴会上，主人和主宾会到其他各桌敬酒，遇此情况，客人应起立举杯。

正式西餐中一般有三个杯子，右起依次是：葡萄酒杯、香槟酒杯、水杯（啤酒杯）。葡萄酒可用于普通敬酒，香槟多在干杯时饮用。主人和客人要依据场景拿对杯子。不同于中式的酒盅或酒盏，西餐酒杯在使用时应注意拿法。盛白葡萄酒及香槟的酒杯为高脚杯，喝时拿住杯脚下面部分，手不要碰到杯身，以防手的温度使它温热起来。敬酒时可以用中指扶着杯脚，拇指、无名指和小指握住杯脚下方，食指轻搭在杯脚与酒杯连接处。盛红酒的酒杯杯脚较短，杯身较宽，敬酒时可以用食指和中指夹住杯角，喝时拿近杯身，手的温度有助红酒释放其香味。在敬酒或与人碰杯时，自己的杯身应比对方略低，表示对对方的尊重。

喝酒时不能发出声响，要倾斜酒杯，像是将酒放在舌头上。轻轻摇动酒杯可以让酒与空气接触以增加酒味的醇香，但要避免猛烈摇晃杯子使酒洒出来。杯底应该留有少量剩余，不可一饮而尽。

祝寿必知四大学问

1. 生日的分类及讲究

一般来说，老人过生日分得比较仔细。如果是大家族中德高望重的家长过生日，还会有相应的庆祝活动。传统生日一般是按虚岁计算。整生日：指的是每逢个位数是 9 或者 0 的生日，例如 59 岁、60 岁、49 岁、50 岁等。它们有不同的叫法：

大庆：每逢生日个位数是 9 的生日，如 39、49、59、69、79 岁等。

正庆：每逢生日个位数是 0 的生日，如 40、50、60、70、80 岁等。

散生日：生日个位数是 1～8 的生日，如 51～58 岁。庆祝诞辰，一般在 60 岁以前都叫“过生日”，60 岁以后称“做寿”，逢 10 则做大寿。

有的地方为避讳，认为“十全为满，满则招损”，所以往往“做九不做十”。例如，在59岁时做60大寿，69岁时做70大寿。有些地方习惯于“男做近，女做满”，即男做九，女做十。由于有些地方民俗有“三十六岁门槛年，六十六岁是杀年”的说法，故这两个生日虽不是整数，也要举行大庆，以便化凶为吉，这只是一种民俗心理罢了。在民间流传着这样一句话：“小孩生日一只蛋，大人生日一碗饭。”是说小孩非周岁生日、成人非整生日一般不必邀请亲朋庆祝，只是家庭略备些酒菜或开个家庭生日晚会庆贺一番即可，我们不多介绍。家庭给老人做寿，应由子女或亲友出面组织庆祝活动。习惯上，百岁称上寿，八十岁称中寿，六十岁称下寿，都要隆重庆祝。

2. 祝寿词要真挚热情

准备贺词，一定要加入对对方称颂、赞扬、肯定的内容。同时，也不要忘了，如果具体场合允许，应借机表示致辞者对被祝贺者的敬重与谢意。准备贺词，还要认真、诚恳地表达致辞者的良好祝福，祝福被祝贺者“大吉大利”、“心想事成”、“万事如意”……

很多人都会在给老人祝寿时说“祝您福如东海，寿比南山”，但只有这一句是不够的，还应当结合寿星的具体情况，真挚、恰当、热情洋溢地发表祝词。

3. 祝寿词不要渲染“老”字

家庭祝寿是比较普遍的活动，初衷就是祝愿长者身体健康、幸福长寿。祝寿，都由晚辈出面，邀请亲朋好友参加，欢聚一堂，祝寿词随意而发，不拘形式，多半简短、亲切，讨老人高兴。在致祝寿词的时候，有一点需要注意，即祝词中虽然离不开“寿”字，但不要渲染“老”字。俗话说“人老心不老”，即心理不老，心理不老人就不服老。人的心理年龄和生理年龄不等同，一般是心理年龄比生理年龄年轻，所以寿而不老是人的正常心态。如果大家都说他老，一旦他自己也感到年老了，从心理上老化了，那么就会加速他心理和生理的衰老，与祝寿的目的背道而驰。

4. 要让老人听清楚

很多老年人听力不是很好，在致祝寿词时要注意声音洪亮，速度缓慢，发音要清楚，要尽量让老人家听到你对他的祝酒词。如果寿星都没

听到你说什么，那你的祝酒词就没有意义可言了。孝顺是一种美德，老人家难得高兴一回，千万别不顾及老人的感受随便敷衍了事就各自一边乐去了。要趁这个机会多给老人一些美好的祝福并且让他清晰听到，让他因你的祝福而快乐起来。

◇ 举杯词相随

父母生日祝酒词

在很多家庭中，父母的生日十分重要，往往会采用家庭聚餐或者大摆宴席的方式为之庆祝、祈福。作为儿女，在祝酒的时候，不仅要表现出对父母的尊敬和祝福之意，同时要对父母对自己的关爱表示感恩。

范文一：母亲生日宴会

【场合】母亲生日宴会

【人物】妈妈、亲朋好友

【致辞人】儿子

各位亲朋好友：

大家晚上好！

今天是我亲爱的母亲49岁生日，首先，我要祝我的母亲生日快乐，身体健康，万事如意。其次，我代表我的母亲和我的家人，对前来参加生日宴会的亲戚朋友们表示热烈的欢迎和深深的感谢。

我现在已经长大成人，并且参加了工作，但是在母亲眼里我还是长不大的孩子，她依旧事事为我操心，时时对我牵挂。母爱，是这世上最伟大、最无私、最崇高的爱，母爱犹如大海时刻包容着我、围绕着我。在母亲身上我真切地体会到了母爱的伟大，在这里我要敬我的母亲一杯酒，这酒中承载了我对母亲的感恩和对母亲的祝福。

衷心地祝愿我的母亲生日快乐，愿您在未来的岁月中身体健康、永远幸福！干杯！谢谢大家！

范文二：父亲生日宴会

【场合】父亲 60 岁生日宴会

【人物】寿星、亲朋好友

【致辞人】女儿

尊敬的各位朋友、来宾：

你们好！

今天是家父的六十大寿，在这里，我代表我的父母以及我的家庭向前来光临寿宴的嘉宾表示热烈的欢迎和最深挚的谢意！

有一首歌中这样形容父亲“父亲是那登天的梯，父亲是那拉车的牛……”第一次听到时就感触颇深。爸爸，这二十几年来，您含辛茹苦地抚养我们兄妹俩长大，为我们吃的苦、受的累数也数不清。爸爸，您的苦，您的累，您的爱，您的情，我们一辈子都难以报答。我和哥哥一定会好好地孝敬您，让您有一个幸福美好的晚年，也请在座的各位为我做个证明。

在此，我祝愿爸爸您老人家福如东海水，寿比南山松；祝爸爸身体健康，万事如意，愿我们永远拥有一个快乐、幸福的家庭。

最后，也祝福各位嘉宾万事如意，工作顺利，让我们共同度过一个难忘的今宵，谢谢大家！干杯！

岳母生日祝酒词

范文：岳母生日祝酒词

【场合】岳母生日宴会

【人物】寿星、亲朋好友

【致辞人】女婿

亲爱的各位朋友：

大家好！

接天莲叶无穷碧，映日荷花别样红。在这阳光明媚的上午，亲朋好友们欢聚一堂，共同为我的岳母××女士庆贺她的××大寿。我首先代表我的岳母和我的家人，向前来祝寿的亲朋好友们的到来表示衷心的感谢和热烈的欢迎。我敬爱的岳母将在这个和风送暖的日子里，度过她第××个春秋。让我们共同举杯，为她祝福，祝愿她寿与天齐、福同海阔！

我的岳母是一位和善慈祥的老人，她为人和善，关爱儿孙，与邻里和睦相处，对家人更是照顾得无微不至。岳母明事理、辨是非，我们这些晚辈有时候在工作或生活中遇到什么烦事，都愿意告诉岳母，聆听她的指导和慰藉。

岳母对我们这些晚辈的关心可谓无微不至：天凉了，她惦记着孩子们是否及时添衣加被；家里头有什么好吃的好玩的，她又会打电话让大家来一同享受。她甚至记得每个孩子的生日，更让我感动的是，去年我生日那天，她竟然亲自下厨，准备好长寿面和鸡蛋，为我举行充满温情的生日宴会。每当回忆起这些时刻，我的心中都充溢着感动。

岳母是个崇尚简朴的人，按照她的想法这个生日在家里简单地过过就好了，但是我认为岳母大人辛苦了一年，应该在这个属于她的日子里，接受全家人的祝福。后来在儿女们的共同劝说下，岳母大人才终于答应举行这次宴会。岳母大人，能够成为你的女婿是我的幸运，在这个特殊的时刻，我想要对你说：感谢你，岳母大人！感谢你一直以来对我的关爱，感谢你一直以来对我们全家的付出，感谢你为所有后辈所做的一切。

最后，让我们再次祝愿，祝岳母大人生日快乐，身体健康，笑口常开。祝所有的来宾万事如意，家庭幸福！

谢谢大家！

婆婆生日祝酒词

范文：婆婆生日祝酒词

【场合】生日宴会

【人物】寿星、亲朋好友

【致辞人】儿媳

尊敬的各位亲友、各位来宾，亲爱的女士们、先生们：

大家晚上好！

今天是××××年×月×日，是我的婆婆××女士 60 岁的生日。在这喜庆祥和的日子里，亲朋好友们齐聚一堂，共同庆祝我婆婆的大寿，对于你们的到来，我及我的家人感到十分的荣幸。在此，我首先祝贺我的婆婆生日快乐，笑口常开，身体健康！同时，我也代表婆婆和全家人，向在座各位来宾朋友们百忙之中前来道贺，表示热烈的欢迎和深深的谢意！

我嫁进这个家庭已经二十多年了，这二十几年来，公公婆婆对我十分关爱，视如己出。二老一共育有三个子女，我的爱人××排行老小，不仅受到了二老的特别疼爱，而且得到了哥哥嫂嫂们的特别照顾。这是一个和睦美满的家庭，它让我感受到了浓浓的暖意。我为有着二老这样善解人意、关怀体贴的公公婆婆而感到骄傲和自豪。

我的婆婆是一位善良厚道、勤俭朴实的人。她这一辈子勤勤恳恳、亲切待人，在子女们眼中是一位好母亲，在邻里们眼中是一位好邻居，在朋友们眼中是一位好大姐。对我们大家来说，她是一个慈爱可亲、值得尊敬的老人。这么多年来，公公婆婆一直为我们这些子女操心。我和爱人工作忙，二老便主动承担起了照顾我们的女儿的责任。看到二老每天忙着照顾孩子穿衣吃饭，还得带着她上学放学，我们既感动，又十分心疼，但是二老从来不觉得累，反而还乐在其中呢。有这么两位善解人意、不摆长辈架子的老人，真是我这个做儿媳前世修来的福。令我们感

到由衷欣慰的是，二老的身体都还十分硬朗。亲人的健康是儿女们最大的幸福。我们希望二老能够永远健健康康，身体倍儿棒。

在这特别的日子里，我怀着无比兴奋和喜悦的心情，衷心地祝愿公公婆婆身体健康、晚年幸福。谢谢大家！

爷爷奶奶生日祝酒词

范文一：爷爷生日贺词

【场合】爷爷 90 岁生日宴会

【人物】寿星、亲朋好友

【致辞人】孙子

尊敬的各位来宾、各位亲朋好友：

大家好！

人生七十古来稀，九十高寿正是福。今天我们在这里欢聚一堂，就是为了庆祝我的爷爷 90 岁大寿。感谢各位亲友的莅临和祝福。

我的爷爷是一位善良、正直的老人。他对子孙既严格要求，又和蔼可亲；对待邻里犹如家人；爷爷乐于助人，刚正不阿，在爷爷的教导下形成了良好的家风。爷爷的这些优良的品德，都是我们家族宝贵的财富，值得我们继承和发扬。

今天，在欢庆我们的爷爷 90 大寿之际，我代表他老人家的儿子、儿媳、女儿、女婿及其孙辈后代，衷心地恭祝各位亲友：诸事大吉大利，生活美满如蜜！为庆贺我们的爷爷 90 大寿，为加深彼此的亲情、友情，让我们共同举杯畅饮长寿酒，喜进长乐餐！

谢谢大家！

范文二：奶奶生日宴会祝词

【场合】奶奶生日宴会

【人物】寿星、亲朋好友

【致辞人】孙女

尊敬的各位来宾、各位长辈，亲爱的女士们、先生们：

大家晚上好！

红灯高照福庆长乐，爆竹连声寿祝久安。今天是个有着特别意义的日子，是我最亲爱的奶奶百岁寿辰的大喜之日。今天，各位好友亲朋、邻里乡亲能够来到这里共同为奶奶祝寿，我和全家人都感到由衷的高兴。在这里，我首先代表全家人对我最敬爱的奶奶说一声：生日快乐！同时，我也代表奶奶和全家人，向在座所有亲朋好友的亲切光临，表示最热烈的欢迎和最衷心的感谢！

小时候，由于我的父母长年在外地工作，所以我和弟弟从小是由奶奶带大的。十几年的朝夕相处，让我对于她老人家一直有着一种别样的深情，从小到大和奶奶也特别亲近。

虽然后来长大了，参加工作了，但是对奶奶的那份依赖依旧存在。记得刚参加工作的时候，每当我遇到困难或者遭遇挫折，我最先想到的人总是奶奶。从小，奶奶便教育我遇到问题不要退缩，而是要积极努力地想办法解决，要坚强勇敢地面对人生。奶奶是这样教育我的，她自己也是这么做的。奶奶是一位性格坚毅的老人，她的身上，总是透露出一股坚定的信念。小时候，奶奶经常和我讲她过去的故事，从这些故事中我得知，奶奶这一辈子经历过许许多多的苦难和风雨，正是这些坎坷和考验，磨炼了她坚定的意志，使她坚强地挑起了家庭的生活重担，辛苦地养育了她的儿女们。

亲爱的奶奶，您知道吗，您的健康和幸福就是我们这些子孙最大的心愿。我们都衷心地希望您可以度过一个轻松快乐的晚年，希望您将来多为自己想一些，少为我们儿孙操心，安安逸逸地享受您的晚年。

在这个特别的日子里，我真诚祝愿奶奶生日快乐、身体健康，祝她福如东海、寿比南山。同时，我也衷心地祝愿在座的各位来宾家庭美满、工作顺利！谢谢大家！

外公外婆生日祝酒词

范文一：外公生日宴会

【场合】外公 70 岁生日宴会

【人物】寿星、亲朋好友

【致辞人】外孙子

尊敬的各位长辈、各位来宾：

大家好！

今天是我敬爱的外公 70 大寿的好日子。在此，请允许我代表我的家人，向外公、外婆送上最真诚、最温馨的祝福！向在座各位的到来致以衷心的感谢和无限的敬意！

外公是个勤俭朴素、宽厚待人的老人。他对晚辈慈爱可亲，对邻居和睦友善，对亲人朋友总是亲切热情。外公和外婆相守了几十年，同甘共苦，相濡以沫，体验了生活的酸甜苦辣。他们相敬、相爱、永相厮守的真挚情感值得我们学习！

外公、外婆是一对普通的长辈，但在我们晚辈的心中永远是神圣的、伟大的！外公外婆总是教导我们要和睦相处；总是在我们遇到困难时给我们鼓励和支持；总是给我们最温暖的呵护和疼爱。在此我代表全家人，向外公、外婆保证：我们一定牢记你们的教导，积极进取，在学业、事业上努力奋斗。同时也一定孝敬你们二老，让你们有个幸福的晚年！

让我们共同举杯，祝二老福如东海，寿比南山，身体健康，永远快乐！干杯！

范文二：外婆生日祝酒词

【场合】70 岁生日宴会

【人物】寿星、亲朋好友

【致辞人】寿星外婆

各位亲友、来宾：

大家中午好！

今天，亲友们百忙之中专程前来，欢聚一堂为我祝寿。在这里，我本人，并代表家庭子女、晚辈对诸位表示热烈的欢迎和衷心的感谢！子女、亲友为我筹办这次寿宴，我的心里非常高兴，我感受到亲友的关怀和温暖，也体会到了子女孝敬老人的深情，使我能够尽享天伦之乐！

我小时候也没少吃苦，现在一晃几十年过去了，在这么多亲戚朋友的支持鼓励下，现在的日子是越过越好了。现在社会也繁荣、进步了，我虽然已经到了古稀之年，但是看着儿女们都成家立业，孙子们都健健康康的，心里十分高兴啊。我现在每天就是和老伴儿一起遛遛弯儿，给孩子们做做饭，这样的生活真是很幸福。

借着今天这个机会，我要和孩子们说，无论什么时候一定要保持乐观、坚强，还要有一颗感恩的心，一个人若能做到这几点就能体会到真正的幸福。生活中处处有快乐和幸福，但是这些快乐和幸福需要自己去发现、去寻找。

最后，感谢大家前来参加我的 70 岁寿宴。祝各位亲友万事如意，前程似锦。干杯！

爱人生日祝酒词

范文一：妻子生日祝酒词

【场合】生日宴会

【人物】妻子、丈夫、好友

【致辞人】丈夫

各位朋友：

大家晚上好！

非常感谢大家在百忙之中前来参加我老婆的生日宴会，谢谢大家。刚才有人提议让我对老婆说几句话，我心里确实有很多真心话要给我最爱的老婆说，还请大家不要见笑。

老婆，你总是说我不懂浪漫，我也承认，但是我对你的心从来都没有变过。今天在这个属于你的日子里，我要浪漫一回，当着亲戚朋友的面，我要为你唱一首歌《你是我的老婆》：

路不是一开始就非常顺畅，爱也不是一开始就很辉煌。

懊恼跌倒，你还好都在身旁，每个眼神都是我精神食粮。

看着你那么包容体谅让我决定，尽全力送你全世界最好的。

I don't wanna lose you I will always love you.

你是我的老婆，就从明天交给我。

I don't wanna leave you how how much I love you.

你是我的最爱，没有任何人能把你替代。

My heart…oh…

谁不希望跟爱的人爱到老，谁不想早上起床有人拥抱。

爱情这东西没有人会不要，但幸福要靠两人把手牵好。

看着你那么善解人意，让我决定相信你是全世界最好的。

I don't wanna lose you I will always love you.

你是我的老婆，就从明天交给我，

I don't wanna leave you. how how much I love you.

你是我的最爱，没有任何人能把你替代。

I don't wanna lose you I will always love you.

你是我的老婆，你的快乐就交给我……谢谢你老婆！

老婆，遇见你是我今生最大的幸福。还记得吗？我们曾是那样甜甜蜜蜜，带着对爱情的执著与信任步入婚姻。很多人说，再热烈如火的爱情，经过岁月的磨蚀，也会慢慢消逝，但我们始终执著地坚守着彼此的爱情，我们当初勾小指许下的约定，现在都一一实现了。老婆，我感谢你为我所做的一切，特别是给了我一个温馨美满、幸福洋溢的小家。

老婆，我保证今后你还是我的唯一，还是我的最爱。我会永远忠于我们的爱情，忠于我们的婚姻。我要拉着你的手，和你一起慢慢变老。

各位朋友，我要敬我老婆一杯，对她说，这些年跟着我你辛苦了。祝老婆心想事成、天天开心。同时，也真心地祝愿在座的各位爱情温馨甜蜜，事业蒸蒸日上。干杯！

范文二：丈夫生日祝酒词

【场合】生日宴会

【人物】寿星、家人、朋友

【致辞人】妻子

亲爱的老公：

今天是你的生日，祝你生日快乐！喝酒之前，我想先说一些心里话。

你知道吗？这辈子能嫁给你，能拥有你的爱是我这一生中最幸福的事。今天是你的生日，我要为你送上最美好的祝福。希望你永远健康快乐，希望我们能够永远相依相偎、不离不弃。

亲爱的老公，当年因为你的真诚、你的优秀，我选择嫁给你。如今一成不变的爱让我更加坚信我的选择是正确的。因为有你，我拥有了一

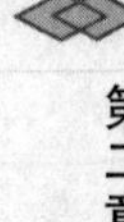

个幸福的家庭；因为你，我每天都被幸福和快乐包围着。虽然我们也会拌嘴、也会争吵，但是这丝毫没有影响我们的幸福。我知道未来的路还很长，但是无论历经多少风雨、多少艰难险阻，我对你的情永远不会变，对你的爱矢志不渝。

亲爱的老公，虽然你工作很忙、很辛苦，但是你并没有忽略这个家，没有忽略我，没有忽略父母。这些年，你辛苦了，为了能让我和孩子过上更好的日子，你不辞劳苦地加班、出差，这让我深深地感动，我从没有对你说过什么甜言蜜语，也没有许下什么海誓山盟，我只想说我永远在你身边支持你，爱着你！

老公，我要敬你一杯酒，祝你身体健康，事业顺利，生日快乐，永远快乐。干杯！

恩师生日祝酒词

范文：恩师生日祝酒词

【场合】寿宴

【人物】师生、亲友

【致辞人】学生代表

尊敬的老师，亲爱的同学们：

值此尊敬的老师××华诞之时，我们欢聚一堂，庆贺恩师健康长寿，畅谈离情别绪，互勉事业腾飞，这一美好的时光，将永远留在我们的记忆里。

现在，我提议，首先向老师敬上三杯酒。第一杯酒，祝贺老师华诞喜庆；第二杯酒，感谢老师恩深情重；第三杯酒，祝愿老师福寿安康！

曾经看到过这样一句话："在所有的称呼中，有两个最闪光、最动情的称呼：一个是母亲，一个是老师。老师的生命是一团火，老师的生活是一曲歌，老师的事业是一首诗。"这团火照亮了我们通向知识大门的路；这首歌唱响了我们学习的激情；这首诗书写了我们浓厚的师生情。老师在人生的旅程上，风风雨雨，历经沧桑××载，他的生命，不仅在血气方刚时喷焰闪光，而且在壮志暮年中流霞溢彩。

老师的一生，视名利淡如水，看事业重如山。把全部的心血都关注在我们这些学子的身上，我们或听话，或调皮，或聪明，或愚钝，老师都悉心教导、孜孜不倦。老师，这个神圣而亲切的称呼，他就像蜡烛一样，燃烧了自己，照亮了我们前进的路。

在今天这个属于您的特殊的时刻，我要代表您所有的学生，对您说一声："老师，您辛苦了，祝您生日快乐！身体健康！"干杯！

领导生日祝酒词

范文：领导生日祝酒词

【场合】生日宴会

【人物】寿星、全体公司成员、朋友

【致辞人】员工代表

各位朋友、各位来宾：

你们好！

今天是××先生的生日庆典，作为一名普通的员工能够受到邀请我感到十分的荣幸。在此请允许我，谨代表我个人及我所在的部门全体员工，向××先生致以最衷心的祝福，祝愿××先生：生日快乐，身体健康，工作顺利！

××先生是我们××公司的重要领导核心之一。他对本公司的无私奉献我们已有目共睹，他那份"有了小家不忘大家"的真诚与热情，更是为我们树立了榜样，起了很好的带头作用。他关心下属，和下属们打成一片，体恤员工，帮助员工解决工作和生活中的困难，这所有的一切我们都看在眼里、记在心上。

在此，我们祝愿他青春常在，永远年轻！更希望看到他在步入金秋

之后，仍将傲霜斗雪，流香溢彩。

现在，我提议，请大家举杯，让我们共同为××先生的生日而干杯！

同事生日祝酒词

范文：同事生日祝酒词

【场合】生日宴会

【人物】寿星、单位领导、亲朋好友、嘉宾

【致辞人】同事

尊敬的各位来宾、各位朋友：

大家晚上好！

今天是××先生的生日庆典，能够参加这一盛会并发表祝词，我深感荣幸。在此，请允许我代表××公司并以我个人的名义，向××先生致以最衷心的祝福！祝愿××先生生日快乐，工作顺利，合家欢乐！

如今的××先生，与20多岁时相比，少了几分年轻气盛的青涩，多了几分稳重，经历了这么多年的学习和体验，现在的他坚定自信、处变不惊，是一个能够担当大任的精英。现在正是事业上升的最佳时期，借此机会我祝你：工作顺利，事业再创新高。

俗话说：一分耕耘，一分收获。只要踏踏实实地从一点一滴的事情做起，就能够取得理想的业绩，达到理想的职位。在此，让我们共同祝愿他永远拥有旺盛的精力，事业再攀高峰！

各位同事、朋友们！来，让我们端起芬芳醉人的美酒，共同祝愿××先生生日快乐，愿他在新的一年里，身体健康，事业平步青云，生活日新月异，取得更大的成绩。干杯！

老同学生日祝酒词

范文：老同学生日祝酒词

【场合】生日晚宴

【人物】寿星、老师、同学

【致辞人】同学

尊敬的老师，亲爱的同学们：

大家晚上好！

今天我们欢聚一堂，共同祝贺我们的同学××的生日。首先，请允许我代表寿星及其全家向远道而来的老师、同学们表示热烈的欢迎和真诚的感谢。同时也代表××级全体同学和朋友们向寿星表示最真诚的祝福：祝××同学生日快乐、一切顺心！

在座的各位都是多年的老同学了，虽然毕业之后大家各奔东西，联系得也少了，但是那份真挚的同窗之情并没有减退。今天借着这个机会我们又聚在了一起，当年我们一起上课、同吃同睡的情景还真是历历在目啊！这些年，我们为了生活奔波忙碌，受伤的时候有几个好兄弟鼓励着，伤心的时候有几个老同学安慰着，遇到困难了老同学二话不说尽最大的力量给予帮助。这段情没有人会不在乎。

今晚，让我们共同举杯，在这灯光闪烁的夜里，深深地祝福寿星——我们的老同学××先生开心快乐，笑口常开。就让美丽的鲜花陪伴你，就让闪烁的烛光照耀你，就让温馨的话语萦绕着你，祝你生日快乐，永远年轻。

同时，我也衷心地祝愿在座的各位家庭美满、工作顺利！谢谢大家！

老战友生日祝酒词

范文：老战友生日祝酒词

【场合】生日宴会

【人物】寿星、亲朋好友

【致辞人】战友

尊敬的各位来宾、朋友们：

大家晚上好！

××同志是我们的老战友，今天是他60岁的生日，在这里我要代表当年在一起摸爬滚打的战友们向××同志祝寿：祝你寿诞快乐、身体健康、万事如意！

我还记得当年××是我们班枪法最准的一个，而且很爱干净，那时候我们还怀疑他是不是有洁癖呢。他平时幽默风趣，总是能给枯燥的军营生活带来很多乐趣，他多才多艺，能唱会跳，只要有他在的地方，就有欢笑。在训练中，他一改平时的幽默，严肃认真、一丝不苟。

想当年，我们从祖国的五湖四海走到一起，建立起了兄弟手足般的深厚情谊。我们同生死、共患难，一同为建设祖国的伟大事业抛头颅、洒热血。当时的条件万分艰苦，但是我们正是靠着相互间的鼓励和支持，以及对祖国共同的热爱才坚持走到了最后。

有人说，战友之间的感情是最深厚的，确实是这样的。我们是患难与共的好兄弟，在艰苦卓绝的岁月里我们一路走来，共同经历了那些激情燃烧的岁月。如今，我们之间的兄弟情谊却历久弥新，并没有因为社会的变化而有一丝一毫的减损。这些年来，我们各自为事业和家庭奔忙，距离的遥远更是造成了聚少离多。今天是你的生日，借着这个机会，我们难得再次相聚，聊聊往事，唠唠家常，重温当年的深厚情谊。如今我们的年纪都大了，不再像年轻时那样精力旺盛、充满活力。作为战友，我希望你能放下肩头的担子，好好安享你的晚年，尽情享受天伦之乐吧。那些未完成的心愿，就让年轻人去拼、去闯、去继承吧。

在你60岁寿辰来临之际，我还想对你说：健康是享受真正幸福的第一要素，请你放下心中的包袱，开开心心地去面对生活的每一天。你的健康是所有关心你、爱护你的人的最大的心愿。最后，我再次代表各位战友，祝你福如东海长流水、寿比南山不老松！干杯！

宝宝满月祝酒词

范文一：满月宴父亲祝酒词

【场合】满月宴

【人物】宝宝及父母、来宾

【致辞人】宝宝父亲

各位来宾、各位亲友、各位朋友：

大家好！

今天是我的宝贝××满月的日子，在这里我首先要对我的老婆说声谢谢，十月怀胎，一朝分娩，老婆，你辛苦了！其次，我要感谢我的父母，你们不辞辛苦地帮我们照顾孩子，谢谢你们。最后我还要感谢所有为我的宝贝庆祝满月的朋友，谢谢你们的祝福。

俗话说，不养儿不知父母恩，这个小天使的到来，让我更加理解了作为家长的不容易，这让我十分感谢我的父母，当年他们把我们兄妹几个拉扯大，一定付出了很多辛劳。借着今天这个机会我想对我的爸爸妈妈说一句：爸爸妈妈，你们辛苦了，谢谢你们将我养育成人。现在我也成家立业了，也有了自己的孩子。更能理解你们的不容易，我想说我一定会好好地照顾你们，让你们有一个幸福的晚年。也一定好好抚养、教育××（孩子），不辜负你们的希望。

在过去的日子里，在座的各位朋友曾给予我们许许多多无私的帮助，让我感到无比的温暖。在此，请允许我代表我们全家向在座的各位

亲朋好友表示万分的感激！今天以我儿子满月的名义相邀各位至爱亲朋欢聚一堂，菜虽不丰，却是我们的一片真情；酒纵清淡，却是我们的一份热心。若有不周之处，还望各位海涵。

让我们祝愿这个新的生命、祝愿我们的小天使健康成长，更祝愿各位朋友的下一代，在这个祥和的社会中茁壮成长，成为国家栋梁之才！顺祝大家身体健康，快乐连连，全家幸福，万事圆满！更祝愿天下所有的父母，平安度春秋！

干杯！

范文二：满月宴母亲祝酒词

【场合】满月酒宴

【人物】宝宝及其父母、亲朋好友

【致辞人】母亲

各位亲戚、朋友：

今天是我家宝宝满月的日子，承蒙各位长辈、亲朋前来道贺，在此，且让我先代表我的宝宝和家人，向你们表示热烈的欢迎和深深的谢意。

一个月前，伴随着一阵阵清脆响亮的啼哭，宝宝像天使一样来到了这个世界，而我，也正式成为一名母亲。

在他出生之前，我曾经幻想过很多场景，满心期待着身为母亲会是怎样的感受。当他真的来到我身边的时候，我发现和我想象的并不完全相同，我也更加深刻地感受到了身为母亲的不容易。但是同时我也感觉的了一份前所未有的幸福感、成就感，因为有了宝宝，我觉得身上的责任更重了，为了给他创造更好的生活环境，我和我老公要更加努力工作了。

作为一名新妈妈，我至今仍手忙脚乱。每天的喂奶、换尿片、洗澡、逗宝宝玩耍……这一切烦琐而重复的工作，似乎永无停息。我想，这是每位母亲都必须经历的，也只有经历这些，才能成为一名合格的母亲。这些经历也更让我感恩我的父母，借着宝宝的满月，我要敬爸爸妈妈、公公婆婆一杯，谢谢你们将我和我老公养大成人，你们辛苦了。

在今天这个欢聚的时刻，我祝愿我的宝宝健健康康、快快乐乐地成长。也祝愿在座的各位家庭美满、幸福安康！

范文三：满月宴爷爷祝酒词

【场合】满月宴会

【人物】宝宝及其父母、亲朋好友

【致辞人】爷爷

各位亲朋好友：

大家晚上好！

非常感谢各位在百忙中前来参加我的小孙子××的满月酒宴。各位的光临让×某不胜感激。我在这里首先代表全家，向你们表示热烈的欢迎和深深的谢意。

我们全家人都不会忘记这个重要时刻，××××年××月××日上午××时××分，这是我的小孙儿××的生辰。他刚出生时仅有五斤多一点，伴着一声啼哭，他来到了我们家，给我们全家带来了无限的欢乐。可以说小宝宝是上天赐予我们家的最好的礼物。

今天，亲朋好友齐聚一堂，共同庆祝××的满月之日。每一个孩子的新生都代表一个家庭新的希望，小孙儿的到来，同样也使得我们整个家庭的风貌焕然一新。这么多天来，家里每个人的脸上都挂着幸福的笑容，不管干什么都特别起劲儿。如今有了这么多的幸福和喜悦，我禁不住同大家一同分享。在这个特别的日子里，我也说上几句吉祥话。我祝愿还没有找到对象的小青年们早日找到心目中的另一半；祝愿刚结婚的小两口小日子和和美美，早日生个胖娃娃；祝愿中年人工作顺利、家庭幸福；祝愿老年人多子多孙、儿孙满堂。

我也祝愿小孙儿活活泼泼、健健康康，祝愿他无忧无虑、茁壮成

长。我也要告诉我的儿子和儿媳妇，在孩子以后的教育上不要过于强求，一定要让孩子有个快乐的童年。

最后，我也祝愿在座的各位好友亲朋家庭和美、幸福安康！薄酒素餐，不成敬意，希望大家吃好、喝好。谢谢大家！

宝宝周岁祝酒词

范文一：周岁生日父亲祝酒词

【场合】周岁宴

【人物】小寿星及父母、亲友、嘉宾

【致辞人】父亲

尊敬的各位来宾、亲朋好友：

大家好！

非常感谢大家在百忙之中来参加我儿子的周岁宴会，对此，我和我妻子向各位表示最热烈的欢迎和最衷心的感谢！

此时此刻，我的内心无比激动和兴奋，为表达我此时的情感，我要向各位敬上三杯酒。

这第一杯酒，感谢大家能够来到这里分享我们的喜悦和幸福，也感谢你们送来的祝福。

这第二杯酒，我要感谢生育我们、养育我们的父母。为人父母，方知辛劳。××今天刚满1周岁，在过去的365天中，我和妻子尝到了初为人母、初为人父的幸福与自豪，但同时也真正体会到了养育儿女的辛劳。今天在座的有我的父母，还有岳父、岳母，对于他们那么多年的养育之恩，我们无以回报。今天借这个机会向他们四位老人深情地说声：你们辛苦了！衷心地祝你们健康长寿！

这第三杯酒，要感谢我们的亲朋好友、单位的领导同事。谢谢大家在生活中、工作中给予我们的帮助、支持和关心，也衷心希望大家能一如既往地支持我们、帮助我们、关注我们。

今天以我儿子一周岁生日的名义相邀各位至爱亲朋欢聚一堂，菜虽不丰，却是我们的一片真情；酒纵清淡，却是我们的一份热心。若有招待不周之处，还望各位海涵。让我们共同举杯，祝各位身体健康、万事如意！谢谢！

范文二：周岁生日母亲祝酒词

【场合】 周岁生日宴会

【人物】 小寿星及父母、来宾

【致辞人】 母亲

各位长辈，各位亲朋：

大家好！

今天，我们欢聚一堂，共同祝贺我的女儿1周岁生日。首先，我代表我们全家对各位的光临表示衷心的感谢和热烈的欢迎！在这和风送暖的时节，我的天使迎来了她1周岁的生日。一年前她刚刚出生的情景还历历在目，现在她已经能够喊爸爸妈妈、爷爷奶奶了，时间过得真快，希望我们的天使能永远这么快乐、健康！

说实话，××的到来让我们又欢喜又担忧，欢喜的是宝宝终于来到我们身边，担忧的是，我们唯恐自己没有足够的能力，给她最好的生活。但是我们夫妻俩会尽自己最大的努力，让我们的天使快乐地成长。这一年以来，我要感谢公公婆婆的帮助。初为人母的我很多时候都会手忙脚乱，有些状况发生的时候不知如何是好，每当这个时候婆婆就会帮助我，告诉我该怎样正确处理一些状况。可以说这一年公公婆婆比我付出的还多，真的要好好地感谢他们。

话不多说，让我们端起酒杯，为了我家宝贝的健康成长，为了我们双方父母的身体健康，为了在座各位亲友的幸福安康，干杯！

不同年龄生日祝酒词

范文一：10 岁孩子生日祝酒词

【场合】生日宴会

【人物】小寿星、父母、嘉宾

【致辞人】父亲

各位亲朋好友：

大家晚上好！

今天是我的女儿××10 岁生日，非常高兴能有这么多的亲朋好友前来捧场，至此，我代表我们全家对各位的盛情光临表示最衷心的感谢！

10 岁是一个非常美好的年龄，是人生旅途中的第一个里程碑，在此我祝愿我的女儿生日快乐，学习进步，健康、愉快地成长，我更希望她能成长为一个有知识、有理想的人，愿爸爸、妈妈的条条皱纹、缕缕白发化作你如花的年华、锦绣的前程。

同时，我女儿的成长也有劳于各位长辈的关心和厚爱，希望大家能一如既往地给她鼓励和支持，这些都会给她的人生带来更多的动力和活力。谢谢大家！

范文二：18 岁生日宴会祝酒词

【场合】学校为高三学生举行成人礼的宴会上

【人物】小寿星们、家长、校领导、老师

【致辞人】老师代表

尊敬的各位家长、学校领导、各位老师，亲爱的全体同学：

大家好！

今天学校将为所有高三的学生们举行成人礼。首先我代表全校的教师为你们送上衷心的祝福，祝贺你们“18 岁”生日快乐！

今天，你们将带着父母亲人的热切期盼，面对庄严的国旗许下铿锵誓言，光荣地成为共和国的成人公民，迈出成人第一步，踏上人生新征途。

18 岁，这是多么美妙、多么令人羡慕的年龄。“18 岁”，这是一个多么美丽而又神圣的字眼。它意味着从此以后，你们将承担更大的责任和使命，思考更深的道理，探求更多的知识。

18 岁，这是你们人生中一个新的里程碑，是人生的一个重大转折，也是人生旅途中一个新的起点。从今天起你们将告别儿时的幼稚，让自己更加成熟，更加稳重。

同学们：在未来的岁月里，我们希望看到那时的你们羽翼丰满，勇敢顽强！我们希望你们始终能够老老实实做人、勤勤恳恳做事，一步一个脚印，带着勇气、知识、信念、追求去搏击长空，创造自己的新生活！我们也祝福你们在今后的人生道路上，一路拼搏，一路精彩！

现在，我提议为了风华正茂的 18 岁，为了心中美好的梦想，为了充满希望与激情的明天，干杯！

范文三：30 岁生日宴祝酒词

【场合】生日宴

【人物】寿星、嘉宾

【致辞人】寿星

各位亲爱的朋友：

大家晚上好！

万分感谢大家来庆祝我的 30 岁生日。常言道：30 岁是美丽的分界线。30 岁前的美丽是青春，是容颜，是终会老去的美丽；而 30 岁后的美丽，是内涵，是魅力，是永恒的美丽。

如今，30 岁的我已经退去了 20 岁的天真浪漫，取而代之的是优雅端庄；30 岁的我不再咄咄逼人、争强好胜，而是虚心聆听、低调做人；

30 岁的我不再冲动鲁莽、过失连连，而是处变不惊沉着冷静。在今天这个特殊的日子里，我要感谢我的父母，感谢他们赐予我生命，感谢他们教会我如何坚强地面对生活；我要感谢我的朋友，感谢他们在我无助时给我鼓励和支持；我还要感谢我的工作伙伴们，感谢他们在我遇到困难时给予我帮助。

我是幸运的，也是幸福的。我从事着一份平凡而满足的工作；上天赐给我一个爱自己的老公和一个健康聪明的孩子；健康、关爱我的父母给了我一份内心的踏实；和我能真正交心的知己使我的内心又平添了一份温暖。我希望，在今后的人生路上，自己能走得更坚定。

最后，再次感谢各位朋友的祝福，为了更美好的明天，为了无悔的青春，也为了各位的似锦前程和身体健康，干杯！

范文四：40 岁生日宴祝酒词

【场合】生日宴会

【人物】寿星、亲友

【致辞人】儿子

尊敬的各位亲朋好友：

大家晚上好！

今天是我亲爱的妈妈 40 岁的生日，首先，我要祝我的母亲生日快乐，身体健康。其次，我要代表我的母亲及全家对前来参加生日宴会的各位朋友表示热烈的欢迎和深深的谢意。

在开宴之前我想敬三杯酒，第一杯我想敬在座的各位，祝愿我们之间的亲情、友情越来越浓，经久不衰，绵绵不绝，一代传一代，直到永远！第二杯就是要敬我的母亲，感谢她这二十年来的养育之恩，尽管我已经参加工作，可母亲事事都在为我操心，时时都在为我着想。母亲对儿女是最无私的，母爱是崇高的爱，这种爱只是给予，不求索取，母爱崇高有如大山，深沉有如大海，纯洁有如白云，无私有如天地，我从妈妈的身上深刻地体会到这种无私的爱。

最后这杯酒要言归正传，回到今天的主题，再次衷心地祝愿妈妈生日快乐，愿你在未来的岁月中永远快乐、永远健康、永远幸福！

范文五：父亲 50 岁生日

【场合】生日宴会

【人物】寿星、家人、来宾

【致辞人】儿子

各位亲朋好友、各位尊贵的来宾：

大家晚上好！

今天是家父 50 岁的寿辰，非常感谢大家的光临！树木的繁茂归功于土地的养育，儿子的成长归功于父母的辛劳。在父亲博大温暖的胸怀里，真正使我感受到了爱的奉献。在此，请允许我对我的父亲说一声："谢谢您！"

父亲是含蓄的、深沉的，每一次严厉的责备，每一回无声的付出，都诠释出父亲对儿子的关爱。它是一种崇高的爱，只是给予，不求索取。

50 岁是您生命的秋天，是枫叶一般的色彩。对于我来说，最大的幸福莫过于有理解自己的父母。我拥有这样的幸福，并且从未失去过。

今天我们欢聚一堂，为您庆祝 50 岁的寿辰，我想借此机会，祝愿您身体健康。虽然我现在工作在外，不能经常回家陪你们，但是我时刻都牵挂着您和母亲，时刻不敢忘怀你们的养育之恩。以后我会抽更多的时间回家看望你们，只要你们健康快乐，就是我们做儿女的最大的幸福！

最后，请大家畅饮美酒，与我们一起分享这个难忘的夜晚，愿天下父母幸福安康。谢谢大家！

◇ 漫话祝酒词

赠长辈生日吉语

安逸静谧的晚年，一种休息，一种愉悦，一种至高的享受！祝您福如东海，寿比南山！

满脸皱纹，双手粗茧，岁月记载着您的辛劳，在这个属于您的日子里，我祝愿您身体健康，福寿安康。

您的爱我无以为报，只能借着今天的这杯酒，对您说："妈妈，您辛苦了，谢谢您这么多年的养育之恩。"祝您福寿双全，幸福安康！

你用母爱哺育了我的魂魄和躯体，你的乳汁是我思维的源泉，你的眼里系着我生命的希冀。我的母亲，我不知如何报答你，祝你生日快乐！

你是大树，为我们遮蔽风风雨雨；你是太阳，为我们的生活带来光明。亲爱的父亲，祝你健康、长寿。生日快乐！

当我忧伤时，当我沮丧时，我亲爱的父亲总在关注着我。你的建议和鼓励总能使我渡过难关，爸爸，谢谢你的帮助和理解。愿你的生日特别快乐！

亲爱的母亲，你是我生命中的阳光，给我温暖、给我光明，照亮我前进的路，我将永远铭记你的养育之恩，值此母亲寿辰，敬祝你健康如意，福乐绵绵！

满头花发是母亲操劳的见证，微弯的脊背是母亲辛苦的身影……祝福我亲爱的母亲年年有今日，岁岁有今朝！

心底的祝福是为了你的寿辰，爱却整年伴随你左右！

爸爸，在这特殊的日子里，所有的祝福都带着我们的爱，拥挤在您的酒杯里，红红的，深深的，直到心底。

值此春回大地、万象更新之良辰，敬祝您福、禄、寿三星高照，阖府康乐，如意吉祥！"满目青山夕照明"，愿您老晚年幸福，健康长寿！

您年事虽高却勤劳不辍，祝您生活之树常绿，生命之水长流！

愉快的情绪和由之而来的良好的健康状况，是幸福的最好资本。祝您乐观长寿！欢乐就是健康，愉快的情绪是长寿的最好秘诀。祝您天天快乐！

愉快的笑声，是精神健康的可靠标记。愿您在新的一年中天天都愉快，日日有笑声。

愿您永远跟朝阳、春天结伴，像青草漫野那样充满生机。

您是经霜的枫树老更红，历尽悲欢，愈显得襟怀坦荡。衷心祝愿您生命之树常青，您心灵深处，积存着一脉生命之泉，永远畅流不息。祝您长寿！

愿您的人生充满着幸福，充满着喜悦，永浴于无尽的欢乐年华。

让美丽的朝霞、彩霞、晚霞一起飞进您的生活，这就是我的祈愿！

赠晚辈生日吉语

因为你的降临，这一天成了一个美丽的日子，因为你的降临，我的生活更有意义，亲爱的宝贝，祝你生日快乐！

青春的树越长越葱茏，生命的花越开越艳丽，在你生日的这一天，希望你像春天的小草一样充满生机，希望你像天空的小鸟一样自由成长，快乐歌唱！

今天，像小鸟初展新翅；明天，像雄鹰鹏程万里。愿你拥有愉快的生日！

你是祖国的花朵，也是家里的花朵，支支灿烂的烛光，照亮你前进的路，希望你在以后的成长路途中永远快乐、健康。生日快乐！

16 岁的花，开满大地；16 岁的歌，委婉动听。16 岁是人生中最美的花季，愿你在 16 岁生日的清晨，迈开你强健的步伐，走向更美好的未来！

今天你 18 岁了，告别了幼稚，走向了成熟。但求天真不要随之而去，让纯真的童心与青春结伴而行。

你是一首小诗，也是一朵花，抒情是你的本质，浪漫是你的天性。我相信，你的前程将开满鲜艳的花朵，散发最迷人的青春气息。祝你生日快乐！

亲爱的孩子，你有着最令人羡慕的年龄，你有着让人向往的激情，愿你带着激情，健康快乐地成长。在实现梦想的路上，书写你无悔的青春。祝福你，我亲爱的孩子，生日快乐！

赠爱人生日吉语

亲爱的，我没有珍贵的礼物来为你庆祝生日，只能用我满怀的爱，对你说一声“生日快乐！”

亲爱的，因为有你，我成了世界上最幸福的男人（女人），在今天这个属于你的日子，我要许你一生的承诺：这一生我都会对你一心一意，不离不弃。生日快乐！

为了你每天在我生活中的意义，为了你带给我的快乐幸福，为了我们彼此的爱情和美好的回忆，为了我对你的不改的倾慕，祝你度过世界上最美好的生日！特别的爱，给特别的你，愿我的祝福像阳光那样缠绕着你，真诚地祝愿健康和快乐永远伴随你，生日快乐！

我没有娇艳的鲜花，没有浪漫的诗句，没有珍贵的礼物，只有轻轻的祝福和深深的爱恋，亲爱的，祝你生日快乐！

在宁静的夜晚，点着淡淡的烛光，听着轻轻的音乐，品着浓浓的葡萄酒，让我陪伴你度过一次难忘的生日。

在这个特别的日子里，我没有别的话，只想你知道，每年今天，你都会感到我的爱，永远的爱！

你是上天赐予我的最特殊、最珍贵的礼物，在漫长的人生旅途中，有你相伴，每一天都是幸福的，每一秒都是快乐的，亲爱的，谢谢你让我拥有你，祝你生日快乐，永远健康美丽！

赠朋友生日吉语

长长的距离，长长的线，长长的时间抹不断，今天是你的生日，远方的我一直在惦念着你，祝你生日快乐！

祝福加祝福是很多个祝福，祝福减祝福是祝福的起点，祝福乘祝福是无限个祝福，祝福除祝福是唯一的祝福。祝福你生日快乐！

在这属于你的日子里，幸福、好运包围着你。祝你生日愉快！天天开心，岁岁平安！

愿我的祝福萦绕你，在你缤纷的人生之旅，在你飞翔的彩虹天空里。祝：生日快乐！天天好心情！永远靓丽！

送你一瓢祝福的心泉，浇灌你每一个如同今日的日子！

愿你在充满希望的季节中播种、在秋日的喜悦里收获！生日快乐！步步高升！日光给你镀上成熟，月华增添你的妩媚，生日来临之际，愿朋友的祝福汇成你快乐的源泉……

生日祝福你，好事追着你，病魔躲着你，情人深爱你，痛苦远离你，开怀跟着你，万事顺着你！

两片绿叶，饱含着它同根生的情谊；一句贺词，浓缩了我对你的祝福。愿快乐拥抱你，在这属于你的特别的一天，生日快乐！

佳联妙对

福如东海长流水，寿比南山不老松。

松龄长岁月蟠桃捧日三千岁，鹤语寄春秋古柏参天四十围。

寿考征宏福闲雅鹿裘人生三乐，文明享大年逍遥鸡杖天保九如。

椿萱并茂，庚婆同明。青松寿色，丹桂丛香。

河山并寿，日月双辉。家中全福，天上双星。

博爱人长寿，钟情月久圆。

朝霞辉翠柏，时雨润苍松。

交柯树并茂，合香筵同开。

椿萱夸并茂，日月庆双辉。

膝花歌渭水，椿树笑蟠桃。

凤侣双飞翼，鸳侍百岁春。

百寿图中昭日月，长生座上敬爹娘。

荷莲香送清和月，棠棣祥开吉庆花。

花果重新娱晚景，寿星双庆颂遐龄。

双寿共道，两星齐明。夫妻偕寿，庚姿双辉。

碧梧翠竹，福寿双全。

椿萱并茂，松柏同春。

瑶草奇葩不谢，青松翠柏常青。

梅竹平安春意满，椿萱昌茂寿源长。

双星共献齐眉寿，二老欢承益寿杯。

风和漩阁恒春树，日暖置庭长乐花。

南极星辉斗牛度，北堂置映凤凰枝。

并蒂花开瑶岛树，合欢酒进碧筒杯。

父母双寿增五福，儿孙云集祝百龄。

椿萱并茂交柯树，日月同辉瑶岛春。

园林娱老儿孙好，夫妇同耕日月长。

瑶筋春介齐眉寿，锦砌晖承绕膝花。

青山不老双新寿，绿水长荣一世人。

燕桂谢兰年经半甲上寿期颐庄椿不老，桑弧蓬矢志在四方君子福履洪范斯陈。

瑶池春不老设悦遇芳辰百岁期颐刚一半，寿域日开祥称筋有菜子九畴福寿已双全。

七尺伟然，戴天履地，贺同学喜行冠礼。九州大地，兰馨桂馥，愿大家都是栋梁。

第三章

庆功酒

——今日同饮庆功酒，壮志未酬誓不休

“今日痛饮庆功酒，壮志未酬誓不休。”这句经典的唱词出自著名京剧选段《智取威虎山》，建功立业的雄心壮志需要美酒相配；春风得意需尽欢的喜悦更需要美酒相伴。这庆功酒既要喝出喜庆，又要喝出自豪、喝出激情。这样一来，就需要几句适宜的祝酒词，活跃宴会气氛，唤起人们的激情。

◇ 酒之道，礼先行

庆功宴，美酒佳词送功臣

庆功宴指的是在一定时期的工作中或突发事件中，单位、群体或个人作出了重要贡献，事迹突出，堪为榜样，这时上级机关为宣传典型，弘扬先进精神，倡导相关人员进行学习，会举办庆功宴会，予以表彰奖励。庆功、表彰祝酒词是机关、团体和企事业单位领导在庆功大会、表彰大会上发表讲话时使用的。“热烈、欢快、隆重”是庆祝表彰会的基本氛围，这类讲话稿的文字要朴素、简洁，言辞要热烈，要具有号召性，内容要充分揭示出被庆功的事项和被表彰者的可贵之处。

1. 庆功词的结构

庆功词一般由以下几个部分组成：

称呼 宜用亲切的尊称，如“亲爱的朋友”、“尊敬的领导”等。

开头 阐述庆功宴的主题，阐明庆功宴的目的。

正文 这是庆功词的主要内容，一般由事迹、评价、表彰决定和号召学习四部分组成。

比较常见的形式是先介绍被表彰者的基本情况，再客观叙述被表彰的先进事迹，在此基础上对其事迹的先进性及典型意义进行评价。在表彰决定之前，要概括阐述进行表彰的目的。如“为表彰他们对国家和人民作出的突出贡献……全面完成……各项任务”，高度概括地表明了这次表彰的目的。表彰性决定要写明表彰的形式。

在号召学习这一部分中，可以对表彰对象提出希望，比如希望他们戒骄戒躁、再立新功等。号召学习要写清楚号召的对象和学习的内容。最后是对号召对象提出要求，要求号召对象通过学习先进典型，发奋工作，完成工作任务。

2. 庆功词的要求内容要充实

在正文部分，在对典型人物和事件评论之前要先对事迹进行实事求是的阐述，所阐述的事迹要客观真实。评价时要从事实出发，恰如其分，不能盲目拔高。学习的内容是对具体事迹的本质概括，要以客观的事实为基础，概括反映其先进本质，不能凭空想象或移花接木。语言要庄重、精练。

语句要通顺，杜绝病句。语言表述要准确，用词要精练。在语言上要能够体现表彰决定严肃、庄重、倡导性，要能够振奋精神、鼓舞士气。

庆功宴礼仪

庆功宴会往往是人们最春风得意的时刻，有功之臣自然是有着“春风得意马蹄疾，一日看尽长安花”的喜悦，参加庆功宴的人也大多怀着喜悦的心情前来祝贺。酒过三巡、菜过五味之后，难免会显得得意忘形。但是庆功宴不仅仅是一个欢乐的场合，更具有庄重性和严肃性，所以还是应该遵守一些礼仪，保持自己的风度，维护好自己的形象。

作为宴会的发言人，要十分注意自己发言的情绪、内容和肢体语言。对于长辈和领导要尊重、感恩，注意修辞和礼仪，情绪不能过于激动，要时刻牢记所处的场合，不能夸大其词、得意忘形。否则不但会毁掉一场本来喜庆的宴会，更会让个人在群体中留下不良印象。对于平辈和朋友要亲切和蔼，注意语气和宴会的氛围，既不要过于紧张严肃，也不要过分戏谑。紧张显得发言人局促不安，没有准备，对宴会不够重视；口吻过于戏谑显得轻佻浮躁，让人产生反感。

对干年龄小于自己和职务低于自己的人，重要注意措辞和态度，不能傲慢无礼、目中无人。如果是公司老总作为主讲人，则更要抓住这次和大家沟通感情的机会，把自己归为群体的一员，促进员工间的和谐友爱，争取作一次鼓舞人心、催人奋进的演讲。在宴会上，能够时刻保持清醒的头脑至关重要。因为贪杯而造成不必要的失误，后果是十分严重的，所以，即使是在“功成名就”时，也不能忘记脚踏实地、谦虚谨慎的作风。

◇ 举杯词相随

杰出人物颁奖祝酒词

范文：市十大杰出女性颁奖宴会祝酒词

【场合】庆功宴

【人物】市领导、妇女代表、嘉宾

【致辞人】市委书记

尊敬的各位领导，各位同志：

大家上午好！

在“三八”国际妇女节即将到来之际，市文明办、市妇联、市广播电视局等单位在这里举行“××××年度市十大杰出女性”颁奖宴会，表彰先进女性，倡导和谐平等，同时呼吁更多的人在自己的岗位上为社会贡献力量。刚才，评选揭晓了10位在××××年作出杰出贡献的女性代表，在此，我代表市委、市人大、市政府、市政协，对获奖者表示热烈的祝贺，向在座的妇女同志们并通过你们向全市广大女性朋友致以节日的问候！

近年来，全市各级妇联组织紧紧围绕市委、市政府工作中心，秉承着服务大局、服务基层、服务人民的原则，不断创新、不断进取，创造性地开展各项妇联工作，取得了明显成效，特别是在扶助弱势群体、服务城乡女性发展方面作出了突出贡献，对此，市委、市政府对在各个岗位上作出突出贡献的人表示感谢。在各级妇联组织的带动和引导下，在我市各项事业建设进程中，涌现出了一大批优秀女性，这次被评选出的10位女性是她们中的杰出代表，有教育界、卫生部门、旅游社、司法战线上的业务精英，有身残志坚、热爱生活的残疾女性，有尊老敬老、朴实勤劳的农村女性，有谋略超群、热心公益的女企业家，有不图名利、默默奉献的一线女工，她们是时代的骄傲，女性的楷模，人民的光荣。

目前的发展势头，对于我们既是机遇，又是挑战。希望全市广大女性要以十大杰出女性为榜样，按照省市提出的新要求，立足自身工作岗位，抢抓机遇、积极进取、开拓创新、再创佳绩，为我市早日建成“中等城市、和谐××”作出新的更大贡献！

最后，再次对今天获奖的十大杰出女性表示祝贺，祝全市广大女性节日愉快！干杯！谢谢大家！

杰出企业颁奖祝酒词

范文：企业颁奖祝酒词

【场合】经济人物暨最具活力企业颁奖典礼

【人物】市领导、经济人物、企业代表

【致辞人】市长

尊敬的各位女士、先生：

大家上午好！

今天各位在此欢聚一堂，是为了庆祝我市首届经济人物暨最具活力企业评选圆满结束。在这次评选活动中，有20位人士和30家企业获得“××××年度××市经济人物”和“××市最具活力企业”光荣称号，在此我对获奖的个人和企业表示衷心的祝贺。

由于主办单位的积极努力，这次评选活动自始至终遵循“公开、公正、公平”的原则，各行各业积极参与，主管部门严格把关，广大群众热情投票，评出的先进企业和个人令人信服。我相信，由我们自己评出的先进人物一定会在今后的工作中更加尽职尽责、兢兢业业，一定能够创造出更加辉煌的成绩，为我们的共同事业作出更大的贡献。

同志们，荣誉是对过去的成绩的一种肯定，未来依然需要我们去奋斗、去争取。在此我也想对在座的各位提出一些希望：希望在接下来的工作中继续贯彻落实省委、省政府，市委、市政府的战略部署，踏踏实实地做好本职工作。摆在我们面前的任务还十分艰巨，希望这次取得荣誉的人士戒骄戒躁，勇往直前，让你们的事业更加辉煌，同时希望你们充分发挥模范带头作用，为我市带出一批充满活力的骨干企业，为我市发展奠定坚实的基础。

朋友们，鲜花献模范，美酒敬英雄。让我们共同举杯，为我们自己的经济人物和最具活力企业，为我们自己评出来的英雄，干杯！

业绩突出庆功祝酒词

范文：业绩突出庆功酒祝酒词

【场合】消防支队庆功酒

【人物】支队党委、消防官兵、家属

【致辞人】市领导

敬爱的同志们、战友们：

值此辞旧迎新的喜庆之际，我代表全市人民，向奋斗在救火一线上的全体战士以及家属，表示亲切的问候和衷心的感谢。

回顾过去，我们感慨万千，在过去的一年中，我们全体消防官兵在满负荷工作的高速运转中、在洒满汗水血水的前进道路上默默付出，无怨无悔……展望未来，我们心潮澎湃，为了全体市民的安全，为了社会的安定和谐，我们的消防官兵们依然会坚守自己的岗位，尽职尽责。

天时人事日相催，冬至阳生春又来。过去的成绩成为凝固的历史，未来的辉煌还要靠我们用双手去创造。在品尝美酒、分享胜利喜悦的同时，还要清醒地认识到，在新的一年我们面临的工作同样艰巨，我们必须一如既往、踏踏实实地工作，迎接新挑战，以高度的使命感和责任感来推进部队建设和消防工作的改革和发展，承担起历史赋予我们的神圣使命。

在支部党委的正确领导下，广大消防官兵众志成城，我坚信，新的一年，将又是一个希望之年、奋斗之年、胜利之年。

最后，让我们共饮庆功美酒，祝愿消防工作更加辉煌。同时也祝愿大家身体健康、家庭幸福。干杯！

邀请赛颁奖祝酒词

范文：民歌邀请赛颁奖祝酒词

【场合】民歌邀请赛颁奖宴会

【人物】各级领导、参赛选手

【致辞人】市长

各位来宾、各位朋友：

大家晚上好！

作为东道主，我今天很荣幸能够出席第×届中国“××杯”民歌邀请赛颁奖晚会。首先，在这里请允许我对支持和参与本届邀请赛的所有机关、单位和个人表示最诚挚的感谢！还要感谢那些默默耕耘在祖国民族民间音乐事业中的人们。

民歌是人类历史上产生最早且最具生命力的艺术品种之一，是民间的乐府，是民间艺术的精髓。本次邀请赛是我国民歌界的一次盛会，邀请赛云集了全国×个省、直辖市、自治区的××位民歌歌唱好手。有些歌手不远千里来到这里，这让我们十分感动，更让我们感受到民歌的魅

力所在。

今天，邀请赛所有的奖项已经揭晓。各位嘉宾，我提议，现在让我们高举酒杯，为那些获奖的歌手举杯祝贺。各位获得殊荣，的确是实至名归，并祝各位在未来的民歌演唱道路上再创佳绩。让我们共同干杯！

会议召开与竞赛成功祝酒词

范文：保险公司精英大会祝酒词

【场合】 庆祝宴会

【人物】 市领导、寿险精英、专家学者

【致辞人】 市领导

尊敬的××保险公司各位领导、各位专家学者、各位市公司领导、各位来宾、各位朋友：

大家好！

今天，能够应邀前来参加××保险公司××年精英年会，我感到非常的荣幸。这次盛会将有全国多位名流学者莅临赐教，全省各寿险公司的领导相聚在此，千余名寿险精英欢聚一堂，共同庆祝××公司在过去的一年里所取得的辉煌业绩，倾心畅谈美好的寿险明天。

在这里我代表市委、市政府向这次盛会的召开表示热烈的祝贺，向参加会议的寿险公司各位领导、各位专家学者，那些创造了辉煌个人业绩、为寿险事业发展立下汗马功劳的寿险精英表示热烈的欢迎。

寿险事业是一项充满爱心、造福人民的光荣事业，也是一项充满挑战性的工作。相信通过这次盛会，今年××寿险事业一定会有一个新的提高，会有一份新的收获。预祝明年寿险公司的各位领导、各位朋友身体健康、工作顺利、宏图大展！

在座的朋友们，让我们共同举杯，预祝这次盛会取得圆满成功，祝与会的各位领导、各位来宾在××期间一切顺利，祝××寿险事业更加灿烂辉煌！

奠基典礼圆满成功祝酒词

范文：奠基典礼祝酒词

【场合】奠基典礼庆功宴会

【人物】公司领导、员工、来宾

【致辞人】总经理

尊敬的各位领导、各位来宾，女士们、先生们：

大家晚上好！

今天，我们欢聚一堂，共同庆祝××公司××基地奠基典礼圆满成功。在这洋溢着欢乐与美好憧憬的时刻，我谨代表××公司全体员工对大家的到来表示热烈的欢迎和诚挚的祝福。

××基地建设是市委“十一五”发展战略的重要组成部分，建设好这个基地将有利于企业做大做强，也有利于本市的发展。各位领导和各位来宾在百忙中抽出时间参加我们的奠基典礼，并指导工作，我们备受鼓舞。在今后的工作中，我们将尽最大努力做好项目建设的各项工作。同时，我们也诚挚地邀请各位领导、有关部门和各界朋友到××视察指导工作，并对我们进行监督。真诚地希望各界对企业的发展给予一如既往的关心、支持和帮助。

最后，让我们共同举杯，预祝××基地的开工建设及早日竣工投产，祝福各位身体健康、工作顺利，干杯！

竣工庆典祝酒词

范文：公司竣工庆典仪式祝酒词

【场合】庆典宴会

【人物】镇领导、公司领导、来宾

【致辞人】镇长

尊敬的各位领导、各位嘉宾，女士们、先生们：

大家好！

秋高气爽，天高云淡，在这美丽迷人的金秋十月，我们相聚在风景秀丽的××，隆重举行××药业有限公司竣工庆典仪式。

首先，我代表××镇党委、镇政府向今天竣工投产的××药业表示热烈的祝贺，向为项目建设作出辛勤努力的同志们表示亲切的慰问，向参加今天庆典活动的各位领导、各位嘉宾、各位新闻界的朋友表示诚挚的欢迎，向一直以来关心、支持、帮助我镇发展的所有工作人员表示衷心的感谢！

俗话说："一根篱笆三个桩，一个好汉三个帮。"××的发展凝聚了在座各位和社会各界朋友的心血和智慧，也凝聚了无数建设者辛勤的汗水。在此，我代表中共××镇党委、镇政府和全镇3万人民再次深表谢意。我们竭诚欢迎海内外客商和有识之士来××镇旅游，洽谈贸易，投资置业，在互利互惠的基础上，与我们携手共创美好的未来！

谢谢大家！

◇ 漫话祝酒词

人物祝福语

祝你学业有成，掌声和鲜花永远伴随着你！水滴石穿业精不舍，海阔天高学贵有恒。

成功的人，人们只关注他成功时的辉煌，往往忽略了当初他奋斗时不为人知的艰难。我赞赏您的成功，更钦佩您在追逐梦想的路途中坚强不屈的精神。

自爱，使你端庄；自尊，使你高雅；自立，使你自由；自强，使你奋发；自信，使你坚定……这一切将使你在成功的道路上遥遥领先。成功不是将来才有的，而是从决定去做的那一刻起，持续累积而成。您以实际的行动向我们证明了成功需要积累。

成功的秘诀，在于对目标坚忍不拔。恭喜您凭着坚强的意志终于迎来了成功。把黄昏当成黎明，时间会源源而来；把成功当做起步，成绩就会不断涌现。祝你在以后的学习中奋勇直前、秀中夺魁。

观念决定方向，思路决定出路，胸怀决定规模。您具备了这些条件，所以成功属于您！祝福您，我的朋友。

一分耕耘，一分收获，回首往事，风雨同舟，让我们欢庆一起走过的辉煌，让我们一起迎接更美好的明天！

愿我的祝福变成胜利时庆功的鲜花，祝我们在以后的工作中取得更加辉煌的成绩！

事业祝福语

祝贺会议顺利召开！

恭贺项目顺利竣工！

恭喜贵公司顺利通过质量认证！

惨淡经营历千辛，一举成名天下闻，虎啸龙吟展宏图，盘马弯弓创新功！——热烈祝贺贵厂产品荣获国家级优质奖！

每一个成功企业都有一个开始。勇于开始，坚持不懈，敢于创新，就能找到成功的路。祝愿贵公司齐心合力，再创佳绩。

祝愿××大奖赛越办越红火，为选拔音乐人才作出新的贡献。“同声相应，同气相求。”共同的人生志趣把我们紧紧连在一起。让我们为了今天的胜利，共同举杯庆贺吧！

拥有的细细品，祈求的再努力。祝生意顺利、宏图大展！

第四章

商务酒

——“商务”有酒，越喝越有

在商界，很多的生意都是在酒桌上谈成的，酒桌上会大大缩短人和人之间的距离。在酒桌上谈生意，不仅要能喝酒、会喝酒，还要能说、会说，这时候好的祝酒词就是必不可少的了。掌握了商务宴会的祝酒词，再配以适宜的商务祝酒礼仪，一定会让你的商务洽谈事半功倍。

◇ 酒之道，礼先行

商场如战场，酒宴礼仪是法宝

1. 座位安排

座次尊位次序前文已叙述，下面介绍其他注意事项。

如果是大宴，桌与桌间的排列也是有讲究的：首席居前居中，左边依次 2、4、6 席，右边为 3、5、7 席，根据主客身份、地位，亲疏分坐。作为宴席的主人，应该提前到达，然后在靠门位置等待，并为来宾引座。如果是被邀请者，那么就应该听从东道主安排入座。一般来说，如果有自己的上司、领导出席的话，应该将其引至主座，请客户时，最高级别的坐在主座左侧位置，除非这次招待对象的领导级别非常高。

2. 选酒礼仪

一般情况下，宴会中的菜式和酒是提前订好的。还有一种情况是，临时点菜点酒，让服务人员取来酒牌或者唤来侍酒员。如果宴会的主人是女性，而客人中又有男性的话，就要请在座的一位男士为她选酒。如果这位被邀请选酒男士对酒一无所知或知之甚少，那么他可以向服务员请教。还有一种形式就是主人首先向主客征求意见，主客点什么酒就喝什么酒。

上酒的顺序也是有讲究的：先上白葡萄酒，后上红葡萄酒；先上新酒，后上陈酒；先上淡酒，后上醇酒；先上干酒，后上甜酒。

3. 斟酒礼仪

祝酒之前需要斟酒。比较大型的商务宴会上，由服务员给客人斟酒。较小型的商务宴会上，主人或者服务员均可给客人斟酒，其他宾客一般不要自行给别人斟酒。当主人为宾客斟酒的时候，应该使用本次宴会上最好的酒，此时客人应该端起酒杯表示对主人的尊敬，并致谢，必要时应该站起身来。斟酒的顺序一般是从位高者开始，然后顺时针斟酒。

饮不同的酒，酒杯也是有讲究的：白酒一般选用较小的杯子，红酒选用高脚杯，啤酒选用较大的透明玻璃杯。酒的种类不同，斟酒的标准与顺序也不同。一般情况下，服务员打开酒瓶后，应先倒上一点儿递给主人品尝。主人先饮一小口仔细品评，然后再尝一口，感到所上的酒完全符合要求时，再向服务员示意，可以给客人们斟酒了。

斟酒时按年龄大小、职位高低、宾主身份为序，是最基本的礼仪。斟酒前一定要充分考虑好顺序，分明主次。当不能明确区分宾客的职位高低、身份、年龄大小的时候应该先从自己身边按照顺时针方向开始。在正常情况下，斟酒的顺序是从正主位右边主宾起逐位向左走。要站在客人右手边上斟，而且酒瓶的商标应面向客人。斟酒时，酒杯应放在餐桌上，酒瓶不要碰到杯口。第一次上酒时，主人可以亲自为所有客人倒酒，不过记住要依逆时针方向进行，从坐在左侧的客人开始，最后才轮到主人自己。客人喝完一杯后，主人可以请坐在对面的人帮忙为他附近的人添酒。如果同时准备了红酒和白酒，请把两种酒瓶分放在桌子两端。绝对不要让客人用同一个杯子喝两种酒，这是基本礼貌。

另外，针对不同的宴会规格、对象、民族风俗习惯，斟酒顺序也应灵活多样。宴请亚洲地区客人时，如主宾是男士，则应先斟男主宾位，再斟女宾位，对主人及其他宾客，则顺时针方向依次进行斟酒，或先斟来宾位，最后为主人斟酒，以表示主人对来宾的尊敬。如为欧美客人斟酒服务时，则应先斟女主宾位，再斟男主宾位。高级宴会常规的斟酒顺序是，先斟主宾位，后斟主人位，再斟其他客人位。如果由两个服务员同时为一桌客人斟酒时，一个应从主宾开始，另一个从副主宾开始，按顺时针方向依次绕台进行斟酒服务。

“酒满敬人，茶满欺人”，这是中国的传统说法，意思是说斟酒要以满为敬，但西方人的看法却是“酒满欺人”。因此给西方客人斟酒时不宜斟满，要使饮者在饮用时能让酒在杯中旋起来，使酒香充分发挥出来。斟白酒（烈性酒类）、红葡萄酒入杯均为八分满；白葡萄酒斟入杯中为六分满；白兰地酒斟入杯中为一个斟倒量（1/2），即将酒杯横放时，杯中酒液与杯口齐平；香槟酒斟入杯中时，应先斟到1/3，待酒中泡沫消退后，再往杯中续斟至七分满即可；斟啤酒第一杯时，应使酒液顺杯壁滑入杯中呈八成酒二成沫；调鸡尾酒时，酒液入杯占杯子的三成即可，这样既便于客人观赏，又便于客人端拿饮用；冰水入杯一般为半杯水加入适量的冰块，不加冰块时应斟满水杯的3/4；黄酒应斟八分满。

4. 祝酒礼仪

祝酒分为正式祝酒和普通祝酒。祝酒需要掌握适宜的时间，祝酒不能影响宾客的用餐。

正式的祝酒，应该安排在宾客入席之后、用餐之前，这时候的祝酒一般是主人向在座的所有宾客集体敬酒，并致祝酒词。祝酒词可以稍长，但是也要控制在五分钟之内，内容应该紧紧围绕宴会的中心话题，要有一定的针对性，最好还要能够体现出宴会的气氛，但是注意不能偏离主题。

无论是主人还是来宾，如果是在自己的座位上向集体敬酒，就要首先站起身来，面带微笑，手拿酒杯，面朝大家。

当主人向集体祝酒并致祝酒词的时候，在座的宾客应该一律停止用餐或喝酒。主人提议干杯的时候，所有人都要端起酒杯站起来，互相碰一碰。按国际通行的做法，敬酒不一定要喝干。但即使平时滴酒不沾的人，也要拿起酒杯抿上一口，以示对主人的尊重。

在商务宴会场合中，主人向客人祝酒时，要上身挺直，双脚站稳，以双手举起酒杯并向对方微微点头示礼，让对方先饮酒，然后自己再饮。祝酒的态度要稳重、热情、大方。

在规模较大的商务宴会上，主人应该依次到各桌祝酒，每一桌可派一位代表到主人的餐桌去回敬一杯。需要干杯时，应按礼宾顺序由主人与主宾首先干杯。干杯时，要从容、有礼，起立举杯，最好说一两句简洁友好的祝酒词。干杯后，应点头示礼。若在场的宾客较多，可同时举杯示意，不必一一碰杯。干杯时应避免与其他人交叉碰杯。

有的时候除了主人向集体敬酒，来宾也可以向集体敬酒。来宾的祝酒词可以说得更简短，甚至一两句话都可以，比如，“祝各位工作顺利!”“祝我们今后合作愉快，干杯!”等等。

当主人亲自向你敬酒干杯后，客人要回敬主人，和他再干一杯。回敬的时候，要右手拿着杯子，左手托底，和对方同时喝。干杯的时候，可以象征性和对方轻碰一下酒杯，不要用力过猛、非听到响声不可。出于敬重，可以使自己的酒杯较低于对方酒杯。如果和对方相距较远，可以酒杯杯底轻碰桌面，表示碰杯。

而普通祝酒，在正式祝酒之后就可以开始了。即在主人正式敬酒之后，各个来宾和主人之间或者来宾之间可以互相敬酒，同时说一两句简单的祝酒词或劝酒词。

别人向你敬酒的时候，要手举酒杯到双眼高度，在对方说了祝酒词或“干杯”之后再喝。喝完后，还要手拿酒杯和对方对视一下，这一过程才结束。此时要注意的是，敬酒的时机要掌握适宜，在对方方便的时候敬酒，不能影响对方的进食。而且，如果与其他的宾客向同一个人祝酒，应该等身份比自己高的人祝过之后再祝酒。

最后，祝酒时无论是祝的一方还是接受的一方，都要注意因地制宜、入乡随俗。因为我国大部分地区特别是东北、内蒙古等北方地区，敬酒的时候往往讲究“端起即干”。在他们看来，这种方式才能表达诚意、敬意。所以，自己酒量欠佳应该事先诚恳说明，不要看似豪爽地端着酒去祝对方，而对方一口干了，你却只是“意思意思”，这样往往会引起对方的不快。另外，对于敬酒的来说，如果对方确实酒量不济，没有必要去强求，特别是对于不允许喝酒的穆斯林千万别违背他的意愿给他倒酒。

如果因为生活习惯或健康等原因不适合饮酒，也可以委托亲友、部下、晚辈代喝或者以饮料、茶水代替。作为致辞人，应充分体谅对方，在对方请人代酒或用饮料代替时，不要非让对方喝酒不可，也不应该好奇地“打破沙锅问到底”。

巧妙躲酒不失礼

在举行商贸会、促销会等正式宴会上，一定会有不少客户应邀参加，在这种场合，秘书必须来回地向各位来宾打招呼，并为他们斟酒，对于不大能喝酒的秘书来说这可是一件苦差事。

向客人敬酒之后，客人也要回敬你，因此，双方各干一杯是正常的现象。但是，在这样的宴会上往往有些客人要求双方持续干五六杯，因为客人多，如果都这样喝的话，酒量再大也是应付不了的。怎么办？表面上不能示弱，要硬着头皮坚持到底。但是来回敬酒，主动权还是握在你自己手里的。当客人向你回敬酒时，你不用特实在地把杯子里的酒一口气喝光，可以将杯子往嘴唇上碰一下意思意思或者稍沾一点儿即可，同时主动地用话题把对方的视线引开，以便选择好的时机来结束这一位客人，这样才能再向下一位客人敬酒。

来回敬酒时，不要向客人解释说自己不会喝酒，因为这样做往往使对方扫兴。可以灵活处理，想办法巧妙地把自己杯子里的酒“处理”掉。总而言之，即使自己没有多少酒量，也要想办法使宴会的气氛变得活跃起来。

除了巡回敬酒之外，在喝酒的方法、斟酒的风度及祝酒的技巧上都要下工夫。另外还有一种应付的方法，那就是自己喝掺水的酒，但千万不要让对方察觉出来。

◇ 举杯词相随

迎宾祝酒词

迎宾祝酒词是指机关或企业在举行隆重庆典、大型集会、欢迎仪式或洗尘宴会上，主办者对宾客的来临表示热烈欢迎而使用的讲话。迎宾祝酒词应该充满热情，要充分地表现出对宾客的欢迎和尊重；还应该表示友好，以促进交流和合作，并营造和谐的社交气氛。

迎宾祝酒词具有应对性，一般来说，主人致迎宾祝词后，宾客即致答词。迎宾祝酒词的结构由称呼、开头、正文、结语四部分构成。

称呼：迎宾祝酒词应用亲切的称呼如“亲爱的朋友”、“尊敬的来宾”等。

开头：用一句简短的话表示欢迎的意思，比如“感谢各位来宾的光临。”

正文：说明欢迎的情由，可叙述彼此的交往、情谊，说明交往的意义。

对初次来访者，可多介绍本机关或企业的情况。迎宾祝词的正文，语言要朴实、热情、简洁、平易，语气要亲切、诚恳，感情要真挚，宜多用短句，言辞应力求格调高雅。如在迎宾祝词中加上一两句中国好客的谚语和格言，如“有朋自远方来，不亦乐乎”；“有缘千里来相会”等，将会增色不少。回顾以往事件的叙述要简洁，议论不要过多，力求精当；对主宾的赞颂和评价要热情而中肯，不要过分。可以有适当的联想与发挥，整个篇幅不宜过长。如遇来宾的意见、观点与主人不一致时，致辞人当坚持求同存异的原则，多谈一致性，不谈或少谈分歧，可恰当采用委婉语、模糊语句，尽力营造友好和谐的气氛。

结语：用敬语表示祝愿，比如“感谢××的大力支持，愿我们今后的合作更顺利，更愉快。”

迎宾祝酒词内容应根据国籍、团体、时间、地点、成员身份不同而有所区别，不可千篇一律。

范文一：欢迎外国考察团迎宾祝酒词

【场合】迎宾宴会

【人物】××省电网技术有限公司，××国家电网公司考察团

【致辞人】××省电网技术有限公司领导

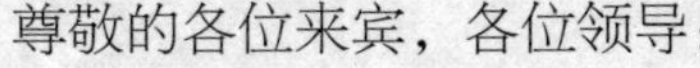

尊敬的各位来宾，各位领导：

大家好！

盛夏时节，百花争艳。今天，我们有幸邀请到××国家电网公司考察团的各位朋友到我公司考察访问，这是我们公司的一件幸事。在此，我谨代表公司的全体员工，对××考察团的朋友们的到来表示热烈的欢

迎，向关心支持我们公司发展的领导表示衷心的感谢！

本公司是从事高新技术产品研发、生产、销售和技术服务的生产制造型专业公司。公司成立于××××年，同年×月被认定为省高新技术企业。××××年，公司获得国家信息产业部颁发的“计算机信息系统集成三级资质”；××××年取得××省“安全技术防范设施设计、安装、维修一级资质”，同年通过了ISO9001、ISO14001、OHSAS18001国际质量、环境、职业健康安全管理体系认证。公司开发的“××电网调度系统”软件、“××智能图像监控系统”软件、“电网故障信息管理系统”软件和“配网自动化系统”软件等获得××省优秀软件产品登记。只××××年这一年的时间里，公司产品就获得×项国家专利、被省信息产业厅认定为“××软件企业”、获得××市政府质量管理奖、通过了××市企业标准体系确认。今年，公司被××省科学技术厅等×个部门确定为省科技创新型试点企业，目前正在申报国家重点软件企业。

公司注册总资本是×××万元人民币，参股、控股企业×家，现有正式员工×××余人。经过×年的发展，公司年产值由××××年的×××万元增长到××××年的×亿元人民币。××××年公司将完成产值×亿元人民币，计划进行开关、避雷器等电气设备的生产制造，新建35千伏组合变电站××座和××电网集控站××座。

各位来宾、各位领导！我们将以××国家电网公司此次考察访问为契机，进一步加大新产品研发力度，自主创新，积极拓宽外部市场，不断强化内部管理，努力使公司的产品质量和销量跃上一个新的台阶。

最后，恭祝大家身体健康，事业蓬勃，万事顺意！

范文二：欢迎董事长宴会祝酒词

【场合】迎宾宴会

【人物】××董事长及随同人员，迎宾工作人员

【致辞人】主持人

尊敬的××董事长，尊敬的各位来宾：

大家好！

和风送暖，阳光明媚，在这个风和日丽的上午，××董事长于百忙之中抽出时间亲临我厂进行指导，我们感到非常荣幸，现在让我们以热烈的掌声对××董事长的到来表示诚挚的欢迎。

××董事长带领的公司与我们合资建厂已经有×年了，这些年中我们双方严格遵守合同和协议、相互尊重、平等协商、互利双赢，通过大家的共同努力，双方在合资建厂、生产、经营管理中的友好关系一直稳步向前发展，我厂在技术开发、技改扩能、销售管理等各方面，也都取得了长足的进步和发展。

从创业之初到现在，××董事长一直和我们风雨同舟，和广大员工一同奋斗努力，今天我们的企业能够发展壮大，很大的一方面是仰仗××董事长的大力支持。××董事长在企业发展过程中为我们每个人都作出了表率，是我们努力奋斗的榜样和旗帜。一个企业就像一艘帆船，需要一个好的舵手才能沿着争取的方向前行，××董事长就是这艘帆船的舵手，带领着我们厂一路迎风破浪，屡创佳绩。在此，我代表我厂全体员工向××董事长表示真诚的感谢！

今天××董事长亲临我厂对生产技术和经营管理方面进一步进行指导，这对我厂来说是一个难得的学习机会。我希望在座的各位能够悉心听取××董事长的良言，认真做好记录，组织全体职工认真学习，吸收精髓并灵活运用到以后的实际工作中。我相信，有××董事长的指导，我们双方的相互了解和信任将得到进一步加深，我们双方友好合作关系的发展更能得到增进。我更相信，只要大家再接再厉，奉献自己的劳动，发挥每个人的智慧。在不久的将来，我厂一定会创造新的佳绩。

最后，让我们再一次用热烈的掌声向××董事长表示由衷的感谢！

范文三：商厦迎宾祝酒词

【场合】××商厦开业

【人物】××商厦经理、员工及顾客

【致辞人】××商厦经理

亲爱的顾客朋友们：

早上好！

俗话说“一年之计在于春，一天之计在于晨”，在座的各位能够把一天中最美好的时刻留在××商厦，让我不胜荣幸。首先，我代表××商厦全体员工向各位的光临表示热烈欢迎，并向各位致以亲切的问候和崇高的敬意！

我始终坚信这句话，“经营有术不在店堂大小，贸易无欺全凭物美价廉”。这是商业繁荣的保证，是贸易常胜不衰的制胜法宝，也应该是每个从业者应该遵守的基本职业道德准则。××商厦位于美丽的××江畔，坐落在繁华的××路上，建筑面积为×××平方米。东邻著名的××大街步行街，西邻××。附近有××、××、××等线路公交车，××号地铁线通过，交通便利，方便顾客的光临。××商厦中商品精美齐全，销售春夏秋冬之货，从服装到生活用品、工艺用品应有尽有，囊括了高中低多种层次商品，适合各种收入的人群。这里物美价廉，这里童叟无欺，这里一定会成为购物者的天堂。

“初来是客，常来是友，以友相待，天长地久”永远是××商厦的服务宗旨。无论您是谁，无论您来自哪里，只要您步入“××”，您就是我们的朋友，您就是我们的“上帝”，我们都将竭诚为您服务，为您献上我们最真诚的服务。为了方便广大顾客的购物，我们还提供上门服务，当您工作繁忙或因其他原因无法光临时，您只需拨打我们的服务热线××××××××，我们将按照您的要求，把温暖送到您的家里，把服务送到你的身边。

在这里，我代表××商厦全体员工向各位顾客承诺：我们将要以优质的服务、优惠的价格、良好的购物环境，以信誉为根本，热情周到笑迎东西南北之客！

女士们、先生们，再一次感谢你们的到来。祝大家购物愉快，满载而归！

来吧，朋友们！让我们端起芬芳醉人的美酒，为××商厦开业大吉送祝福！祝××商厦生意如春浓，财源似水来！也祝各位在未来的岁月里，事业蒸蒸日上，财源广进！干杯！

范文四：公司宴请嘉宾祝酒词

【场合】迎宾酒宴

【人物】公司领导、嘉宾

【致辞人】总经理

尊敬的各位领导、各位来宾：

大家好，今天是我们公司成立十周年的日子，在这个喜庆的日子里，我首先代表××有限公司的员工，向各位领导和嘉宾的光临表示热烈的欢迎。此时此刻，我站在台上，心情非常激动。千言万语，只能用一句话来表达，这就是：感谢大家这么长时间对本公司的奉献和支持。在这喜庆的日子里，我想借此机会敬在座的各位三杯酒。

第一杯，我要敬各位冰镇的啤酒，那种清爽的感觉会让我们时刻保持清醒、理智的头脑，正确把握企业的发展方向。

第二杯，我要敬各位醇香的白酒，那种浓烈的感觉会更强烈地激起我们的工作热情。

第三杯，我要敬各位香甜的葡萄酒，祝愿××公司在大家的共同努力下更加红火！

有一首歌叫《三杯美酒敬亲人》，我也要向领导和来宾敬上三杯酒，代表我们的感激之情、期盼之意。××过去的成功，与大家的关心、支持密不可分；××今后的发展，仍然离不开各位的鼎力相助。恳请大家把这三杯充满美意的酒干了！再次欢迎和感谢大家今天的光临！

答谢祝酒词

致答谢祝酒词分为两种情况，第一种是主人致欢迎词或欢送词后，客人所发表的对主人的热情接待和关照表示谢意的讲话。第二种是指客人在举行必要的答谢活动中所发表的感谢主人的盛情款待的讲话。

答谢祝酒词的重点在于表达出对主人的热情好客的真挚感谢之情。

答谢祝酒词的开头，应先向主人致以感谢之意。

答谢祝酒词的主要内容，先是用具体的事例，对主人所做的一切安排给予高度评价，对主人的盛情款待表示衷心的感谢，对访问取得的收获给予充分肯定。然后，谈自己的感想和心情。比如，颂扬主人的成绩和贡献，阐发访问成功的意义，讲述对主人的美好印象等。

答谢祝酒词的结尾，主要是再次表示感谢，并对双方关系的进一步发展表示诚挚的祝愿。

范文一：市代表团在欢送宴上致答谢祝酒词

【场合】欢送宴

【人物】双方代表、来宾

【致辞人】代表团领导

尊敬的××主任，女士们、先生们、朋友们：

大家好！

这次我们的访问即将告一段落，在此，我谨代表我们代表团全体成员对××主任这两天的热情招待和今晚为我们举办如此丰盛的晚宴表示由衷的感谢！

此次访问中，不仅看到了本市和谐的市容市貌，也看到了你们为人民服务的精神，我为之震撼，此外你们的热情款待给我留下了深刻的印象。在你们周到、细致、全面的活动安排中，我们获益匪浅。

在此，我再次感谢你们为我们提供的一切帮助。我希望××主任和其他朋友能到我市访问，以便让我们得到一个作为东道主感谢你们的机会。

这次访问为时虽然短暂，却增加了两市之间的友谊，有效地沟通了两市人民的感情。这只是一个开始，两市之间一定会有更大的发展。相信两市的关系在我们共同努力之下，一定会迈向一个更亮丽灿烂的未来。我深信，这次访问将开启今后我们之间更多的互访。

现在我提议：为我们之间的友谊，为××主任的健康，为各位朋友工作顺利，为了将来我们两个城市的和谐发展，干杯！

范文二：集团互访招待宴会答谢祝酒词

【场合】访问结束招待会

【人物】A 集团访问代表团、B 集团接待团

【致辞人】A 集团访问代表团负责人

尊敬的 B 集团的朋友们：

在这秋高气爽的美好时节，很荣幸能够和我的团队一起访问 B 集团。我们来到贵公司，开展文化交流、技术沟通、分享管理经验，在此期间，得到贵公司的热情款待。借此机会，请允许我代表 A 集团访问团全体成员对 B 集团的全体人员的盛情接待表示衷心的感谢。

在此次访问之前，我们感受到了 B 集团的团队精神，见识了其完善的运营机制和严谨的工作态度，可以说 B 集团就是业界的佼佼者。此次访问，让我们大开眼界，也让我们增加了不少见识，学习了不少经验。

这是 A 集团首次访问贵集团，我们一行人到此参观、学习，受益匪浅。我们感受到了 B 集团浓厚的文化氛围，我们目睹了 B 集团一流的技术水平，我们感受到了 B 集团博大的胸襟和我们之间深厚的友谊。只可惜，此次来访时间短暂，很想能多一点儿时间向贵集团学习。虽然只有短暂的×天，我们对贵集团的××有了比较全面的了解，与贵集团建立了友好的技术合作关系，并成功地洽谈了××合作事宜，这也是我们此次访问最大的收获。衷心地感谢 B 集团的朋友们，正是因为你们的真诚合作和大力支持，才搭建起我们之间友谊的桥梁。我相信我们之间

一定能够互信互利，互助双赢！

贵集团的××业是新兴的产业，蒸蒸日上，有着广阔的发展前景。贵集团拥有一支庞大的专业人才队伍、先进的技术力量和雄厚的资金保障。在××行业中崭露头角就表现出强大的竞争实力。我们有幸与贵集团建立友好的技术合作关系，为A集团的发展提供了新的契机，必将推动A集团迈上一个新台阶。

中国有句古话："以文常会友，唯德自成邻。"我相信我们通过这次访问交流可以实现道德水准、业务水平的提高。我更相信我们互相之间只要多开展交流活动，互相学习、互相沟通，一定有助于各自的发展，一定能在××业上越走越远。

最后我代表A集团所有成员再次向B集团的热情接待表示诚挚的谢意！衷心祝愿贵集团坚持开拓进取、勇于创新，夺取新的更大的胜利！也衷心地希望我们之间继续加强合作，共创辉煌的明天！干杯！

范文三：企业领导新年答谢客户

【场合】客户答谢会

【人物】企业客户及企业主要领导

【致辞人】企业领导

尊敬的各位来宾，女士们、先生们：

大家上午好！

爆竹声声辞旧岁，烟花朵朵迎新年。在新的一年到来之际，为了感谢新老客户对本公司的大力支持，我们以最真诚的感谢、最真挚的祝福在这里举办迎新春答谢客户酒会。

首先我代表本公司的全体员工向一直给予我们支持和厚爱的新老客户朋友们表示谢意，祝你们在新的一年里身体健康、工作顺利、生意兴隆、万事如意！

过去的一年是我公司快速发展的一年，在各个企业客户的支持下，经过我们全体员工的共同努力，取得了一定的成绩，并顺利通过国家建设部关于国家级示范大厦的复检，保持着物业管理最高荣誉，全面启动了 ISO9001 质量管理体系试运行，全面强化了基础管理工作，荣获了市物业管理先进单位和××市公安局经保系统先进单位等光荣称号。

今年以来我们的各项服务水平又有了新的提高，客户的满意率也有了新的提升，这对我们是莫大的激励。在新的一年里，我们将继续努力，不断取得新的突破，来回报广大客户的厚爱，为您事业的成功尽我们最大的力量。我们将以更完善的管理和更真诚的态度以及崭新的精神风貌服务于您，我相信通过相互支持、友好合作，我们一定能实现双赢的目标。

让我们共同举杯，祝福所有的客户及各公司员工新年快乐、万事如意，祝各位事业辉煌、如日中天！让我们携手，走向更美好的明天。祝各单位百业俱兴、宏图大展、前程无限、吉年大发！干杯！

范文四：美容企业领导答谢会员酒宴祝酒词

【场合】答谢酒宴

【人物】公司领导、嘉宾

【致辞人】董事长

尊敬的女士们、先生们，朋友们：

大家上午好！

在这个阳光明媚的上午，我非常荣幸地邀请到各位尊贵的朋友来到××企业参加此次宴会。首先，我代表××美容公司全体的员工，向各位尊贵客人的到来表示热烈的欢迎。

今天我们举办××美容集团一年一度的会员答谢酒会，一来是为了感谢新老顾客对本集团的支持与信任，二来是为了给广大会员一个更加直接的交流和沟通的机会，让大家在沟通交流的基础上愉悦身心，增进友谊！

我公司是集医疗美容、生活美容、美容教学、产品销售为一体的大型美容连锁机构。时至今日，××集团已走过了整整××年。“衣带渐

宽终不悔，为伊消得人憔悴”，这些年一路走来，有成功，也有坎坷，但是我集团一直坚持迎难而上，克服一个个的难关，不断进取创新，最终成为了国内医疗整形及美容方面的知名品牌。我们始终坚信，××品牌给你的不仅仅是一种尊贵、一种身份，更重要的是实实在在的承诺和保障。

今后的工作中，我公司还会一如既往以踏踏实实做事、老老实实做人为信条，竭诚为顾客服务，让顾客满意是我们唯一的宗旨。

××的发展和成功离不开在座的朋友们的信赖和支持，在这里我再一次向大家的支持与帮助表示最衷心的感谢。希望在座的朋友们今后继续关心和支持××，有你们的支持××的明天一定会更美好。我们也会真诚地为您服务，为您的美丽和健康奉献力量。

最后我建议为在座的各位女士、各位先生，为了你们的美丽和健康，为我们的友谊，干杯！

开业开盘祝酒词

开业庆典是酒店、商场等企业为庆祝开业而举办的一种商业活动，它选择特殊的日期举办，邀请特定的人员参加，旨在向社会和公众宣传自身，提高自身的知名度及美誉度，展现优良形象及良好风范，广泛吸引潜在客户。

首先，要确立宴会邀请对象：邀请上级领导以提升档次和可信度；邀请工商、税务等直接管辖部门，以便今后取得支持；邀请潜在的、预期的未来客户，他们是企业经营的基础；邀请同行业人员，以便相互沟通合作。

酒宴上，通常由公司负责人向上级领导、来宾祝酒，或由来宾向公司表示祝贺。称呼上宜用亲切的尊称，如“亲爱的朋友”、“尊敬的领导”等。其次，要向来宾的支持和光临表示真挚的感谢。

接着，简要概述该机构在一些方面有良好的配套设施和服务功能。

最后，通过邀请目标公众，争取确定良好合作关系，争取销售、会议、接待、旅游等项目的承办权，为占领市场铺平道路，为今后的发展打下坚实的基础。

范文一：社区某婚姻介绍所开业庆典祝酒词

【场合】婚姻介绍所开业庆典

【人物】婚姻介绍所工作人员、工会、共青团、妇联等各界人士

【致辞人】区妇联副主席

尊敬的各位来宾、各位朋友：

大家上午好！

喜扮月老牵红线，乐做红娘搭鹊桥。今天××婚姻介绍所正式在我们的社区开业，在此我首先代表全体社区居民，向××婚姻介绍所的开业表示热烈的祝贺！希望他们在今后的日子里竭诚为社区的单身男女服务，做合格的月老，也祝愿他们的生意越做越红火，成就更多的幸福。

婚介行业是新时代兴起的新生事物，在整个社会的发展中，这个行业还面临着很多机遇和挑战：一方面，有庞大的单身择偶群体需要诚信、规范和人性化的婚介服务；另一方面，婚介行业本身也存在着诸多的缺陷，整个行业没有统一的服务标准，服务的定位、定性不明确，某些不规范、不诚信的行为引起广大单身择偶群体和社会的广泛谴责。但是，几位年轻人凭着他们初生牛犊不怕虎的闯劲儿，迎难而上，本着为广大单身男女负责、服务的态度，克服困难，终于创办了×××婚介所。

随着城市生活的节奏加快、工作压力的加大，越来越多的年轻人为了工作、事业而无暇顾及自己的终身大事。这让社会中出现了越来越多的“剩男剩女”，这样的趋势有碍于和谐社会的发展。有些人虽然遇到了心仪的人，却无奈名花（草）已有主，只能发出相见恨晚的无奈的叹息。为了不让这样的遗憾发生，不妨来到××婚姻介绍所吧，在这里你可以结识更多的异性朋友，也一定能在对的时间遇到那个生命中对的人。

最后，让我们大家共同举杯，祝愿××婚介所开业大吉，也希望

××婚姻介绍所以为单身男女寻找幸福为己任，真诚地为单身贵族服务。祝愿所有单身的男女早日在××找到自己的幸福！干杯！

范文二：手机专卖店开业庆典祝酒词

【场合】庆典晚会

【人物】领导、嘉宾

【致辞人】分区总经理

尊敬的各位嘉宾、各位朋友，女士们、先生们：

大家好！

新春伊始，万象更新。在这辞旧迎新之际，美国摩托罗拉公司经过精心的策划，紧张的筹建运作，终于迎来了在××市专卖店的开业庆典。在此，请允许我代表摩托罗拉手机的领导和全体员工，向今晚出席宴会的各位领导、各界朋友表示热烈的欢迎和衷心的感谢！

美国摩托罗拉公司是世界上最大的移动通信设备制造、销售的集团公司。摩托罗拉专卖店已经遍布全国。如今，我们来到美丽的×市，在这里开始了摩托罗拉手机的一个新起点，分店的顺利开业离不开在座各位领导和朋友的支持与鼓励，在此，我代表摩托罗拉××专卖店的全体成员，对各位的鼎力相助表示衷心的感谢！

“千淘万漉虽辛苦，吹尽狂沙始得金。”在今后的工作中，我们将会全心全意为广大顾客服务，以客户的意愿为己任，提升企业的整体素质和水平，以新时尚、新风格、新形象，屹立于××市手机零售业的潮头，为××的发展、为××的繁荣作出更多、更新、更大的贡献。

最后，祝各位领导、各位嘉宾、各位朋友身体康健、万事如意！再次感谢各位的光临。干杯！

范文三：农贸市场开业典礼祝酒词

【场合】农贸市场开业典礼

【人物】政府领导、来宾

【致辞人】农贸市场负责人

各位领导、各位来宾：

大家上午好！

在这个丰收的季节，各位来自四面八方的朋友相聚在这里，为我们××镇农贸市场的开业举杯庆祝。在此，我谨代表镇委镇政府对×××农贸市场的开业表示衷心的祝贺，祝愿××农贸市场开业大吉、事业兴旺；同时向前来参加开业典礼的各位领导、各位来宾、同志们表示热烈的欢迎；向给予××农贸市场建设大力关心、支持和作出积极贡献的各级各单位表示衷心的感谢！

在有关部门领导和社会各界人士的关心和帮助下，××农贸市场经过一年多的紧张施工，终于能够投入使用了。这一工程对完善我镇城镇配套功能、规范集贸市场经营、繁荣当地经济、方便广大来××投资创业的经商户和群众生活起到了重要的作用。整个市场占地××平方米，共有××个摊位，可同时容纳近万人一起买卖交易。该市场周边的交通也非常便利，出农贸市场大门不到200米就有公交车站，来往城区的公交车就有近十条路线，另外，农贸市场还临近××国道和××高速公路，地理位置可谓得天独厚。市场内的硬件设施也都是国际一流水准，加上完备的配套设施、人性化的管理模式，我相信××农贸市场势必成为我们镇的投资热土，也将是我镇民众创收的一个很好的平台，将为增强我镇的经济实力起到添砖加瓦的作用。

下面我提议，让我们共同举杯，祝××农贸市场繁荣昌盛！也祝愿各位领导以及到场的各位嘉宾朋友身体健康、事业顺利、心想事成。

谢谢！

范文四：百货超市开业典礼祝酒词

【场合】百货超市开业典礼

【人物】领导、社会各界朋友

【致辞人】超市负责人

各位领导、各位朋友、各位来宾：

金秋十月，稻谷飘香；秋高气爽，喜气洋洋。在这个阳光明媚的上午，××百货超市迎来了它盛大的开幕。在此，我谨代表××百货超市的全体员工向各位光临开业庆典的各级领导及社会各界朋友表示衷心的感谢和热烈的欢迎！

××百货超市坐落于我市中心地段，建筑总面积达×××平方米，共四层，并且拥有×××平方米的停车场。一楼家电品种齐全；二楼男女服装各式各样；三楼日用百货品种齐全；四楼美食让您大饱口福。超市内设有中央空调，自动上、下扶手电梯，观光电梯，且设有专业的客户服务咨询台。整个超市是在专业设计师的指导下建成的，采用了合理的布局，极力营造了一个清新、凉爽、方便、轻松、愉快的购物环境。

此外，本百货超市还建立了一套完整的规章制度，采用先进的管理模式，结合本地的实际情况，提供人性化的服务。超市服务人员是通过严格筛选并通过培训合格上岗，他们都具有良好的服务态度和强烈的责任感，能为每一位顾客提供热情、周到、耐心的服务。

本着"以服务为根、以顾客为本"的服务宗旨，本超市推行"诚实守信、共建和谐"的经营理念，全力打造本市优秀品牌服务超市。本超市面对不同的消费者，推出了风格迥异的特色专区，形成自己的个性。同时，我们也承诺本超市的所有产品价格实惠、质量过关，欢迎广大消费者给予监督。我们一定会强化内部管理、诚信经营，树立自己的良好形象，使企业能不断地发展壮大。

最后，祝愿我们××百货超市开业大吉、财源滚滚！祝各位领导、各位来宾身体健康、万事如意！

招商引资祝酒词

招商引资是商业领域的重要场合，招商引资庆贺宴会祝词将在很大程度上决定某些投资或者交易的成与败，所以好的招商引资祝酒词至关重要。

作为招商引资的一方，通过祝词，应当着重展示自身的实力、展示具有吸引力的特色以及吸引投资的理由。突出该地区的优势，比如，自然资源，人力资源，地理位置，交通便利，政通人和，气候宜人等等。借助这些展现自身的魅力和吸引力。同时，还应表示对投资者的欢迎，例如，“我们殷切地希望你们能够在这里寻找到合适的商机，在这片充满希望的热土上安营扎寨，开创出你们事业的第二个春天。”

欢迎与祝愿并重，应很好地表达招商引资的良好愿望，使亲和力更好地为投资者所感知。

范文一：招商宴会市领导祝酒词

【场合】招商宴会

【人物】省市政府相关部门领导，企业负责人，海内外各界人士

【致辞人】市领导

尊敬的各位领导、各位来宾：

大家好！

欢迎各位嘉宾来到××市，××是一座令人流连忘返的城市，地处××省西南部，北有××山脉，右临××河岸，这里不仅风景秀丽，而且交通便利。四通八达的铁路、公路、水路和空中航线在这里交会。独特的地理位置和交通优势，使××自古以来成为战略要地和商务往来的重镇。穿梭的人流、往来的商旅也给这座城市带来了无限的生机和活力。

××不仅气候宜人而且历史悠久，是著名的文化交流中心，是××

（著名人士）的故乡，××王朝的发祥地……具有深厚的文化底蕴，而且旅游资源丰富。改革开放以来，本市人民顺应时代发展潮流，充分利用独有的自然风光、人文风景，发挥聪明才智，开发出一个个引人入胜的景点，加上便利的交通，××已经成为各方朋友首选的旅游胜地。改革开放为古老的××注入了新的生机与活力，三十年来××的经济建设和社会各项事业取得了长足发展。现已成为××省城市规划最优秀的城市之一。尤其是近十年来，发展速度更是令人惊叹不已。进入本市，你可以看见鳞次栉比的高楼大厦，宽阔的柏油马路，精心设计的绿化带，繁华的街道。走在繁华的大街上，你不仅能感受到时尚的城市气氛，还能感受到这里特殊的风土人情。

总之，本市处处商机无限，只要你敢于挑战、敢于发现。面对当前的大好形势，全市人民正团结一致，顽强拼搏，用勤劳的双手建设自己的家园。

最后，让我们共饮杯中的美酒，对海内外各界人士的观光旅游、投资置业、表示衷心的感谢和热烈的欢迎。干杯！

范文二：市“环境招商会”祝酒词

【场合】投资环境说明会

【人物】市委、市政府相关领导，海内外各投资商，环保部门有关工作人员

【致辞人】市领导

各位嘉宾、各位朋友，女士们、先生们：

大家上午好！

年年岁岁有今朝，岁岁年年人不同。今天，美丽富饶的××市迎来了期待已久的投资环境说明会暨项目签约仪式，也终于和各位有意投资××市的海内外朋友见面了。在此，我谨代表市委、市政府和××万市民，向各位远道而来的朋友表示热烈的欢迎，并致以崇高的敬意！

下面，请允许我向大家简要介绍××市的投资环境和重点投资项目情况。

××市拥有良好的投资环境，因为我市地处××省××部，现辖×个镇、××个乡，×个行政村，总人口×××万，总土地面积×××平方公里。这里四季分明，气候宜人，物产丰富，历史悠久。近些年来××市在省委省政府各项方针政策的指引下，努力打造文明××，和谐××，先后荣获中国优秀旅游城市、全国创建文明城市工作先进城市和中国魅力城市等称号。这一切都离不开勤劳智慧的××人民，他们敢于打拼、富于创造，充分发挥自己的聪明才智，紧跟时代步伐，开辟了一条具有××特点的发展之路。不仅如此，××还拥有便利的交通、丰厚的资源、合理的产业结构。这里已为你搭建起了一展雄心壮志的平台，为你提供了创造财富的机遇。万事俱备，只差各位投资商给××一个机会，给你们自己一个机会。

××的产业优势突出。本次招商会推出了一批重点项目，分别是××项目×个、××项目×个、××项目×个、××项目×个，围绕拉长这些龙头企业的产业链的投资将有巨大的商机。

天时、地利、人和，××诚挚邀请四面八方的朋友到××观光旅游、投资兴业，我们将为你提供最优质的服务，给你最丰厚的回报。我相信，投资××将是你无悔的选择。谢谢大家！

范文三：市电视台广告招商会祝酒词

【场合】电视台广告招商会

【人物】广告客户、媒体朋友、广播电视局领导、电视台工作人员

【致辞人】广播电视局局长

尊敬的各位来宾，女士们、先生们：

大家好！

时入早春，片片梅林，绽蕾盛放，疏影横斜，暗香浮动，在这梅花盛开、梅香扑鼻的时节里，我们欢聚一堂，共同参加××电视台×××年的广告招商会。在这激动人心的时刻，我首先预祝此次广告招商会顺利举行，同时，对一直以来给予××电视台关心和帮助的朋友表示衷

心的感谢，对亲临现场的各位嘉宾客户表示热烈的欢迎！

一路走来，我们××电视台始终坚持省委、省政府的方针政策，在社会各界朋友的支持下，通过全台工作人员的共同努力，无论是宣传工作，还是节目的创新都取得了长足的进步，收视率节节升高。为了提高同行业的竞争力，在宣传上，我们坚持了正确的导向，一些重点的节目和重点的宣传都完成了任务，多次得到了省委、省政府领导的表扬和社会各界的肯定。在节目制作上，我们拥有一批敢拼敢打、勇于创新的优秀人才。

近几年来，随着电视信号网络的迅速发展，××电视信号的覆盖面不断扩大，从城市到乡村，很多地方都已经可以收看到××电视台的节目，××电视台的业务量逐年递增，创收也取得了突破性的发展。

在整个广告市场竞争比较激烈的情况下，××电视台推陈出新搞创收再创新高。这些有目共睹的成绩都说明了电视台在同行业的竞争力正在不断壮大、走向成熟，这是我们的骄傲。当然，这些成绩的取得，与在座各位朋友及社会各界对××电视事业的衷心支持是分不开的。

我们相信，在新的一年，随着我们改革的进一步深入，随着网络技术的不断进步，随着我们专业团队的不断强化，随着管理体制的愈加完善，我们将可以为各个客户在电视的宣传、媒体的广告上，提供更好的、质量更高的服务。

真诚地希望在新的一年里，我们和每一个即将与我们签约的广告客户合作愉快、共同发展，共同打造双赢的局面！

谢谢大家！

营销展览祝酒词

营销展览是向外界展示一家公司或企业实力的良好平台，通过营销展览，企业可以通过对自身的展示，吸引更多的商机，同时提高自身在业界的知名度以及影响力。营销展览庆贺宴会祝词，则应围绕着这个中心，不仅推广自身，同时还应表达吸引投资或者寻求合作的良好愿望，例如，“我们带着如火的热情和澎湃的激情来参加此次的××交易会，希望我们的产品，能够受到各位经销商、代理商朋友的青睐，能够受到广大消费者的喜爱，能够名扬市场、广为人知，销售量蒸蒸日上。”

同时，为了使投资者或潜在客户群体对企业更加充满信心，祝词中不妨添加一些激励人心的话语，例如，“魅力来源于实力，请大家相信我们的实力、相信我们的诚意，与我们携手，你们必定能够收获硕果累累的未来”。如此可展现一个企业积极向上的精神风貌，增强对方的合作与投资欲望。

范文一：绿色农产品供应推介会祝酒词

【场合】绿色农产品供应推介会

【人物】政府部门相关人员、农产品企业、新闻媒体

【致辞人】市农业部门负责人

各位来宾、各位朋友：

阳光明媚，春意盎然，在这个充满浓浓春意的季节，我们迎来了××县绿色农产品供应推介会开幕的日子。我谨代表××县政府对出席本次绿色农产品供应推介会的各位嘉宾表示热烈的欢迎。

××县气候适宜，农业资源非常丰富，全县拥有耕地××万亩，山地××万亩，水田××万亩，林地××万亩，牧草地××万亩，全县森林覆盖率××%，城市绿化率××%，经过××年改革开放的发展，眼下已经建成了全省最大的绿色蔬菜生产基地和水稻生产基地，成为××省最大的粮食仓库，也是全国重要的粮食产地之一。

为了发展本县的农业，政府相关部门着力打造“生态第一县”的形象，大力引进适合本地的优良农作物品种和先进的管理技术，致力于生产纯天然无公害的农产品。为了达到这一目标，我们专门组织县农业部门专家评审通过粮食、蔬菜、畜禽、水产品等 17 类农产品生产技术规程，编发《绿色农业标准化技术》，通过“农技干部与生产基地结对”、专业技术培训等模式，切实提高绿色农产品生产水平，提高绿色农产品质量，同时积极开展品牌认证、创特、创先，确保农产品生产标准化、

优质化和品牌化。

到目前为止，我县已经建立了“绿色稻米生产示范基地”、“山地生态蔬菜基地”、“生态型土鸡蛋生产基地”数个，并将多个生产面积达到××万平方米的大户组织起来，成立了多家大型生产企业，全力打造我县的生态产品品牌。通过举办本次推介会，我们将让更多的外地企业来了解××县，了解××县的生态绿色农产品，让我们××县的优质农产品走向全省乃至全国家庭的餐桌。

最后，预祝今天的推介会圆满成功！谢谢大家！

范文二：酒厂参观订货会祝酒词

【场合】酒厂参观订货会

【人物】订货商、酒厂领导

【致辞人】酒厂负责人

尊敬的各位来宾：

大家上午好！

三月明媚的阳光不仅为我们带来了秀丽的风光，也给我们带来了无限的商机。在这个充满希望的日子里，我们相聚于此，寻求互利共赢的机会。在此，我谨代表××公司，对今天出席订货会的各位嘉宾、新老朋友，致以热烈的欢迎和衷心的感谢！

××酒厂始建于20世纪××年代，坐落于××市城南××公里外的××地区，依山傍水，紧邻××国道和××高速公路，交通十分便利。全厂共有职工×××人，占地面积×××公顷，固定资产××××万元，年产优质白酒××吨。××酒厂的酿酒工艺传承了数百年，经久不衰，在采用传统酿酒技艺的同时，我们也结合了现代先进酿造技术，精心打造了数个国内名酒品牌，我们酒厂生产的酒全部获得了ISO9001：2000质量管理体系认证；酒厂先后荣获了××省内××项大奖，中国商业名牌重点培植企业称号等重要荣誉。我们的产品也拥有窖香浓郁、酸甜甘洌、回味悠长的独特风格，产品包装优雅古朴，是宴请宾朋、馈赠亲友的理想佳品。

质量成就企业，管理促进发展。××酒厂坚持以市场为导向，强化管理意识、质量意识、服务意识，使得企业的经济效益不断得到提升。公司始终坚持“质量第一”的生产原则和“诚信做人、用心做事、快速反应、服务至上”的经营理念。相信通过与各位的长期合作，一定能实现××酒品牌的持久成功，实现双方真正的共赢！

在这里，我要对我们的老客户朋友表示衷心的感谢，是你们跟我们一起经历了多年风风雨雨的共同发展，才有了今天大好的发展局面，我相信，今后我们还能开拓更广阔的天地。同时，我也要欢迎新朋友的加入。

最后，再次对到场参加本次××酒厂参观订货会的来宾们表示衷心的感谢，下面大家可以先到酒厂内部进行参观，满意之后可以当场订货签单，我们对当场签订达到×吨以上的客户均有折扣优惠。

让我们满饮此杯，祝大家在新的一年里，心情好、运气好、福气好、事业好，事事都好！谢谢大家！

投资洽谈祝酒词

投资洽谈会一般都是由政府部门主办，目的是为了招商引资、树立良好的形象。这类祝酒词一般都跟中央或者地方的一些政策有联系。比如，在某项目投资工作会议上，可以这样说：在抓好项目建设的同时，围绕今后两年中央和省里的投资方向和支持重点，抓紧储备一批“好、大、优”项目，着力形成“谋划一批、开工一批、在建一批、投产一批、储备一批”梯次跟进、滚动发展的项目建设格局。

此外，在说祝酒词的时候，一般都会对有关洽谈会的相关事件进行一些简单的描述，阐述洽谈会的内容和意义。比如，在某项目投资工作会议上，可以对该县（市）的发展状况作些简单叙述：去年一年我县全社会固定资产投资完成××亿元，增速为××%。通过这样的具体数字描述可以让投资者更加清楚地了解投资洽谈的可行性和意义。

范文一：花博会暨农洽会答谢宴会祝酒词

【场合】答谢宴会

【人物】领导、嘉宾

【致辞人】××发言人

尊敬的各位领导、各位来宾：

晚上好！

由国台办、农业部、国家林业局、××省人民政府共同主办，商务部、科技部大力支持的“第×届海峡两岸花卉博览会暨农业合作洽谈会”，在各主办、承办、联办、协办单位的共同努力下，在今日顺利地落下了帷幕。受××省委书记×××先生、省长×××先生的委托，我谨代表××省委、省政府和花博会暨农洽会组委会对各位领导、各位来宾、各界朋友的参与表示热烈欢迎和衷心感谢！

海峡两岸花卉博览会已成功举办了×届，得到了各位领导和社会各界的热切关注和大力支持，花博会有力地促进了两岸经贸合作，取得了丰硕成果。年年岁岁花相似，岁岁年年“会”不同。这一次的海峡两岸花卉博览会暨农业合作洽谈会，是在我省上下深入贯彻××届×中全会和省委××届×次全会精神，进一步推进“对外开放、协调发展、全面繁荣”的海峡两岸经济区建设的新形势下举办的，是促进两岸交流合作、实现互利共赢的一个重要平台。今天，我们在此欢聚一堂，庆祝盛会的顺利完成，在这次盛会中我们不仅重叙友情，而且结识新朋，寻求商机，以取得更大的发展。

此时的××虽已是初冬时节，但××大地仍是百花争艳、万木葱茏，这象征着我们的友谊与合作将迎来更加绚丽和美好的明天。衷心祝愿海峡两岸花博会暨农洽会在大家一如既往地大力支持和共同关心下取得圆满成功！

现在，我提议，为第×届海峡两岸花卉博览会暨农业合作洽谈会的成功举办，为各位领导、各位来宾、各位朋友的健康幸福，为我们在更为广阔的领域里的交流与合作——干杯！谢谢大家！

范文二：经贸论坛宴会祝酒词

【场合】宴会

【人物】政府领导、嘉宾

【致辞人】×领导

尊敬的各位领导、各位嘉宾：

大家下午好！

在风景怡人的×江之滨，在钟灵毓秀的××山之下，我们相聚A地，隆重举办AB（两地地名的简称）经贸交流与合作高峰论坛，同叙友谊，共谋发展。借此机会，我谨代表A地市委、市人民政府和××万A地市民，对远道而来的各位嘉宾贵客表示最热烈的欢迎和最诚挚的问候！

通过合作架起友谊的桥梁，通过发展开拓前进的道路。近年来，AB两地之间的不断深化交流与合作，取得了丰硕成果，此次论坛的成功举办就是最好的证明。我们将以此次论坛的举办为契机，积极开辟合作的新途径，不断拓宽发展新空间，加快对外开放步伐，降低市场准入门槛，提升政务服务水平，使A地成为经济社会快速发展、核心竞争力不断增强的区域性中心城市，成为B地资本输出、产业转移的重要基地。我相信，在AB两地的共同努力下，友谊的桥梁一定会化作腾飞的翅膀，真诚的合作一定会敲开成功的大门！

最后，我提议，为了我们的友谊天长地久、为了各位嘉宾身体健康，干杯！

签约仪式祝酒词

签约仪式多在公司企业之间，当然也有政府部门之间的。公司之间的签约仪式上，要求祝酒词对签约双方都作简单介绍，对签约双方进行

巧妙的赞美，另外，在有政府部门参加的签约仪式上，祝酒词里应该加入一些政府政策方面相关的话语，更能体现作为政府部门的官方性和正式性。

范文一：农业信息合作签约仪式祝酒词

【场合】农业信息合作签约仪式

【人物】农业厅领导、政府部门领导

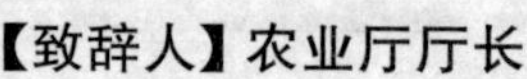

【致辞人】农业厅厅长

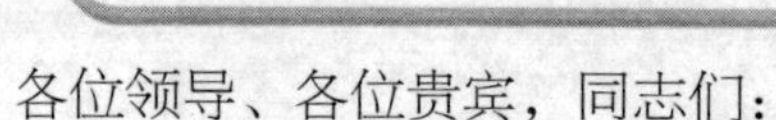

各位领导、各位贵宾，同志们：

大家好！

在这个和风送暖的春日我们迎来了××省农业信息合作签约仪式的举行。本次签约仪式得到了省委省政府以及市委市政府的高度重视，主管农业的各级领导纷纷来到现场参加签约仪式，在此，我们对国家农业部的支持表示衷心的感谢，对前来参加此次签约仪式的各界人士表示热烈的欢迎。

××市是××省最大的城市，也是农业信息化最为全面的一个试点城市，经过多年的发展，××市已经初步建成了一套完整的信息化项目，完成了与兄弟省市的信息及时互通。中共××会议中作出了《关于完善社会主义市场经济体制的决定》，本市深刻地贯彻了这一思想，在加大农业信息合作的道路上走在了全省乃至全国的前列。

21世纪是一个信息全球化的时代，区域化的合作不断呈现出一股上升态势，对地区的发展起到了关键性的作用。通过农业信息合作，××市将实现与全省乃至全国的农业信息同步，及时了解市场是我们发展农业的一个关键因素，信息合作正好帮助我们实现了这一目标。

通过积极的探索，深入加强信息化建设，我们与周边地区的联系越来越紧密，对全省的农业信息每时每刻都能了如指掌。本次签约仪式就是要让我们××市能够及时了解到全国各地的农业信息，对我市的农业发展起到一定的指导作用。

全球化、信息化、一体化是当今社会发展的大趋势，我们通过与周边省市的精诚合作、共同进步，在各个领域将会取得更多共识，使得我们的竞争力更强。我相信，通过农业信息合作签约仪式，定会提高××市农业在全省乃至全国的竞争实力。

最后，让我们高举酒杯，祝××市农业信息合作取得丰硕成果，也祝愿在座的各位嘉宾工作顺利，万事如意！谢谢大家！

范文二：项目投资签约仪式祝酒词

【场合】签约仪式

【人物】××市委、市政府领导、签约双方代表及相关工作人员等

【致辞人】××市副市长

各位领导、各位嘉宾，女士们、先生们：

在这瓜果飘香的收获季节，我市在招商引资的工作上取得了可喜的成绩。就在今天上午，我们成功地举办了××集团在××市投资×亿元的××项目签约仪式，现在，又在这里隆重举行招待酒会，以酒助兴，共叙友谊，畅言商机。在此，请允许我代表市委、市政府向百忙之中光临今晚酒会的各界朋友、各位来宾表示热烈的欢迎和衷心的感谢！

此次项目的签约，是我市招商引资工作的一件大事。××地处中原，自然条件优越，区位优势显著，交通通信发达，物产丰富，是国家能源化工基地，有较好的工业基础。××集团能够看好××、投资××，充分说明集团的决策者们具有远大的战略眼光和宏大的气魄。这次××市整合资源优势，和××集团成功合作，投资×亿元建设煤化工项目，是双方审时度势，准确把握国家产业政策、发挥各自优势、精诚合作的结晶。在此，我谨代表市委、市政府向促成项目正式签约的××集团的各位领导、各界朋友、各位来宾表示衷心的感谢！

今天，××在发展煤化工行业方面开了一个好头，希望××市委、市政府要抓住机遇，乘势而上，不断将这一行业做大做强。希望各相关

部门要站在全市工作大局的高度，通力合作，全力以赴，给予资金、土地、环境等各方面的大力支持，确保项目尽快投产见效，为××的经济发展作出更大贡献。

通过此次聚会，相信大家对××的产业基础、资源优势、投资环境和发展前景有了更全面的认识，我们热切地希望××集团能够与××人民携手开创更加灿烂美好的明天。

现在，我提议，让我们共同举杯，祝愿我们此次合作愉快，干杯！

◇ 漫话祝酒词

开业祝词

开张大吉　生意兴隆　财源广进　恭喜发财　财运亨通　大展宏图　恭喜发财　鸿运当头　飞黄腾达　业和邦兴　兴旺发达　大吉大利　力争上游　一鸣惊人

我们坚信：公司一定前程似锦，公司的明天一定会更好！

再次感谢各位领导和嘉宾的光临，你们的关心和关怀是对我们最大的鼓励和支持！

滚滚长江东逝水，一泻千里展宏图。愿我们都有大江似的抱负，大江似的理想，大江似的气魄，大江似的事业！

生意兴隆财源广，旺铺开张喜报迎。朋友，祝生意兴隆、财源滚滚。

你面对挑战时总是那么自信，面对挫折时总是那么勇敢！祝贺你，又成功向前迈了一步。

你不贪图安逸的环境，勇于承担起艰巨的重负，在别人望而却步的地方，开始了自己的事业。我由衷地预祝你成功！

信息、价格、市场、质量……都富有挑战性，充满紧迫感。但是您更具有挑战精神和进取精神，您一定能在竞争者中脱颖而出。

未来总是会出现，只要我们相信它是美好的，现在就必须一起付出努力！我们衷心地希望贵公司生意兴隆，生意长久！

合作祝词

同舟共济　精诚团结　齐心协力　同心协力　万众一心　患难与共　其利断金

让我们紧握双手，互相交流吧！心灵相通，互利互惠！

我们耕耘着这一块土地，甜果涩果分尝一半。为了共同享有那甜蜜的生活，我们需要奋斗和友谊。

当我们团结在一起的时候，成功就会向我们走来。愿我们共同开辟一块诚信的土壤，让希望的种子结出成功的果实。

让我们认准目标，展翅奋飞，为给未来增添一片美丽的华光而努力吧！愿我们成为并峙的两座高楼，共同点缀生活的景观。

我们的友谊里蕴涵着热情、善良和希望。无边无际、辽阔深邃的海洋，是世界上一切生命的发源地。愿我们的友情如海洋一样深邃，愿我们的心胸如海洋一样宽广，愿我们的事业如海洋一样永恒！

万人丛中一握手，使我衣袖三年香。没有一个人能够独立存在于这个世界上，没有一件事完全脱离全社会而成功。在这样一个发展如此迅速的信息社会里，我们要更加认识合作的重要性。

团结起来，齐心合力便是“愚公移山”。困难不可怕，关键是要有战胜困难的决心。

只有把自己的身心同壮丽的事业联系起来，生活才会变得充实而有意义。

竞争中总会有风险，敢于承担风险和责任，就能在竞争中获得胜利。

在进取者眼中，生活就是建功立业。你在人生的征途中兼程而进，迎接你的将是胜利的歌声。

答谢祝词

在我们需要帮助的时候，您伸出了友好的双手，帮我们渡过难关，请接受我真挚的谢意。

在逆境中拼搏的人，渴望有诚挚的友谊。积极的人在每一次忧患中都看到一个机会，而消极的人则在每个机会中都看到某种忧患。

珍藏昨天难忘的记忆，培育明天真诚的友谊。

我们的友谊像块晶莹的宝石。多少年来，你我用心血来洗濯它，用真诚来雕琢它，用智慧来修饰它。现在它的价值无与伦比。愿你我更珍惜它。我不会忘记，在那个每一缕幻想都可能冻成冰块的岁月，我们共同启动了破冰的船前进。

友谊是和空气、阳光一样重要，一样须臾难离，并且是比一切物质条件更重要的东西。愿美好的记忆常在，友谊长在。

威谢您的关怀，感谢您的帮助，感谢您对我做的一切……请接受我新春的祝愿，祝您平安幸福。

很高兴我们在过去的一年中合作愉快，衷心感谢您。祝您新年快乐，万事如意！借此机会，让我们对凡在业务发展方面给予有力支持的朋友、客户表示感谢！

借此机会，让我们对您过去珍贵的支持表示感谢，希望在日后继续得到您一如既往的支持。

谢谢你！总是在我最失落的时候出现，有你这样的好朋友在我身边，我真的感到很幸福。

感谢贵报对政府工作的支持，祝愿贵报为我们提供更多更好的精神食粮。

商业祝福

大海般广阔、高山般严峻的生活，总是默默选择自己的主人。您这样的奋斗者、开拓者，是一定会中选的。

贵厂用户至上，质量第一，锐意创新，步步领先，堪称同行典范。祝生意兴隆，财源滚滚！

祝您的事业像那中秋的圆月一样，亮亮堂堂；祝您的生活像中秋的圆月一般，圆圆满满！

在这花好月圆、举国欢庆的日子里，公司总裁代表公司各级领导，向工作在各个项目组和总部的员工们，致以节日的问候和诚挚的祝福。

愿我们在工作中找到人生的价值、人生的欢乐、人生的幸福！高山上的人总比平原上的人先看到日出。您高瞻远瞩，您的事业必然前景辉煌。祝您鹏程万里！

从冰雪到绿草，那是冬天走向春天的路。从失败到成功，那是您冒着风雪、踏着冰层闯出来的路。祝愿贵公司在您的领导下创造出更美好的未来。

愿你像蜜蜂一般，从生活的百花园里吸出不同的香汁来，酿成独创的甜蜜。

第五章

政务酒

——沟通合作促发展

政务酒宴有别于一般的朋友聚会和商业聚会，因为参与双方都是政府的相关部门，相比于其他的酒宴显得更加庄重和严肃。因此这种场合的祝酒词就不能太过随性，不可肆意发挥，一定要行文规范。一篇优秀的祝酒词，不仅能够促进双方的交流与合作，还能够增进双方的感情，进而促成政务工作的顺利开展。

◇ 酒之道，礼先行

往来交际礼为上

酒宴礼仪很重要，政务酒宴的饮酒礼仪尤为重要。政务酒宴是有很多的传统的，政务人员既要注意交际，又要注重国家公职人员的身份和形象，无论是组织者还是被邀请者，都应该遵守基本的礼仪规范。

组织者需要遵守的礼仪有很多，比如你要举办酒宴，就要向各位嘉宾发出邀请，也就是要送上请柬。邀请一般尽早发出，有些时候也需要电话邀请。宾客到来的时候主办方还应当上前迎接，这个时候需要我们多加注意。也许你身份比来宾尊贵，但是仍然需要前去迎接，不能失礼。热情地迎接，同时引导入座，或者先引入休息室休息等候。另外在酒宴上，组织者应当首先献上祝酒词，一般是在宣布宴会开始或者上第一道热菜的时候致祝酒词。

作为被邀请者，应邀时首先应当向对方道谢，并且将能否出席给予答复，如不能出席，要解释原因并且致歉。如果能够出席还要注意一些礼仪。政务酒宴一般比较正式，所以我们的时间观念是非常重要的，需要准时赴约，切不可迟到。如实在不能准时赶到，一定要通知主办方并致歉。当然也不建议过早到达，把握好时间最为重要。另外进入宴席后要遵循主办方的安排和引导，不要随意地挑选座位，一般主办方都是事先安排好位置的。赴宴时可以送一些礼品如花篮或者鲜花等。如果在宴会上跟其他宾客是初次见面的可以先自我介绍。宴会上的祝酒词也要积极一些，这样可以通过政务酒宴来扩大自己的交际范围。毕竟这里是政坛，多积累一些人脉还是有好处的。

宴会祝酒要有“度”

政务宴会的祝酒，应了解为何人何事祝酒，以便做必要的准备。碰杯时，主人和主宾先碰，人多可同时举杯示意，不一定碰杯。祝酒时不要交叉碰杯。在主人和主宾致辞祝酒时应暂停进餐，停止交谈，注意倾听，也不要借此机会吸烟。

如果有不会喝酒的嘉宾需要事先声明，但不要把酒杯倒置，应轻轻按着杯缘。正式敬酒在上香槟酒时，即使不会喝也要沾几滴，不欲再喝时可轻轻与对方碰一下杯缘，即表示已经够了。一般倒入杯中的酒要喝完，不然就是不礼貌。

面对美酒佳肴，一定要头脑清醒，即使自己再能喝，即使自己碰上了难得一见的名酒，也要自觉地控制酒量，不要放任自流，喝得酩酊大醉。

酒后失态是一种非常不礼貌的行为，更严重的是，有可能暴露领导内部分歧，使某些人有空子可钻，影响领导班子的团结。或者酒过三巡，菜过五味，头脑像腾云驾雾，言语随意，情绪失控，丑态百出，令人鄙夷。

在政务宴会上遵循礼仪，不过度饮酒，为自己、为机关树立一个良好的外部形象。

◇ 举杯词相随

国内考察祝酒词

范文一：两地交流迎宾宴祝酒词

【场合】两地交流会

【人物】两地领导

【致辞人】地方领导

尊敬的××书记、××县长及××县的各位领导：

大家好！

在这样一个春暖花开的季节，各位在百忙之中抽出时间来到我们××县进行参观考察，我们感到非常的荣幸，在此，我谨代表××县委领导班子对各位的到来表示热烈的欢迎。

××县与××县从历史上就是唇齿相依的兄弟县，我们××县的经济模式与贵县的经济模式刚好形成了互补，贵县是一个农业大县，以生产优质优良的农产品而远近闻名，而我们××县则是以工业生产为全县的经济主力，全县拥有大型生产企业近百家，由于地理位置的原因，许多国内外的大企业都将自己的生产厂地建在了我们××县，使得我们××县拥有了全省最大的××生产基地，工业生产总值占到了总产值的×成以上，正是这样的原因，我们双方在很多方面都应该加强合作，互惠互利，利用各自发展的优势来互补。

去年，贵县与我县共同举办了首届文化艺术节，这是我们在文化活动方面的首次合作，取得了不错的效果，双方民众都感受到了对方的地方文化特色，今后我们还将继续合作共同举办类似活动。今年开始，我们××县在发展工业重点项目的同时，也将对农业生产方面加大投入，这时我们就需要向贵县取经了，希望能够得到贵县的支持，加大我们在农业生产方面的交流，同时，我县在工业生产方面的经验也可以与贵县进行深入的交流探讨，以求达到共赢的目的。

多年的合作使两县结下了深厚的友谊，××县考察团的这次来访，也坚定了我们互相学习、互相交流的信念，希望以后我们可以在更多的方面进行更深入的了解，更大范围地拓展两地的交流。

我们衷心地祝愿我们两地之间的交流与合作日益加强，友谊更加深厚绵长！让我们共同朝着全面建设小康社会的目标，迈出更为坚实的步伐，取得更加丰硕的成果！

谢谢大家！

范文二：经贸考察团回乡考察招待晚宴祝酒词

【场合】招待晚宴

【人物】区委领导、海外客商

【致辞人】区委书记

尊敬的各位侨胞、各位乡亲，女士们、先生们：

大家晚上好！

水乡好风景，金秋喜相逢。今天我们很高兴地迎来了回乡省亲考察的各位尊贵客人和新老朋友。在这里请允许我代表××区委、××区人民政府，以及××万人民，向远道而来的各位海外乡亲表示最热烈的欢迎和最诚挚的问候！

发展为大，发展为先。近年来，在市委、市政府的正确领导下，在广大海外侨胞的帮助下，全区人民团结一致、奋力拼搏，使××又有了新的发展、新的变化，经济总量继续快速增长。目前，××经济欣欣向荣，社会安定和谐，人民安居乐业，发展前景美好。在今后的日子中我们将继续依托××战略平台，在广大海外侨胞的支持下，努力把××建设成为繁荣和谐的城区，为建设××城市作出新的更大贡献。

月是故乡明，人是故乡亲。长期以来，广大海外侨胞身处异国他乡，以拳拳之心，情系桑梓故里，为家乡发展作出了积极贡献，对此，我们表示由衷的感谢。同时，我们也诚恳地希望海外乡亲多回家看看，更多地了解家乡，选择到家乡投资兴业，实现取得经济效益和支持家乡发展的双赢。

最后，衷心地祝愿各位乡亲在家乡的考察活动圆满成功！祝各位身体健康、生活愉快、事业发达！谢谢大家！

范文三：迎接检查验收组宴会祝酒词

【场合】迎接检查验收组宴会

【人物】验收组、验收单位代表、政府领导

【致辞人】验收单位负责人

尊敬的各位领导、各位专家：

你们好！

小河扬波传喜讯，大山点头迎嘉宾。在这丹桂飘香的十月，我们怀着十分激动和喜悦的心情迎来了××项目检查验收组的朋友们。我谨代表××项目组全体成员对你们的到来表示热烈的欢迎！

××项目是我县争取的一家国家级大项目，工程从一开始就受到了省市县各级领导的关心和支持，在很多方面都为我们打开了方便之门，使得我们能够顺利地如期完成这项工程。××工程对于我们××县有着极其重要的意义，我们××县是一个以农业生产为主的人口大县，每年政府都要为全县的农业生产增收等问题开很多次会议，解决生产过程中存在的一些问题。由于地处西北内陆地区，××县的水资源相比其他地区不是很丰富，以前都是靠天吃饭，很容易出现粮食歉收的情况，正是为了解决××县农业用水困难的问题，××县领导班子向国家争取了××项目。××工程是一项利国利民的工程，我们也是怀着要为家乡人民作点贡献的激动心情来接受这项光荣的任务的，如今，我们按照计划如期将××工程完工，心情更是激动不已。××工程凝聚了我们××人的期盼，我们只有很好地完成这项任务才有脸面与家乡父老相见。

检查验收组各位朋友的到来，充分体现了上级部门对我们××县全体人民的关心。安全重于泰山，质量是工程的生命，我们将借这次检查验收的机会，向你们学习更多更好的经验，欢迎检查组的朋友对我们工程中存在的问题毫无掩饰地指出。我们将对此进行深入的学习和改进，使得××这项造福××县人民的工程真正发挥它的作用，也使得我们工作组人员的能力更上一层楼。

最后，祝各位检查组的朋友此次××县之行一帆风顺、万事如意！

谢谢大家！

座谈会祝酒词

范文一：政府工作座谈会祝酒词

【场合】政府工作座谈会

【人物】领导、嘉宾

【致辞人】领导代表

尊敬的各位领导、各位来宾：

大家晚上好！

在这瓜果飘香的金秋时节，我们迎来了全国××工作座谈会的召开。在此，我谨代表××省××市党委、市政府对出席宴会的各位领导和各位嘉宾表示热烈的欢迎和衷心的感谢。

××是祖国大西南一个典型的内陆山区省份，素有“天然公园”之美誉。境内自然风光神奇秀美，山水景色千姿百态，溶洞景观绚丽多彩，文化和革命遗迹闻名遐迩；以闻名世界的××瀑布和世界自然遗产地、地球腰带上的绿宝石××为代表的风景名胜，迎来了众多的中外游客。

“一年好景君须记，最是橙黄橘绿时。”在这美好的时节里，让我们通过会议增进交流、共同提高；让我们通过了解，促进友谊、携手共进。借此机会，真诚地祝愿各位领导和与会代表身体健康、万事如意！

让我们共同举杯，为金秋的收获和美好的团聚干杯！

范文二：春节部队座谈会祝酒词

【场合】座谈会

【人物】××地领导、××部队首长、士兵

【致辞人】××部队军人代表

尊敬的各位领导、部队首长、同志们、嘉宾们：

大家晚上好！

金×送春，辞旧迎新，在今天这个喜庆的日子里，我们有幸请来了××地市领导及各位嘉宾，欢聚一堂，共同欢度春节。在此，我谨代表××党委、机关和全体官兵，对各位领导的莅临表示最热烈的欢迎，并致以崇高的敬意！

在过去的一年中，经过我×全体官兵的努力，部队全面建设取得长足进步，取得了丰硕的成果。仅去年一年，就获得了大小奖项×个，其中×月被总部评为“军事训练一级单位”；×月被××军区评为“基层建设先进单位”；×月被××军区评为“安全稳定工作先进单位”，×长×××同志也被××军区表彰为“优秀××”等。这些成绩的取得，离不开××军区党委的正确领导，离不开全体战士的艰苦奋斗，更离不开××地市和友邻部队的关怀和帮助。

现在××地区的政局稳定、社会进步、经济繁荣、人民安居乐业，正处于民族团结、边防巩固的局面，但我×全体×××位官兵丝毫不懈怠责任，会一如既往地站在党和国家长治久安的高度，紧紧团结在党中央周围，遵循××军区党委的正确领导，用部队的高度稳定和集中统一，来促进社会稳定和边防稳定。我们一定不辜负各位领导的期望，将××地市和人民群众的关怀和信任，兄弟部队的鼓励，化为我们前进的动力，给××地区父老乡亲，给各位领导交一份满意的答卷，以优异成绩回报社会各界，报效祖国。

最后，我提议，让我们共同举杯：为了××地区美好的明天、为在座各位的身体健康、家庭幸福，干杯！

范文三：企业家座谈会祝酒词

【场合】企业家座谈会

【人物】企业家、嘉宾

【致辞人】开发区企业家代表

尊敬的各位企业家，女士们、先生们：

大家晚上好！

高朋满座，其乐融融！今天，我们开发区的企业家欢聚一堂，举行新春座谈会。首先，我对大家的到来表示衷心的感谢和热烈的欢迎！对大家在过去一年取得的成绩表示热烈的祝贺！

企业是社会的细胞，财富的源泉，从一定程度上说，企业是社会最重要的财富来源之一，企业家也是社会重要的人才之一。正是这些人才的聚集，才促进了××开发区的快速发展。在过去的一年中××开发区社会各项事业蓬勃发展，基础设施建设有序推进，基本形成了“××××”的发展格局，大胆创新的理念给××开发区带来了新的发展契机，直接推动了××地区经济的发展，成为各地开发区效仿的模范。

回首过去的一年，我们满载而归，展望新的一年，我们踌躇满志。掐指算来，××开发区走过了×年的风雨历程，取得现在的成绩，是大家有目共睹的。这其中凝聚了在座各位的艰辛劳作、倾心付出，在此，我再次向各位企业家表示崇高的敬意！谢谢你们！辞旧岁，迎新春，这一年我相信会有更多的优秀企业家加入到我们的队伍中，在××开发区抓住机遇，寻找发展契机，共同促进××地区经济的发展，造福人民。让我们携手将××开发区的明天打造得更加美好！

最后，让我们高举酒杯，为过去的辉煌，为××开发区更加灿烂的明天，为在座嘉宾的事业成功，干杯！

工作会议祝酒词

工作会议多数是由政府部门召开的，和一般的祝酒词不同的是，工作会议祝酒词应加入更多的政策文件的内容，用比较官方的语言表述。

此类工作会议上，一般会有很多领导参加，祝酒词结尾的时候可以再对领导表示一下谢意，比如，可以这样说：“最后再次对与会的各位专家领导表示衷心的感谢！现在，请大家共同举杯，为了此次座谈会顺利进行，为了我们尽早实现城乡一体化，干杯！”

范文一：残疾人国际亚太区宴会祝酒词

【场合】欢迎晚宴

【人物】中外有关领导人和专家等

【致辞人】中国某领导

主席先生，女士们、先生们：

今天我非常荣幸，能够代表中国政府，参加在北京召开的“残疾人国际亚太区第×届大会”。在会议即将开始的时候，我首先向现场的朋友们表示热烈的欢迎，并致以衷心的问候。接下来的几天里我们将在这里为了保障人权、建立人人共享的社会，共商亚太地区残疾人工作。

在座的各位应该都知道，在我们这个世界上，生活着×亿多残疾人，残疾人及其亲属占人口的1/4。由于自身残疾的影响和外界环境的障碍，残疾人在社会中处于不利地位，是社会中最弱势的群体。人类社会发展到今天，残疾人的事业已成为国际社会面临的紧迫而艰巨的任务。残疾人作为公民，在政治、经济、文化和社会生活的各方面，享有与其他公民平等的权利。事实表明，残疾人有全面参与社会生活的能力，他们同样是物质和精神财富的创造者。保障残疾人的权利，尊重残疾人的价值，发挥残疾人的潜能，是人类文明和社会进步的标志，是国际社会和各国政府的责任。

改革开放以来，中国正经历着经济迅速发展和社会的深刻变革。基于这样的特殊的国情，中国政府响应联合国《关于残疾人的世界行动纲领》，从本国国情出发，采取了切实可行的措施，保障残疾人的权益。不仅为残疾人提供立法支持，还设立了残疾人工作协调机构，支持残疾人组织的建设并充分发挥其作用，制定并实施国家关于残疾人事业的两个五年计划，规定了对残疾人的优惠政策和扶持措施，开展国际交流与合作，使残疾人的康复、教育、就业和生活状况有了明显改善，文化、体育活动也日趋活跃。

女士们、先生们，中国是“19××～20××年亚太残疾人×年”的发起国之一和积极支持者。在亚太地区残疾人总数中，中国占较大比重，我们深知自己的责任重大，中国在进一步改革开放、加速现代化建设的过程中，将努力解决好残疾人问题，并承担与我国发展水平相应的国际责任和义务，与亚太各国一道，为残疾人的“平等·参与·共享”，为本地区经济、社会的协调发展作出贡献。

在这里我提议大家共同举杯，预祝大会圆满成功！谢谢各位，干杯！

范文二：中外合作论坛宴会祝酒词

【场合】北京20××年部长级会议欢迎宴

【人物】中外领导

【致辞人】中国某领导

尊敬的各位总统，各位部长阁下，女士们、先生们、朋友们：

大家晚上好！

在过去的×天中，中外合作论坛会议顺利地在北京召开，今晚，××国家元首和部长们齐聚北京，为会议的顺利进行而庆祝，请允许我代表中国政府，向各位与会者表示热烈的欢迎。

举办中外合作论坛，是世纪之交中国和广大××国家加强对话、促进合作、共谋发展的一项重要行动。无论从其性质还是规模上看，这在中外关系史上都是前所未有的。它不仅表明中外之间的友好关系充满活力，而且昭示我们双方迎接新世纪挑战，创造更加美好的未来的强烈愿望和坚定信心。中国主席和四国元首在开幕式上的讲话深刻分析了我们面临的形势，鲜明地提出了中外双方对建立国际政治经济新秩序的共同主张，为中外合作的未来勾画了蓝图。我相信，在各位与会者的共同努力下，本次会议一定能取得圆满成功，达到平等磋商、增进了解、扩大共识、加强友谊、促进合作的预期目的，为中外友好合作关系在21世纪的发展奠定了新的基础。

现在，我提议，为中外合作论坛会议在北京的顺利召开，为中外友

谊与合作的不断加强，为各位元首和在座朋友们的身体健康，干杯！

谢谢大家！

开幕、闭幕祝酒词

开幕祝酒词是在一些大型开幕式招待酒会上由会议主持人或主要领导人所作的讲话，它具有宣告性、提示性和指导性。其特点是：简洁明了、短小精悍，最忌长篇累牍；多使用祈使句，表示祝福和希望。语言通俗、明快、口语化强。

开幕祝酒词比较简单，一般由称谓和正文组成。

称谓不必太正式，一般写作“各位领导”、“先生们，女士们”等等，如果有特邀嘉宾，可以写作“尊敬的××先生，各位代表，各位朋友们”等。

正文包括：开头、主体、结尾。开头是宣布×××开幕之类的话。主体一般涉及以下内容：会议的筹备以及出席会议的人员的情况，会议召开的背景和意义，会议的性质、目的和主要任务，会议的主要议程和要求，会议的奋斗目标以及影响。最后结尾一般是“祝会议圆满结束”之类的话语。

范文一：博览会开幕晚宴祝酒词

【场合】开幕宴会

【人物】各国来宾

【致辞人】主持人

尊敬的各位领导、各位来宾：

大家上午好！

今天是个值得庆贺的日子，我们欢聚在美丽富饶、充满活力的××省××市，共同庆祝第×届“中国××·××投资贸易博览会”。我是××电视台节目主持人××。

在这金色的秋天，承载收获、洋溢喜悦的日子，来自世界各地不同肤色、不同民族、不同语言的人们，怀揣着共同的希望和目标，不远万里，相聚本届“中国××·××投资贸易博览会”。这是中国及世界各国真诚互动、友好往来的桥梁和纽带，是寻求商机、谋求发展、开创××地区共同繁荣的重要平台。

随着全球经济一体化进程不断加深和区域经济发展日趋活跃，中国政府继建设沿海经济特区、开发××新区和实施西部大开发战略之后，进一步提出了振兴东北地区等老工业基地战略。

东北地区矿产资源丰富，植被覆盖率高，加上政策的扶持和一定时期的调整和改造，许多老工业基地改革创新，正逐渐成为中国当前及今后一个时期经济迅速增长的重要地区。在发展与改革的过程中，东北地区等老工业基地在与××地区各国的长期经贸合作与友好交往中，结下了深厚的友谊，为推进××区域经济的共同繁荣奠定了坚实的基础。

在这样一种时代背景下，国务院批准在东北地区搭建起××投资与贸易平台，进一步加强与××及世界各国家和地区在经济、文化等诸多方面的合作。××省为中国东北老工业基地的重要组成部分，拥有良好的××业基础、丰富的生态和自然资源，以及便利的交通运输条件，且在振兴东北老工业基地进程中已经发挥并正在发挥着积极作用，努力实现着经济的跨越式发展和社会的全面进步。

本届“中国××·××投资贸易博览会”旨在构建我国与××及世界各国之间互利双赢、交流合作、竞争开放的长期合作平台。本届博览会的主题是“××、××”，宗旨是“构建合作平台，打造招商品牌，展示区域形象，促进共同发展”。博览会将面向全球商界开放，以投资洽谈、货物贸易、经济合作、文化交流、高层论坛为主，突出××各国的经贸特征、区域特色、产业特点，努力使各国的参与者通过这次博览会，寻求商机，获得发展，实现共同繁荣。

最后，让我们预祝“中国××·××投资贸易博览会”顺利召开，祝大家生活幸福美满，事业一帆风顺。谢谢！

范文二：博览会闭幕宴会祝酒词

【场合】博览会闭幕宴会

【人物】省市领导、博览会组委会、参展企业单位

【致辞人】博览会组委会负责人

各位领导、朋友们：

大家下午好！

第×届××博览会即将在今天落下帷幕，在这里我首先要祝贺这次博览会取得了圆满的成功，其次我要感谢各级领导的支持，感谢社会各界的倾情关注，感谢广大参展商的积极参与，没有你们的大力支持，就不会有本次博览会的圆满落幕。

作为国内最大的××博览会，本届博览会坚持学术性、文化性与商业性的有机融合，参与本次博览会的参展企业单位都注重加强交流，真诚合作，全心投入到博览会中去。本次博览会期间举办的几起行业论坛，我们请到了××行业国内乃至国际顶尖级的专家到会，相信大家都受益匪浅。

本届博览会的规模是空前的，占地面积之广，参加人数之多，都是之前无法比拟的。出席本次博览会的省部级领导达到了×××位，还有×××位驻华使节也派了代表前来祝贺。博览会接受国内企业单位报名参展数量达到了××××个，国际性企业也达到了××个，其中不乏一些世界500强的企业单位。本届博览会实际安排参展企业××××家，使用展位××××个，其中室内标准展位××××个，室外展览面积××××平方米。本届博览会参展商××××人，专业观众××万多人，商务与投资峰会参会代表×××人。截至今天下午，本届博览会累计贸易成交总额为××亿美元，同比增长××%，再创新高。

与往届博览会不太一样的是，本届博览会把邀请采购商作为重点，使得博览会成交额骤增，也为刚刚过去的全球经济危机打了一针强心剂。成功地举办本届博览会，我们非常高兴，希望今天到场的新老朋友对××博览会一如既往地给予支持，也希望明年的这个时候我们还能在这里相见。

谢谢大家。

范文三：户外运动开幕式晚宴祝酒词

【场合】开幕式晚宴

【人物】市领导、嘉宾

【致辞人】市领导

尊敬的各位嘉宾、朋友们：

大家晚上好！

今晚我们将在美丽的××度假酒店××池畔，举行首届中国户外运动邀请赛开幕式，并进行大型池畔烧烤晚宴。

户外运动是健康、时尚的旅游活动，深受广大爱好旅游的年轻人喜欢。本次户外运动邀请赛就是希望以户外运动为媒，通过运动演绎旅游的多样性，通过旅游体现运动的趣味性，丰富和促进××旅游业的多元化发展。本次邀请赛我们同时推出了四个赛事，其中的攀岩竞赛引起社会各界的关注。本次赛事的目的不在于竞技，重在参与和挑战，希望借此作为××户外运动活动的全面启动，营造户外运动氛围。随后，我们还将不断推出新的户外运动项目和活动，欢迎各位踊跃参加。

本次中国户外运动联盟群英会暨首届户外运动邀请赛邀请到数十家户外运动俱乐部代表和媒体代表共聚××，由于“十一”黄金周的关系，还有许多朋友未能成行，他们为此在网上特意制作了一些祝福卡片，在此我代表组委会表示衷心的感谢。

最后，预祝本次户外运动邀请赛取得圆满成功！祝各位领导、朋友开心、愉快！

其他场合政务祝酒词

范文一：援边干部答谢地方领导祝酒词

【场合】第四批援边干部的欢送会

【人物】援边干部、嘉宾

【致辞人】干部代表

尊敬的各位领导、各位来宾：

大家晚上好！

在这即将分别的时刻，我心中感慨万千。首先，请允许我代表××第四批××名援边干部向各位领导及全地区广大干部群众深深地鞠一躬！感谢你们三年来对我们的关心、帮助、理解、支持！

三年前，我们带着领导的期望，坚持着“快乐援边、可持续援边”的理念，来到××，在各位领导和××市民的关心帮助下，努力做到了“风沙硬，作风更硬；海拔高，目标更高”，真正把心贴近××，把情倾注××人民，为××的改革、发展、稳定做了一点儿工作，尽了一份责任，这一切与长期在边工作的领导和同志们相比，真是微不足道。

三年，短暂而又漫长。一千多个日日夜夜，记录了我们在这里的点点滴滴，或团结奋斗，或共同欢笑，或严肃认真，或感人至深……一千多个日日夜夜，我们朝夕相处、艰苦创业、激情燃烧、团结奋斗，结下了深厚的兄弟情谊，谱写了一曲新的友谊之歌。此时此刻，千言万语都汇成一句话：我们将永远以自己是一个××人而倍感骄傲和自豪。

最后，让我们共同举杯，为我们的友谊天长地久，为今晚有一个美好的宴会，干杯！

范文二：欢迎大学生返乡大会领导祝酒词

【场合】欢迎大学生返乡

【人物】县、乡领导，返乡大学生及亲友

【致辞人】乡团委书记

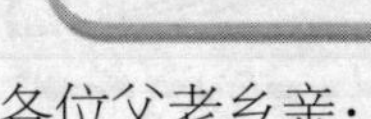

各位父老乡亲：

今天是咱们乡大喜的日子啊！因为我们××乡走出去的第一批大学生回到家乡，正式加入了跟我们一起建设家乡的队伍。在此，我代表××乡全体民众向回乡的×位大学生表示热烈的欢迎。

作为从我们××乡走出去的第一批大学生，在学业有成之后，你们没有忘记生你们养你们的家乡，你们放弃了在大城市的繁华，选择了回到家乡与家乡父老同甘共苦，建设家乡。我们的家乡虽然资源丰富，但是由于种种原因它还是贫穷的、落后的，这里需要你们的智慧，需要你们的才华。这里的父老乡亲们欢迎你们回来，希望你们能够在这块养育你们的土地上扬起风帆、拼搏进取，闯出一片属于你们自己的新天地。

作为一个以农业为主的乡镇，建设生态农业已经纳入了我们乡镇的发展规划中，你们刚好学习过相关的专业，本次你们回到乡镇，镇政府将对你们委以重任，在振兴我镇的生态农业方面你们将扮演重要的角色。希望你们能不负众望，承担起这个重担。

如今大学生回乡就业、创业成为我们农村的一种新时尚，你们大家可以放开手脚大干一场，我们乡镇政府将对你们进行重点培养，给予最好的支持，让你们没有后顾之忧。

最后，我祝愿你们几位大学生在事业上一帆风顺，为家乡人民谋好福利，这是你们对家乡父老深切关怀的最好回报。让我们大家共同举杯：为欢迎这些青年才俊回到故乡；为这些青年才俊在故乡的黑土地上施展才华；为这几位同学工作顺利，干杯！

范文三：领导为运动员壮行祝酒词

【场合】为运动员赛前封闭训练壮行

【人物】有关领导、运动员、教练员及运动员家属

【致辞人】体育竞赛处负责人

尊敬的各位领导、各位运动员家属、各位运动员、教练员，朋友们、同志们:

第×届全国游泳锦标赛已经到了最后的准备时间，为了能够取得更好的成绩，我们××省游泳队的全体队员将到××游泳训练基地进行为期一个月的封闭训练。今天在这里召开壮行会，除了希望大家能有一个好的心态，还要对各位运动员家属的支持和理解，对各级领导的支持表示感谢。

我们××省游泳队在全国一直是佼佼者，每年在各种游泳比赛中都能取得很好的成绩，但是近年来随着各省对体育运动管理的加强，我们的优势已不复存在，这就要求我们在今后的训练中更加刻苦，创造出优异的成绩。你们是全省游泳界的精英，寄托了全省人民的期望，希望你们能够在为期一个月的封闭训练中牢记自己的使命，珍惜训练的每一分钟。希望你们继承以往老前辈们的刻苦精神，时刻不忘记自己的身份，为争取好的成绩不断地提醒自己要坚持不懈。

我们的最终目的不仅仅是赢得此次锦标赛的冠军，还要提高我们的整体水平，保持我们一直以来的优势。在现在的省队里，有新人，也有参加过几届大赛的老队员，不管是新人还是老队员，希望你们都摆正心态，新人要虚心学习，老队员要以身作则，为新人作出好榜样。

在此也请所有的家属放心，本次封闭训练我们将给予最好的后勤保障，让运动员们有一个良好的身体去迎接即将到来的大赛。希望运动员们能够以饱满的热情和最佳的竞技状态投入到本次训练中，争取在全国游泳锦标赛上争取到比原来更好的成绩。

请大家举杯，预祝运动员在训练中努力拼搏，为胜利打下基础，争取在比赛中赢得冠军。干杯!

◇ 漫话祝酒词

领导祝语

众望所归　弘扬法治　为民前锋　为民造福　造福桑梓　政绩斐然　德政可风　口碑载道　善政亲民　造福地方　万众共钦

政通人和　　为国为民　　光大廉政

我们真诚欢迎各位有识之士到××各地参观考察、共寻商机、共谋发展、共创未来。在交往中增加了解，在交流中增进友谊。

以创新告别过去，以创新把握现在，以创新迎接未来。

无论遇到什么困难都不要被吓倒！最困难之时，往往就是离成功不远之日。

中国有句俗话，叫“良好的开端是成功的一半”。公司已迈出了坚实的第一步，我相信今后必将会有一个美好的未来。

希望在座的各位同志、各界朋友，充分发挥知识密集、经验丰富、联系广泛的优势，多为县委、县政府的工作献计献策，为把我县的经济建设和各项社会事业继续推向前进作出自己的一份贡献。最后，祝各位中秋愉快、身体健康、阖家欢乐、万事如意！

希望大家在今后的工作中，能一如既往地继续关心支持交通事业的发展，继续为交通事业的发展献计献策。我们相信，有大家的帮助，加上我们的努力，我们的交通事业一定能兴旺发达。

困难和挫折也许是有好处的，这是一种锻炼，这是推动我们继续前进的动力。

人的最高境界是朴实，最可贵的品质是坚实，最难守的是韧性，最自豪的是创造性。

社会是一部书，让我们刻苦地去攻读它，去领会它的深切含义，再去续写它的新篇。

机会就像银燕，经常飞临到我们的窗棂；机会就像钟声，时时回荡在我们的屋顶。只是需要我们用机敏去捕捉，用智慧去倾听。

不要坐等机遇为你敲开成功之门，而要用汗水、辛劳、知识和智慧去铺筑通向成功之路。

朋友，让我们紧握捕捉未来的双手。时代给了我们机遇，我们就要向前走：走过弯路，奋力上坡，上了坡才是朝天大路。

“业精于勤荒于嬉，行成于思毁于随”。谨以韩愈的名言，与在座的同人共勉。

开幕、闭幕祝语

我们欢迎各位朋友到本地观光游览，发展相互间的友好合作关系，预祝此次“国际技术合作和出口商品洽谈会”圆满成功，也预祝我们的将来合作愉快。

你们是祖国的未来和希望，我期望你们从这次体育盛会中去享受成功的悦，体味拼搏的乐趣，寄托成功的希望，去创造崭新的未来！预祝全体运动员取得优异的成绩！预祝本届运动会取得圆满成功！

在本届学术研讨会上，希望各位学有所成的仁人君子、圣贤谦虚为怀，保持学者形象和风度，相互交流、谦虚学习、互取所长，齐心协力推动学术的大发展。

21 世纪已然来临，我们肩负的研究事业任重而道远，让我们高举团结的旗帜，努力拼搏，开拓进取，为这个领域作出新的努力和贡献。

今天在座的有金融方面的专家，也有实业界的老总，希望本届论坛能够给大家有所帮助，最后预祝大会圆满成功。

祝贺这次学术研讨会胜利闭幕！

这次体育运动大会是对我校师生的一次检验，我校师生在本次运动会上表现出了较高的体育道德风范。本次运动会蕴涵着全体体育教师多日来的辛勤汗水，蕴涵着班主任、科任教师的不懈努力，更蕴涵着全体运动员顽强的意志，这是一次令人鼓舞的运动会。

可以说，这次大会开得很成功，是一次解放思想、创新务实、生动活泼的大会，也是××市工商业联合会承前启后、继往开来的一次盛会，它必将掀开××市工商业联合会的历史新篇章。

经过与会代表的共同努力，这次会议取得了圆满成功。可以说，这是一次民主、团结、鼓舞、奋进的大会。

国际科学与和平周，集中体现了全球许多人在从事的日常活动，得到了广泛的支持，取得了光辉的成就，使活动取得了圆满的成功，我表示衷心的感谢，并希望我们在下一届大会上再相会。

在刚才欢乐的时光中，我们放下了苦恼！放飞了梦想！在此预祝明天会更好！

第六章

聚会酒

——相聚饮酒乐当先

人生没有不散的宴席，也正是因为有了离别，才让相聚显得那样的珍贵，那样的可喜可贺。无论是久别的亲人，还是小别的爱人，抑或多年未见的老朋友，重逢之时，共饮一杯香醇的美酒、倾诉一番发自肺腑的思念之语，不仅能拉近感情，更能让这幸福、美好的时刻铭记在心。

◇ 酒之道，礼先行

聚之乐，礼相随

朋友们相聚在一起，有许多礼节性的东西是需要大家注意的。虽然大家关系非常的亲密，但是仍然不要失礼，这样既可以让友谊继续发展，也显示出我们自己的人格魅力。当然有些礼节也要通过祝酒词来实现。

首先要注意的是，聚会时尽量不要迟到，要把握好时间，不让朋友等得焦急，影响聚会的心情。一旦迟到了，我们也可以在祝酒词里面进行自责致歉。比如，同学聚会迟到了，可以这样讲祝酒词：今天真是不好意思，堵车太严重了，让大家久等了，我先敬大家一杯！当然这只是一个简单的例子，现实中可以说得更灵活些。如此一来，虽然自己迟到了，但是通过祝酒词的弥补，聚会仍然是比较完美的。

其次，这样的聚会可能是很久没见的战友、同学，尽管大家曾经亲密无间，然而过了这么久，在最近的状况都不太了解的情况下，一方面注意不要显得有陌生感，产生距离感；另一方面也不能过于亲密，避免造成别人的反感。这时候的祝酒词应该是富有感情的、可以引起共鸣的。但是在提及曾经的往事的时候，要注意被提到的人的现状，如果他身边有爱人或者其他人就更应当注意这一点。总之，祝酒词要把握一个亲密的度，不可少，不可过，恰到好处为最佳。

再者就是祝酒词的内容尽量兼顾到大多数人，避免谈及别人的隐私。在问联系方式或者互留名片的时候要多些礼貌，这时的祝酒词中也不要有高低贵贱之分。另外在生活中很多人认为为别人夹菜是很热情的一种方式，但是现在人们的观念在不断地改变，要尽量避免这些，以免造成尴尬。当然这时如果觉得不夹菜不够热情，你可以说些比较热情的祝酒词来添添彩，既保证了热情，而又不失文雅。

身边能有许多朋友是非常快乐的一件事，友情之美好只有体会过才能明白。

◇ 举杯词相随

同学聚会祝酒词

范文一：大学毕业前夕聚会祝酒词

【场合】毕业前夕聚会酒宴

【人物】同窗好友

【致辞人】某同学

亲爱的各位同学：

是谁说毕业总是遥遥无期，可是转眼我们就要各奔东西。此时此刻，我们心中有太多的不舍，纵然你有千言，我有万语，终究是拦不住离别的脚步。今夜就让我们为了四年的青春岁月不醉不归。

四年前，我们怀揣着梦想，从祖国的四面八方来到这里。四年的同窗生活中，我们一起走过了无数风风雨雨的日子。我们一起埋头苦读，我们一起在田径场上奋力拼搏，我们一起登上山巅狂欢。

这点点滴滴，情深、意长、味重，我们一生都忘不了。在多年之后，当我们回想这一切时，我们依旧会记得那蔷薇校园里的良师益友，会记得那流金岁月里的成长故事。离别在即，我们不免忧伤，“十年寒窗苦，今朝凌云志”，我们就要怀着成熟的人生理念、丰富的专业技能踏上工作岗位了。今天，让我们相约×年后重聚。×年后，希望我们在座的各位中既有新闻界的精英，又有军队里的将才，更有企业界的巨

子，我深信我们大家都将会在各自的岗位上作出一番骄人的业绩。

无酒，何以逢知己；无酒，何以诉离情，无酒，何以壮行色。让我们举起杯，为了我们这四年的缘分，为了我们的相约，为了我们辉煌灿烂的明天，干杯！

范文二：中学同学聚会祝酒词

【场合】聚会酒宴

【人物】中学时的老同学

【致辞人】某同学

各位亲爱的同学：

时光飞驰，岁月如梭。一晃儿，我们毕业已经整整 10 年了。今天我们相聚于此，为了重拾我们青葱的岁月，为了重拾我们渐渐模糊的记忆。在此我代表大家感谢发起此次聚会的同学们。

回溯过去，同窗四载，情同手足，一幕一幕，就像昨天一样清晰。

今天，让我们打开珍藏 10 年的记忆，敞开密封 10 年的心扉，尽情地说吧、聊吧，诉说 10 年的离情，畅谈当年的友情，也不妨坦白那曾经躁动在花季少男少女心中朦朦胧胧的爱情，让我们尽情地唱吧、跳吧，让时间倒流 10 年，让我们再回到中学时代，让我们每一个人都年轻 10 岁。

人生能有多少个十年，人生有多少感情能像同学这般真诚？窗外漫天飞雪，屋里却暖意融融。愿我们的同学之情永远像今天大厅里的气氛一样，炽热、真诚。愿我们的同学之情永远像今天窗外的白雪一样，洁白、晶莹。

现在，让我们共同举杯：为了中学时代的情谊，为了 10 年的思念，为了今天的相聚，为了我们永远无法忘怀的那三年的朝夕相处。干杯！

师生聚会祝酒词

范文：师生聚会祝酒词

【场合】聚会酒宴

【人物】大学时的老师、老同学

【致辞人】某同学

敬爱的老师、亲爱的同学们：

今天是我们××届毕业10周年的日子，我有幸邀请到当年我们的班主任××老师和在座的各位同学，你们能在百忙之中来参加这次同学聚会，我表示热烈的欢迎。

10年前，我们怀着一样的梦想和憧憬，怀着一样的热血和热情，从祖国各地相识相聚在××大学，和我们尊敬的××老师，一起度过了充实而愉快的四年大学生活。在那四年里，我们生活在一个温暖的大家庭里，度过了人生中最纯洁、最浪漫的时光。

大学四年，我们的班主任尽职尽责，把每一位同学都当做自己的孩子一样，无论是在生活上还是在学习上、心理上，都给了我们很大的帮助和鼓励。今天我们特意把他从百忙之中请回来，参加这次聚会，对他的到来我们表示热烈的欢迎和衷心的感谢。

时光荏苒，日月如梭，从毕业那天起，转眼间10个春秋过去了。当年十七八岁的青少年，而今步入了为人父、为人母的中年人行列。

同学们在各自的岗位上无私奉献、辛勤耕耘，都已成为社会各个领域的中坚力量。但无论人生浮沉与贫富贵贱，同学间的友情始终是淳朴真挚的，而且就像我们桌上的美酒一样，越久就越香越浓。

来吧，同学们！让我们和老师一起，重拾当年的美好回忆，重温那段快乐时光，畅叙无尽的师生之情、学友之谊吧。为10年前的“有缘千里来相会”、为永生难忘的“师生深情”、为同学间“淳朴真挚”的友谊。干杯！

家庭聚会祝酒词

范文：家庭聚会祝酒词

【场合】家庭聚会

【人物】亲人们

【致辞人】某晚辈

敬爱的长辈们：

晚上好！

新春共饮团圆酒，家家幸福贺新年。在今天这个辞旧迎新的日子里，我谨代表晚辈们，对在座的各位长辈说出我们的感谢，并致以我们诚挚的祝福。

首先，感谢各位家长对我们这些孩子的教育和培养；其次感谢你们的扶持和安慰，让我们在疲惫时停留在爱的港湾，沐浴着温暖的目光，在困难时听到不懈的激励、在满足前理解淡然的和谐之美。

谢谢，感谢有你们陪伴一起走过的每个日夜！

新年新祝福，祝愿长辈们在新的一年里身体健康、心情愉快、生活幸福。干杯！

老乡聚会祝酒词

范文：老乡聚会祝酒词

【场合】聚会酒宴

【人物】老乡们

【致辞人】某老乡

各位老乡、朋友们：

大家晚上好！

“独在异乡为异客，每逢佳节倍思亲。”今天是一年一度的中秋佳节，虽然我们不能回家和家人团聚，但是作为老乡的我们能够聚在一起、共度佳节，也不失为一件乐事。首先我代表全体老乡对这次聚会的组织者×××表示衷心的感谢，也向所有参与今天聚会的老乡致以真心的祝福！

现在，我们欢聚在一起，有着彼此的帮助与祝愿，即使身在他乡，也不会感到孤寂与冷漠。只要我们真诚地对待彼此，相信我们之间的情感将会日益深厚。今天，我们在这里欢聚一堂，我提议，为我们这次的相聚和来日的重逢热烈鼓掌！

亲爱的同乡们，亲爱的朋友们，让我们把酒杯斟满，让美酒漫过杯边，让我们留下对同乡会的美好回忆，让我们留下对同乡的亲切关怀，让我们彼此的情谊留在心间，让我们将这杯酒一饮而尽！

满载着对家乡的思念，承载着家人的期望，我们在这个陌生又熟悉的城市拼搏奋斗，乡愁是我们共同的心声，乡愁是这杯中香醇的酒。让我们满饮此杯，为了更美好的明天，为了身在异乡的我们；祝大家家庭美满，爱情甜蜜，事业成功，前程似锦！愿我们的友谊，地久天长。干杯！

战友聚会祝酒词

范文：战友聚会祝酒词

【场合】聚会酒宴

【人物】老战友们

【致辞人】某战友

各位亲爱的老战友们：

晚上好！

此时此刻真是一个激动人心的时刻，我们这么多年没见的老战友，今天相聚于此，面对一张张熟悉而亲切的面孔，我心潮澎湃，感慨万千。

回望军旅，朝夕相处的美好时光怎能忘，苦乐与共的峥嵘岁月，凝结了你我情深意切的战友之情。从入伍的那天开始，我们一起摸爬滚打，经受着残酷的训练，忍受着严寒酷暑，就是在这样艰苦的环境中我们建立了深厚的情谊，我相信我们所有人都不会忘记曾经患难与共的日子。

30 年悠悠岁月，弹指一挥间。真挚的战友情，紧紧相连，许多年以后，我们战友重遇，依然能表现难得的天真爽快，依然可以率直地应答对方，这种情景让人激动不已。

如今，由于我们各自忙于工作、劳于家事，相互间联系少了，但绿色军营结成的友情，没有随风而去，已沉淀为酒，每每启封，总是回味无穷。今天，我们从天南海北相聚在这里，畅叙友情，这种快乐将铭记一生。

最后，我提议，让我们举杯，为我们的相聚快乐，为我们的家庭幸福，为我们的友谊长存，干杯！

知青聚会祝酒词

范文：下乡知青聚会祝酒词

【场合】聚会酒宴

【人物】老知青们

【致辞人】聚会组织者

尊敬的各位朋友：

大家晚上好！

当往事已成追忆，当青春永不再来，今天，我们 40 多名××届××农场的知青聚集在一起，隆重纪念下乡 30 周年，我代表热心参与筹备这次活动的战友，衷心地感谢各位战友的来临。

30年了，难忘那里的一山一水、一草一木，难忘那里的职工、知青们的音容笑貌、悲欢离合。也许，我们是生不逢时的一代，因为我们为共和国的成长承载了太多的沧桑：当我们长身体的时候，碰上国民经济困难时期；当我们学知识的时候，碰上了“文革”；当我们要工作的时候，碰上了上山下乡；当我们结婚的时候，碰上了计划生育；当我们扶老携幼的时候，又碰上了企业改革、下岗失业……

然而，我们更是百折不挠的一代：我们曾经用辛勤的汗水催绿了××农场的山林和果园；我们曾经彻夜不眠地补习文化、提高素养；我们更用燃烧的激情去面对人情冷暖、世态炎凉……

今天，我们欢聚在一起，为欢乐者的欢乐而喜悦，为成功者的成功而高歌，为不幸者的不幸而惋惜，为奋斗者的奋斗而助威！

我提议，请大家举杯，为了我们在××农场的磋跎岁月中的磨炼，为了我们在返城后20多年永不放弃的拼搏，为了30年来魂牵梦绕的知青情结，为了滋养我们的那片黄土地的兴旺发达，为了我们的再相聚——干杯！

网友聚会祝酒词

范文：网友聚会祝酒词

【场合】聚会酒宴

【人物】网友

【致辞人】聚会组织者

尊敬的女士们、先生们、朋友们：

大家晚上好！

在今天这个举国欢庆的日子里，我们迎来了××家族成员的首次团聚。在此，我代表××家族的管理人员向大家致以节日的问候和良好的祝愿，对各位的到来表示真诚的感谢！

今天这次聚会是××家族从网络走到现实的第一次聚会。这是一个良好的开始，希望以后我们能够经常组织这样的聚会，联络我们家族成

员的感情。曾经有一位作家说过：童年是一场梦，少年是一幅画，青年是一首诗，壮年是一部小说，中年是一篇散文，老年是一套哲学，人生各个阶段都有特殊的意境，构成整个人生多彩多姿的心路历程。友谊是人生中必不可少的一种情感，它能陪伴我们走向天涯海角。由于许多人要忙于工作、学习或其他琐碎的事情，所以今天对于我们来参加聚会的朋友来讲，是具有历史意义的一次盛会，我们应该珍惜这次相聚。那么今天，就让我们利用这次机会在一起聊一聊、乐一乐吧，一起叙旧话新，畅谈现在和未来，畅谈工作、事业和家庭，让我们借这次聚会相识、相知。愿我们的聚会能进一步加深朋友之间的友谊，使我们能互相扶持、互相鼓励，把自己今后的人生之路走得更加辉煌、更加美好！

今天的聚会虽然短暂，但是我们的感情进一步加深了，就让我们的聚会成为一道风景线，让我们的聚会成为一种永恒，这金秋的十月，相信将永远定格在我们每个人的记忆里！从今天起只要我们经常联系、坦诚相待，那么我们的友谊就会像钻石一样永恒。

朋友们，虽然有很多网友因特殊情况未能参加我们今天的聚会，但是我们的祝福将跨越空间的阻隔传到他们身边。

最后祝愿××家族的全体成员家庭幸福、事业顺利、身体安康！亲爱的朋友们，为我们的友谊地久天长、为我们的再次相聚，干杯！

商业联谊会祝酒词

范文：酒店客户联谊会祝酒词

【场合】 联谊宴会

【人物】 酒店领导、客户

【致辞人】 某领导

各位来宾，女士们、先生们：

大家晚上好！

今晚，××酒店贵客盈门，高朋满座。各位能在百忙之中莅临我店，是我店极大的荣幸。首先，请允许我代表××酒店的领导和全体员工，向出席今晚联谊会的各位来宾、朋友致以最衷心的感谢和最诚挚的祝福！

××酒店成立于××××年，时至今日已经开业整整×年了。×年来，一直承蒙社会各界人士与在座嘉宾的关照，如今，我们的工作日新月异、成绩斐然，先后荣获了全国“××先进单位”、省级“××先进单位”等多种荣誉称号。这些成绩的取得，是离不开各位朋友的关心与支持的。所以，我们希望借“客户联谊会”这次机会来表达对各位来宾、各位朋友的由衷感激之情。在今后的岁月里，我们仍需要各位朋友一如既往地给予我们更多的关心与支持，我们也一定会以更优质的服务来回报各位，让××酒店成为您最舒适、最理想的家园。

最后，让我们举起手中的酒杯，为共同的理想早日到来、为我们的友谊天长地久，干杯！

公司员工聚会祝酒词

范文：公司员工聚餐会祝酒词

【场合】聚会酒宴

【人物】公司领导、员工们

【致辞人】某员工

尊敬的领导、同事们：

大家晚上好！

相识是缘，相知是情。我们来自祖国的五湖四海，由于共同的追求在同一屋檐下共事，这是一种难得的缘分。今天的聚餐不仅仅是工作上的普通聚餐，更是我们联络感情的良好契机。

还记得两年前刚来到公司的情景，陌生的工作环境和伙伴，使我一时陷入了情绪的低谷。那时我正在为通过领导的审核作着不懈的努力，而接下来3个月的野蛮训练使我几乎接近疯狂，在此，请允许我用“野

蛮”这个字眼儿。令人欣喜的是，最终我的努力得到了领导的认可，并留了下来。现在我在公司已经两年了。在这期间，我从一位××行业的门外汉，成为现在小有成就的佼佼者了，这离不开公司领导的栽培和同事们的帮助，是你们的支持与关爱塑造了今天的我。

在此，我向大家表示衷心的感谢和诚挚的祝福。祝愿大家工作顺利、身体健康、万事如意！

那么，最后就请让我们为在这里工作、为这可贵的情分干杯！

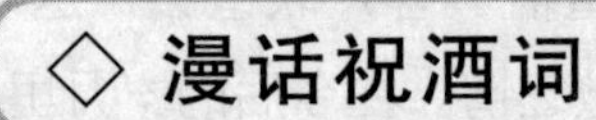

◇ 漫话祝酒词

聚会经典词语

道义之交　深情厚谊　亲如手足　相知恨晚　莫逆之交　地久天长　万古长青　心心相印　情投意合　义结金兰

吉语祝辞

有些记忆不会因时光流逝而褪色，有些人不会因不常见面而忘记，有些情意不会因为时间的流逝而淡去，在我心里你是我永远的朋友。

酒越久越醇，朋友相交越久越真，愿我们的友谊如这杯中的美酒一般，亘古绵长。

友谊的真谛在于理解和帮助，在开遍友谊之花的征途中，迈开青春的脚步，谱出青春的旋律吧！

千难万险中得来的东西最为珍贵，患难与共中结下的友谊最长久，我们同甘共苦结下的友谊必将长驻你我的心间。

通过这次老战友聚会，我们把酒言欢，回忆难忘的昨天，畅谈幸福的今天，畅想美好的明天。人们常说，战友与同学的友谊是世界上两种最诚挚、最永恒的友谊，我们拥有其一，真是莫大的幸福！

祝福是份真心意，不用千言，不用万语，不用华丽的辞藻，只需默默地唱首心曲。愿你岁岁平安、如意！

给你我无尽的祝福，让它们成为我们永恒友谊的新的纪念。茫茫人海，让你我瞬间相聚又瞬间相离，然而你我的心永远相知与默契。

友谊能使人与人的情感和精神相通，把人与人的心灵结合在一起。愿我们的友谊像雪球，在纯洁的雪地里越滚越远，越滚越大。

近在咫尺有时也难碰见，纵在天涯海角亦能相聚——结识你，真是天赐良机。

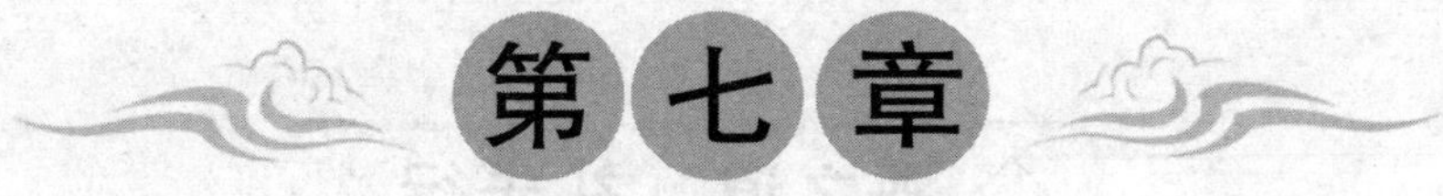

第七章

节庆酒

——佳节饮酒须尽欢

“每逢佳节倍思亲”。在中国人的心中，节日向来是人们喜庆和团聚的日子，尤其是一些传统佳节。节庆的宴会上一定少不了美酒来助兴，饭桌上人们推杯换盏、开怀畅饮，把酒言欢、互诉思念。把最诚挚的祝愿化作杯中醇香的佳酿，把最衷心的祝愿汇成一篇洋溢的祝酒词，不仅可以联络感情，更能够将节日的气氛推向高潮，让人难忘。

◇ 酒之道，礼先行

节日里的祝酒词

中国的传统节日有很多，加上一些现代的节日，几乎每个月都有节日，可谓节日不断。“万事抒怀须纵酒，千宴成功靠祝词”，所以每一个节日的宴会上都少不了酒。不同节日的祝酒词也各有各的特点，好的祝酒词可以将酒之美发挥至极致。下面来谈一谈与各重要节日相关的酒和祝酒词。

春节

春节俗称过年，是中华民族最隆重的传统佳节。春节要饮用的酒叫屠苏酒、椒花酒，其寓意主要是吉祥长寿、健康安宁，后来又有新年新气象的意思。了解了酒的寓意也就可以找到与之相对应的祝酒词了，应当围绕祝福健康长寿、吉祥如意去祝福。当然现在的春节也与全家人的团聚相连，并且有“一年之计在于春”这样具有生发的寓意。

元宵节

元宵节又叫灯节、上元节。元宵节是中国的传统节日，早在2000多年前的西汉就有了，元宵赏灯始于东汉明帝时期，该节经历了由宫廷到民间、由中原到全国的发展过程。这一天人们用五牲、果酒供祭，然后家人团聚，共同庆祝春节的结束，有观灯、看烟花、吃元宵的习俗。所以对应的祝酒词也应当围绕团圆来开展。另外又因为是灯节，也可以穿插一些灯谜来作为祝酒词的一部分，会使得节日更具色彩。

清明节

清明节是我国传统节日，也是最重要的祭祀节日，是祭祖和扫墓的日子。扫墓俗称上坟，祭祀死者的一种活动。这个节日素有扫墓踏青的习俗，同时也可设宴，一方面在寒食节（古时清明节的叫法）中吃生冷食物者得到一些热量，另一方面借酒来祭祀先祖寄托哀思。所以，相对应的祝酒词就应当围绕对先人的思念和对亡者的追忆展开，另外也应当有相应的祝福和保佑。

端午节

端午节为每年农历五月初五，又称端阳节、午日节、五月节等；端午节是中国汉族人民纪念屈原的传统节日，更有吃粽子，赛龙舟，挂菖蒲、蒿草、艾叶，薰苍术、白芷，喝雄黄酒的习俗。这时的祝酒词应当围绕大家能够驱邪避祸展开，同时为追忆屈原，还可以引用一些屈原的名句作为祝酒词的一部分。另外针对端午节赛龙舟和吃粽子的习俗也可以相应地加入祝酒词。

中秋节

中秋节又叫团圆节，时间是每年的农历八月十五。中秋节有饮桂花酒的习俗。与其团圆节的名字的意思一致，这个节日里，家人朋友都要相聚在一起。此时的祝酒词也应当与其相对应，应当以“花好月圆、家人团聚”为主题。对很多中国人来说，中秋节时还可以将祝酒词里加入一个嫦娥奔月的故事说给孩子们听。在不同的时代中，围绕中秋节的故事和文学作品都是很多的。

重阳节

重阳节为传统的节日，又称“老人节”。因为《易经》中把“六”定为阴数，把“九”定为阳数，九月九日，日月并阳，两九相重，故而叫重阳，也叫重九。重阳这天所有亲人都要一起登高“避灾”，插茱萸、赏菊花，同时也有祭祀，还有饮菊花酒延寿的说法。取其中的说法，我们在重阳节里的祝酒词应当围绕辟邪以及祝福长寿。在1989年，中国把每年的九月初九定为老人节。针对重阳节的这些情况，我们在祝酒词中应当围绕避除祸患、尊敬老人、祝福老人多福多寿来进行。

除夕

除夕俗称大年三十儿，是一年里最后一天，也是大家辞旧岁、迎新春的时候。人们有守岁的风俗，通宵不眠，回忆过去，展望未来。同样除夕也是家人团聚的时刻，此时的酒也叫做团圆酒，当然也是我们的辞岁酒。这个时候我们的祝酒词就应当围绕辞旧迎新来进行了。除夕跟春节是相连的，所以在祝福中也会有很多相似的地方：一方面是在辞去旧岁，另一方面也祝福大家在新的一年里更加吉祥如意。

其他节日

如今，人们已经不仅仅关注传统节日了，现代生活中，随着文化的多元化发展，让我们增加了许多新的节日。比如元旦、妇女节、劳动节、“圣诞节”等，这些节日也逐渐成为人们生活中重要的节日。而这些节日里很多时候是离不开酒的，有酒必当有相应的祝酒词来搭配。比如元旦也是一个新的开始，我们的祝酒词要围绕新的发展来进行；劳动节是劳动人民的节日，祝酒词也当是献给劳动者的。每个节日都有每个节日的特点，我们要针对它的特点准备我们的祝酒词。

节庆祝词“三步曲”

佳节聚会，人们总要“宣泄”一番，以酒助兴。所以，节庆祝酒词的主要特点就在于表达出人们欢度节日的愉快之情。

作为宴会的主人，在祝福各位宾朋时应注意以下几点：

主人应先向宾客、员工等致以节日的祝贺和问候。

然后谈谈在这一节日里举办宴会的目的，再用具体的事例，对宾客、员工等所作出的成绩给予肯定和评价。

还要说一说自己的感想和心情，或对未来的憧憬和期望。祝词应语言简练、言简意赅、情感丰富。

节日宴会充满喜庆的气氛，在这愉悦、轻松的环境里，人们自然会不自觉地多喝几杯，然而，酒能助兴、亦能伤身，为了身体着想，饮酒要有度，千万不可贪杯。

◇ 举杯词相随

元旦祝酒词

范文：企业元旦祝酒词

【场合】元旦庆祝宴会

【人物】集团领导、投资人、合作客户及全体员工

【致辞人】企业领导

尊敬的各位领导、各位来宾：

大家好！

告别成绩斐然的××××年，迎来了充满希望的××××年。值此元旦佳节到来之际，我谨代表集团董事会，向全体员工在过去一年中的辛勤工作和取得的骄人成绩表示衷心的感谢和祝贺，对投资者给予公司的真诚信赖、中外客户的热情支持致以深深的谢意！祝大家在新的一年里身体健康、万事如意！

今天，我们相约在这里，享受新年的欢快气氛。

今天，我们相聚在这里，感受彼此间真诚的祝福。

今天，我们相聚在这里，敞开心扉，释放激情。

今天，我们相聚在这里，这里将成为欢乐的海洋，让快乐响彻云霄！

在过去的一年里，通过全体员工的共同努力，我们××集团先后在合资、开发、进军新产业等方面取得了重大突破，集团各项指标比往年都有较大幅度的增长，员工的收入水平和去年相比也上了一个新台阶。

这些成绩表明，我们公司的决策是正确的，战略是准确而清晰的。同时，对此作出最大贡献的就是全体员工的不懈努力。诚信缔造伟业！面对集团××年良好的运营状况，××人应有清醒的认识和更为远大的

目标。当前，我国的经济生态系统正发生着深刻的变化，中国经济与世界经济已进入一个良性的互动，新财经政策、新的竞争环境、新一轮国企改革的启幕。××集团正面临着前所未有的机遇和挑战！新的一年中，我们将在“创建国际一流品牌，建设中国百强企业”的进程中，在产业发展和资本运作上次第推进，演绎出浓墨重彩的一章，而留下的将是全体××人的商业智慧和勤奋实干的串串足迹。

机遇与挑战同在，光荣与梦想共存！我相信我们的企业经过管理变革，依靠优秀的企业文化，通过实施多元化、国际化的发展战略，定会迎来更加辉煌的明天！

走过的是岁月，敲响的是钟声，留下的是故事，带来的是希望。这是分享快乐的时刻，也是祝福和关怀的时刻，是希望与梦想成真的时刻，祝大家，元旦快乐！

新春祝酒词

范文一：迎新春酒会市长祝酒词

【场合】迎新春酒会

【人物】市委老领导

【致辞人】市长

各位尊敬的领导：

新的一年即将到来，××市委、市政府在这里召开迎春酒会，荣幸地邀请各位领导欢聚一堂，共叙往事今情，喜迎新春佳节。各位曾经在××市工作过的领导多年来心系××，关注××，通过各种方式支持××的各项事业发展。在此，我代表全市××万民众，向各位领导表示衷心的感谢并致以节日的祝福！

近几年，××市经济获得了较快发展，社会事业取得了新的进步。这些成绩的取得，离不开党委、政府的正确领导和亲切关怀，离不开各位领导和朋友的支持、帮助，也离不开全市各族民众共同努力。

在新的一年里，我们希望××市的发展像芝麻开花——节节高，再创辉煌。同时，也衷心希望各位领导一如既往地支持、帮助××的发展。各位领导熟悉××，热爱××，工作能力强，接触面广，也一定会对××的发展给予更多的关心和厚爱。

多年来，××人民一直想念着曾在××工作过的各位领导，也盼望着各位领导在方便的时候多回××，探亲访友，视察工作，指导和帮助我们把××的明天建设得更加美好！

现在，我提议为我们的事业兴旺发达，为我们的友谊与日俱增，为各位领导春节愉快、××年吉祥、身体健康、阖家欢乐，干杯！

范文二：××餐饮企业老板新春祝酒词

【场合】新春酒宴

【人物】××餐饮老板、员工及特邀顾客等

【致辞人】××餐饮老板

尊贵的各位老顾客、××餐饮的各位员工：

大家晚上好！

首先我给大家拜个早年！祝大家在新的一年中，身体健康，事业有成。借此机会我要对一直支持我们的新老顾客和各位员工表示衷心的感谢。

××餐饮创立至今，已经有××个年头了。现在全国共有××家连锁店，分布在十余座城市。我们的企业始终追求卓越，坚持“顾客是上帝”的职业理念，成为分享美味、分享喜悦的最佳地带，给广大顾客留下了美好的印象，这一切都离不开各位员工的辛勤工作，在这里我要对所有的员工道一声：“你们辛苦了！”

在这个充满竞争和压力的时代，为了树立品牌形象，××餐饮不断地超越和突破，根据顾客的建议和要求，不断地完善厨艺，最终做出了顾客满意可口的美食。接下来，我们仍会用百倍的努力来换取您的满意。

"长风破浪会有时，直挂云帆济沧海"，凝聚着太多的深情，憧憬着太多的愿景。在这美味与梦想交织的舞台上，××餐饮怀揣理想，在广大消费者的支持下，一点点成长，伴随优质的服务，必定会在新的海港扬帆远航！希望各位顾客还能一如既往地支持我们，我们的全体员工一定会以最优质的服务、可口的饭菜回报你！

现在，让我们共同举杯，为××餐饮更好的明天，为所有嘉宾的幸福安康，干杯！

范文三：××公司领导新春祝酒词

【场合】新春酒宴

【人物】××公司领导、员工及特邀顾客等

【致辞人】××公司领导

尊敬的各位领导、各位员工、朋友们：

大家晚上好！

喜悦伴着汗水，成功伴着艰辛，遗憾激励奋斗，今天我们即将告别充实的××××年，迎来崭新的××××年。在这里我首先要为在座的嘉宾送去新年的祝福：祝你们在新一年中的身体健康、工作顺利、万事如意！

在这充满温馨的时刻，我谨代表××公司向长期关心和支持公司事业发展的各级领导和社会各界朋友致以节日的问候和诚挚的祝愿！向辛苦了一年的全体员工表示诚挚的谢意！感谢大家在过去一年中的付出和奋斗。

在这里我特别要感谢许多生产一线的员工，他们心系大局，放弃许多节假日，夜以继日地奋战在工作岗位上，用辛勤的汗水浇铸了××不倒的丰碑。

我们激情满怀走过了××××年，这一年中公司向更高目标迈进了一大步，取得了一个又一个喜人的成绩。这些成绩的取得饱含我们每一个人的付出，同时也带给我们成长和成功的喜悦。在我们充满豪情迎接新的一年、新目标之际，回眸过去的一年，我们无比欣慰，无比自豪。成绩来之不易，创业充满艰辛。

展望充满希望的××××年，我们更加意气风发、斗志昂扬。新的一年，我们点燃新的希望；新的一年，我们畅想新的憧憬。新的一年，在××的带领下，全体××人矢志不渝的拼搏努力下，××事业必定会更加稳健蓬勃地发展，实现××事业的全面跨越！

最后，我提议：让我们共同举杯，为我们每个××人的财富梦想，为我们××事业的红红火火，为××人的身体健康、工作顺利、生活愉快、万事如意！干杯！

元宵节祝酒词

范文：元宵节祝酒词

【场合】节日宴会

【人物】市领导、嘉宾

【致辞人】市长

尊敬的各位领导、各位来宾，亲爱的同志们、朋友们：

大家晚上好！

赏明月，吃汤圆，共庆今春团圆节。又到了万家团圆闹元宵的时刻，今夜××市张灯结彩，处处洋溢着节日的喜悦，飘洒着浓浓的乡情。在这喜庆佳节之际，我代表市政府，对各级领导、各位来宾和各界朋友的光临表示热烈的欢迎并致以节日的祝愿！欢迎你们与××人民一起观赏礼花月景，共度美好良宵。数万盏彩灯如星河飘落，使夜色中的××仿佛人间仙境；各式各样的花灯，把宽广的大街装点得宛若五彩缤纷的世界，这便是飞红落霞之时，便是万众空巷之际。今晚，群山沸腾，湖水沸腾，××沸腾！

冰雪消融，万物复苏，与时俱进的列车送走了硕果累累的一年，驶进了如诗如画的新的春天！放一盏盏五彩荷灯，激起心湖快乐的涟漪；

敲一声声佳节的晚钟，让你感受我真挚的祝福。祝大家元宵节快乐！

在这美好的春天里，让我们与鲜花相伴，与希望同行。现在，让我们共同举杯，祝大家的生活像今晚的焰火一样灿烂，日子红红火火，幸福久久长长。干杯！

“情人节”祝酒词

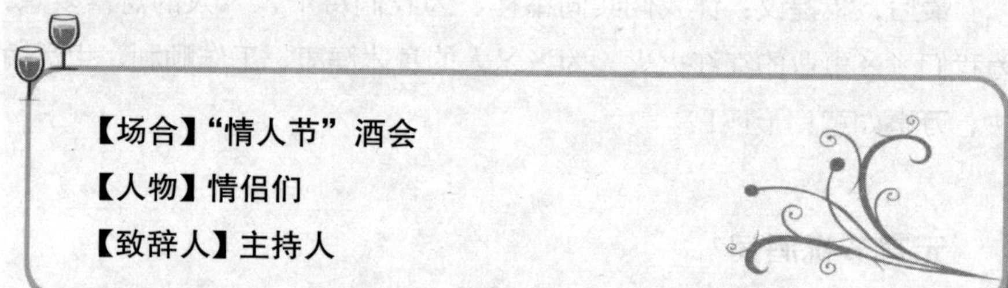

【场合】“情人节”酒会

【人物】情侣们

【致辞人】主持人

尊敬的各位来宾、各位朋友：

今天是个甜蜜的日子，今天是个表达爱的日子，今天就是每一对情侣都期待的 2 月 14 日——西方传统的情人节。日子在不同的空间流逝，想念在不同的时间来临，但是在这一天想念会同时降临。或许你们退去了初始的羞涩，退去了热恋的火热，但是在相处的时光中慢慢地多了几分相濡以沫的关怀和牵挂。

温馨的灯光照亮了彼此的心房，娇羞的玫瑰迷醉了彼此的心田，在这里，我们感谢“情人节”，它让每一段美好、真诚、健康的爱情都有一个节日来印证，让以身相许、情投意合的有情人每年都有神圣的一天表达爱意。才华富有的男士们，美丽迷人的女士们，放下工作的担子、生活的琐事，尽情地展示你们无可抵御的魅力吧！

不要昂贵的礼物，不要嘈杂的繁华，不要攀比，不要一切世俗的牵绊。在这一刻我们只需四目相对，对彼此心中的唯一说：“我愿陪你共担风雨，我愿与你共同搭建一个属于我们的避风港。”这才是爱的真谛，才是“情人节”真正的意义所在。

朋友们，情是人间最美好的东西，让我们共同举杯：愿 2 月 14 日是个有情人心花竞放的日子，愿天下有情人终成眷属！干杯！

“母亲节”祝酒词

范文：“母亲节”祝酒词

【场合】家庭宴会

【人物】家庭全体成员、亲戚

【致辞人】晚辈

尊敬的各位来宾，各位亲朋好友：

大家晚上好！

今天是一个神圣的节日——西方传统的“母亲节”。在这里，我要代表所有的子女向伟大的母亲们送上最真挚的祝福。

母爱像春雨，滋润着我们的心田；母爱像阳光，温暖我们幼小的心；母爱像沃土，培育我们健康成长。不管我们这些儿女走到天涯海角，只要有我们母亲的关照和叮嘱在，我们不会害怕，不会退缩。“慈母手中线，游子身上衣。临行密密缝，意恐迟迟归。”每次想到这首诗就能感受到母爱的温暖，这里没有华丽的词语，没有过多的修辞，就是几句简单到不能再简单的几个字的罗列，就将母爱描写得淋漓尽致。是母爱陪伴我们走过人生中的低谷，是母爱让我们走向光明的明天。

纵有千言万语，也道不尽对母亲的感谢。我想借用舒婷的代表作《啊，母亲》的选段，来表达我对母亲的感恩，同时祝愿天下所有的母亲节日快乐。

你苍白的指尖理着我的双鬓，
我禁不住像儿时一样，
紧紧拉住你的衣襟。
啊，母亲，
为了留住你渐渐隐去的身影，
虽然晨曦已把梦剪成烟缕，
我还是久久不敢睁开眼睛。

我依旧珍藏着那鲜红的围巾，
生怕浣洗会使它
失去你特有的温馨。
啊，母亲，
岁月的流逝不也同样无情？
生怕记忆也一样褪色啊，
我怎敢轻易打开它的画屏？

为了一根刺我曾向你哭喊，
如今戴着荆冠，我不敢，
一声也不敢呻吟。
啊，母亲，
我常悲哀地仰望你的照片，
纵然呼唤能够穿透黄土，
我怎敢惊动你的安眠？

我还不敢这样陈列爱的礼品，
虽然我写了许多支歌，
给花、给海、给黎明。
啊，母亲，
我的甜柔深谧的怀念，
不是激流，不是瀑布，
是花木掩映中唱不出歌声的古井。

最后，让我们用美酒邀请岁月，祝我们的母亲永远年轻美丽，永远幸福安康！干杯！

“父亲节”祝酒词

范文：“父亲节”祝酒词

【场合】 家宴

【人物】 家人、来宾

【致辞人】 儿女

尊敬的爸爸妈妈、各位兄弟姐妹、各位来宾：

大家好！

今晚，我们共聚一堂，欢度西方传统的“父亲节”。首先，请允许我代表兄弟姐妹，为我们的父亲、母亲祝福，祝爸爸妈妈幸福安康！同时，祝愿各位来宾身体健康、心想事成！

母爱深似海，父爱重如山。每当说到这里，不免想起上学时学的朱自清的《背影》，父亲那蹒跚的步伐、笨重的身体历历在目，也许不是感伤，而是彻心彻肺的感动！这六月的天正如父亲的爱一样是那么的炽热。我们的父亲也许不会有太多的言语，但总是在默默地做些什么，用他们的伟岸诠释着父爱的深沉。父爱如山，巍峨高大；父爱如天，苍茫悠远；父爱如光，洞彻心扉。父亲不曾给予我们安慰，却总是用淡淡的言辞点醒我们；不曾为我们落泪，总是在背地里才露出思念的深情；不曾有太多喜悦，但总是在别人面前很开心地说起儿女。“父亲”永远是那样的一个严厉而又慈祥的代名词。

一天天，一年年，父亲四处奔波、忙碌，为了我们自己的孩子整天操劳不止，我们永远忘不了父亲深深的爱。在这充满爱意的父亲节里，让我们由衷地说一声：爸爸，我们爱你！

随着时光的流逝，我们的父亲也渐渐老去，他们也许被岁月压弯了脊梁，被时光画满了皱纹，被时间消瘦了脸庞，但是无论如何，我们一眼望去，他仍然是那个坚毅的男人，一个值得我们一生去学习、去敬仰的老父亲。

现在，让我们共同举杯，祝父亲节日快乐，祝父亲、母亲健康长寿，祝愿各位家庭幸福，干杯！

端午节祝酒词

范文：端午祝酒词

【场合】文化节招待宴会

【人物】县领导、来宾

【致辞人】县长

尊敬的各位领导、各位来宾、同志们、朋友们：

大家好！

在这惠风和畅、湖色旖旎的日子里，我们在这里隆重举行××县第×届“端午游湖”文化节，我谨代表县委、县人大、县政府、县政协及××万××民众对前来参加这次活动的各位领导、各位来宾表示最热烈的欢迎和衷心的感谢！

××历史久远，文化璀璨，美丽富饶。这次“端午游湖”文化节是我县一次集旅游推介、文化交流、体育比赛为一体的盛会。办好这次活动对于加快三大战略实施，促进××开放开发，加强和推动××与外界的文化交流与经济技术合作，全方位展示××丰富的历史文化资源优势、灿烂的文化旅游优势和特色经济发展优势，提升××知名度，扩大对外吸引力，进一步加快经济、社会各项事业全面发展有着十分重要的意义。

希望通过这次活动的举办让更多的人认识××，热爱××，走进××，投资××，让更多的信息、文化在活动中得以传播。通过沟通增进友谊，通过沟通激发感知，争取把“端午游湖”文化节办成展示风貌的窗口、对外交流的平台、加速发展的里程碑，为全县旅游产业的兴起壮大注入新的生机和活力，以带动和促进全县经济、社会的快速、健康发展。

最后，预祝××县第×届文化节圆满成功。谢谢大家！

建军节祝酒词

范文：建军节祝酒词

【场合】庆祝宴会

【人物】县领导、来宾

【致辞人】县委书记

各位领导、同志们：

今天，我们欢聚一堂，热烈庆祝中国人民解放军建军××周年。首先，我代表××县委、县人大、县政府，向人民解放军××部队全体指战员、武警官兵、预备役军人和广大民兵，致以节日的祝贺！向离退休军人、革命伤残军人、转业复退军人以及烈士家属，表示诚挚的慰问！

几年来，全县上下紧紧围绕加快发展这一主题，以科学发展观为指导，经济社会发展呈现出逐渐加快的良好势头，各方面工作全面进步，社会安定，军政军民团结更加巩固，拥军优属、拥政爱民工作再上新台阶，这些成绩和进步都包含着你们的辛勤汗水和无私奉献。在此，我代表全县百万人民向你们表示衷心的感谢！

目前，全县经济、社会保持了持续、快速、健康、协调发展的良好势头，但是也面临着实现经济、社会发展新跨越的艰巨任务。面对前进道路上的各种困难，特别是在危难险急关头，广大军民风雨同舟、患难与共，遇危难而不惧、临险阻而共勉，为保护人民群众生命财产安全作出了重要贡献。实践证明，坚如磐石的军政军民团结是我们顶住压力、抗御风险，战胜困难、不断前进，并最终实现我们的发展目标的主要法宝。

正所谓“军爱民来民拥军，天下军民一家亲。”让我们同呼吸、共命运、心连心，继续为建设强大的人民军队和富裕、文明、开放的新××而努力奋斗！

最后，我祝愿××拥有更美好的明天，也祝愿所有的军人节日快乐，身体健康，工作顺利！干杯！

七夕节祝酒词

范文：七夕节联谊会祝酒词

【场合】联谊会节日酒宴

【人物】联谊会会长、成员、嘉宾

【致辞人】会长

女士们、先生们、朋友们：

大家晚上好！

农历七月初七被誉为中国的情人节，也有人把七夕称为“乞巧节”或“女儿节”。这是中国传统节日中最具浪漫色彩的节日，相传这一天是牛郎织女相会的日子。

晴朗的夏秋之夜，天上繁星闪耀，一道白茫茫的银河横贯南北，在河的东西两岸，各有一颗闪亮的星星，隔河相望，那就是牵牛星和织女星。相传，每年的这个夜晚，天上的织女就能和她的爱人在鹊桥上相会。织女是一个美丽聪明、心灵手巧的仙女，凡间的女性便在这一天晚上向她乞求智慧和巧艺，也向她求赐美满姻缘，这也是七月初七被称为“乞巧节”的原因。

传说，人们在七夕的夜晚，抬头可以看到牛郎织女在银河相会，或在葡萄架下可偷听到两人在天上相会时的脉脉情话。女孩子会在这个时候朝天祭拜，祈求上苍赋予她们聪慧以及美满的爱情。过去婚姻对于女性来说是决定一生幸福与否的大事，所以，世间无数的有情男女都会在这个晚上，夜深人静时刻，对着星空祈祷自己的姻缘美满。现在，七夕已成为俊男靓女花前月下、沐浴爱河的喜庆日子。

在这里，请允许我以××联谊会的名义，祝各位来宾爱情甜蜜、婚姻幸福，祝天下有情人终成眷属。谢谢！

教师节祝酒词

范文：教师节宴会祝酒词

【场合】庆祝宴会

【人物】校领导、老师、嘉宾

【致辞人】校长

尊敬的各位领导、全体老师：

大家好！

金秋十月，我们又迎来了一年一度的教师节。今晚，我们欢聚一堂，共同庆祝大家的节日。在此，我谨代表学校领导，向辛勤奋斗在教育第一线上的老师们致以节日的问候和诚挚的祝福！

百年大计，教育为本。振兴民族的希望在教育，职业教育是教育的一个组成部分，肩负着培养高素质劳动者的重任。近年来，国家大力提倡职业教育，我们××更是将构建和谐校园，创办特色职业学校作为目标，继续发扬执著、进取的精神，用我们的聪明才智共同把职校的办学水平推向一个新的高度！

过去的一年里，新时代的××学校在各位的共同努力下，继续高歌猛进、阔步向前。历时两年的老校改造，以先进的设计理念，把学校丰富的人文内涵和独特的艺术魅力表现得淋漓尽致，堪称老校改造的典范，为××未来的发展奠定了坚实的物质基础和深刻的文化内涵。

“乘风破浪会有时，直挂云帆济沧海”，让我们以敢立潮头的豪迈气概以及在一切艰难险阻面前勇敢执著、坚不可摧的刚毅品格，向新的、更高的目标阔步迈进。

几十年的春华秋实，散发着永久的芬芳。在教师节来临之际，道一声珍重，说一声祝福！祝老师们身体健康、万事如意、再创辉煌！

最后，让我们共同举杯，为职业教育的发展，为老师们的辛勤劳作，干杯！

中秋节祝酒词

范文：中秋庆祝晚会祝酒词

【场合】庆祝晚会

【人物】公司全体人员、嘉宾

【致辞人】董事长

各位来宾，同志们、朋友们：

大家晚上好！

“人逢喜事精神爽，每逢佳节倍思亲”，又到了中国人传统的中秋佳节，我们在这里欢聚一堂，共叙友情，共庆佳节。感谢大家多年来对××的付出与奉献，在此，我谨代表公司董事会向各位致以真挚的问候和诚挚的祝福！

我们来自祖国的五湖四海，是××把我们聚在了一起，让我们在无数个朝夕相处中如家人般亲切。回首往昔，大家都曾为××的强大和发展付出过汗水和心血，你们的奉献，将永远被××铭记！我们的团队在工作中精诚团结、勇于创新，在业务上精益求精、尽职尽责。这是因为这些才能让××在激烈的市场竞争中，实力不断增强，规模不断扩大。

举杯望明月，天涯共此时。有你们，××就能高歌唱响希望；有你们，××就能将快乐分享；有你们，××将会更加的强大。期待每一时的相聚，期待每一刻的欢畅，期待美好幸福的明天。

在这里，我再一次向各位道一声祝福，说一声平安，并向你们的亲人致以亲切的问候，祝大家中秋节快乐！

请大家举杯，为了我们的幸福生活，为了我们日渐深厚的情谊，为了朋友们的健康快乐，也为了××公司辉煌灿烂的明天，干杯！

国庆节祝酒词

范文：国庆节宴会祝酒词

【场合】庆祝宴会

【人物】市领导、嘉宾

【致辞人】市领导

尊敬的女士们、先生们：

大家好！

金秋送爽，万里河山披锦绣。丹桂飘香，一轮明月寄深情。

今天使我们伟大的祖国的生日，走进这个日子，心中不免肃然起敬。走过了××个激情岁月，历经了多少春华秋实，伟大的中华人民共和国迎来了又一个华诞。

今夜，到处张灯结彩，举国欢庆。在此，我谨代表××市人民政府，向全市人民和在我市工作的朋友，致以最亲切的问候！向所有关心和支持我们发展的同志、朋友们，表示最诚挚的谢意！

新中国成立××年来，特别是改革开放以来，中国发生了翻天覆地的变化。在这新世纪的起步之年，中华民族迈开了实现伟大复兴的矫健步伐，神州大地处处生机盎然。经过××年的建设与发展，我市处处呈现出欣欣向荣的景象，经济建设保持了良好的发展势头，人民生活进一步改善，科技、教育、文化、卫生等各项事业蓬勃发展。

沧桑巨变今胜昔，明珠熠熠耀前程。党中央要求我们率先全面建成小康社会，这是我们的光荣使命。我市人民将求真务实，艰苦奋斗，开拓创新，服务全国，向着现代化国际大都市和国际经济、金融、贸易、航运中心之一的宏伟目标迈进！

请大家举杯：为庆祝中华人民共和国成立××周年，为祖国的繁荣昌盛，为各位来宾和朋友的身体健康、生活幸福，干杯！

重阳节祝酒词

范文：重阳节宴会祝酒词

【场合】重阳节宴会

【人物】离、退休老干部代表，有关领导人

【致辞人】副市长

尊敬的各位离、退休老同志、老领导、老前辈、朋友们、同志们：

大家好！

在九九迎重阳的时刻，我们欢聚一堂，共同庆祝"老人节"。在此，我代表市委、市政府向在座的各位老同志、老领导、老前辈，向全市离、退休老干部和全社会老年人致以节日的祝贺和亲切的问候！祝你们福如东海，寿比南山！

尽管你们头发已经花白，尽管你们的脸上布满了岁月的沧桑，尽管你们的脚步蹒跚，但你们在世间谱写的是青春不老的旋律，给我们带来的是宝贵的经验财富。且看我市现在所取得的辉煌成就，就凝结着无数老同志的辛勤汗水和聪明智慧，渗透着无数老同志的心血和奉献精神，你们现在虽身不在其职，心却系着××的发展，是你们的精神给我们以鼓舞，给我们以力量，在这里，我向你们表示衷心的感谢和崇高的敬意，谢谢你们！

尊老、敬老是我们中华民族的传统美德，希望社会上所有的人都能够做到，尊重老人、呵护老人、关爱老人，为老年人安度晚年、健康长寿创造良好的生活环境和社会环境。

在宴会开始前，我提议，让我们共同举杯：为感谢各位老同志所作出的努力和贡献；为全市老年人健康长寿、阖家欢乐、万事如意，干杯！

“感恩节”祝酒词

范文：“感恩节”酒宴祝酒词

【场合】酒宴

【人物】各方人士

【致辞人】主持人

亲爱的朋友，女士们、先生们：

大家晚上好！

“感恩的心，感谢有你，伴我一生，让我有勇气作我自己。”一首《感恩的心》唱出了所有人的心声。感恩，对父母感恩，对朋友感恩，对生命感恩，对万物感恩，今天，我们欢聚一堂，共同庆祝这个起源于西方基督教文化的神圣的节日。借此机会，我们××全体同人，向光临的各位朋友表示衷心的感谢，祝福你们拥有一个温馨及充满欢乐的“感恩节”！

现在人们的生活越来越好，但是幸福感没有成正比增长，相反抱怨却越来越多。究其原因，是我们太过在乎自己感受而忽略了感恩。静下心来想一想，我们不应该感谢万物吗？是它们给我们自由自在的生存环境。我们不应该感谢父母吗？是他们给了我们生命和思想。我们不应该感谢朋友吗？是他们照亮了生命中的黑暗，让我们无时无刻不感知到身边的温暖。我们不应该感谢爱人吗？是他们给我们生命中带来了爱情的甜蜜……一切的一切，都让我们感受到了幸福，只是我们缺少一颗感恩的心，缺乏一双发现的眼睛。

那么，现在，就从眼前做起，对你身边的家人、朋友、恋人由衷地说一声：谢谢！其实，一个轻微的举动，一句贴心的问候，一份温馨的礼物，就足以传达无限的情深义重。愿每一个人都能感受到生命的可贵、生活的美好，笑对人生！

现在我提议，在这个温馨的时刻，让我们高举酒杯，为了那些值得感谢的人，为了我们更美好的生活，为了我们更无悔的人生，干杯！

“平安夜”祝酒词

范文：“平安夜”宴会祝酒词

【场合】宴会

【人物】××公司领导、员工

【致辞人】××公司员工代表

尊敬的各位嘉宾，亲爱的各位同事：

大家晚上好！

“祝你平安，噢，祝你平安，让那欢乐围绕在你身边。祝你平安，噢，祝你平安，你永远都幸福，是我最大的心愿……”今天是源自于西方基督教中的一个节日——“平安夜”。“平安”，是所有人的愿望，无论中西。在这美丽的晚上我们欢聚一堂，为我们所有的亲戚朋友祈祷祝福。在此，我首先代表公司向各位同事、朋友们的到来表示热烈的欢迎！

平安是人人期盼的东西，平安是所有人最真的祝福，只有平安，我们才能实现自己的梦想；只有平安，我们才能对未来充满希望；只有平安，我们才有顽强的斗志克服一切困难；只有平安，我们的家庭才会幸福欢乐。平安融会了天下人所共有的太多的情感与祝福。此时此刻，我把心中所有的祝福都化作“平安”这两个字，祝每一个来到××公司的员工平平安安；祝所有员工的家人、朋友平平安安；祝此时此刻仍然坚守在工作岗位，守护着××平安的工作人员平平安安；祝所有为××项目建设作出卓著贡献的建设者、支持者们平平安安！

我们来自不同的地区，说着不同的方言，因为缘分相聚在××公司。总经理和大家一样非常珍惜这份福缘，今天，他放弃和家人团聚的机会，与我们一起度过平安夜。在此，请允许我代表××公司全体员工向××总经理表示衷心的感谢，祝您合家欢乐，平平安安！

话不多说，让我们举杯，为大家的平安，为××公司美好的明天，干杯！

◇ 漫话祝酒词

元旦吉语祝词

常言道：笑一笑，十年少。一笑烦恼跑，二笑怒憎消，三笑憾事了，四笑病魔逃，五笑永不老，六笑乐逍遥，节到你在笑！祝你元旦开心笑！

愿我的祝福像高高低低的风铃，给你带去叮叮当当的快乐！

过年了，我没有送你漂亮的冬衣，没有浪漫的诗句，没有贵重的礼物，没有馨香的鲜花。只有轻轻的一声祝福：祝你新年快乐，万事如意！

我想要昙花永不凋谢常开在人间；我想要冬天阳光明媚融化冰雪；我想要流星永不消失点缀夜灿烂；我更想要你在新的一年开心天天！

新春吉语祝词

爆竹声声辞旧岁，春风送暖暖人心。祝大家新年新气象，快乐又安康！

愿祝福涌向你，愿快乐包围你，愿平安追随你，愿你新的一年中更加幸福、快乐，事业更上一层楼。

让温馨的祝愿、幸福的思念和友好的祝福，在新春佳节之际来到你身边，伴你左右。

树上的雪花，悄然无声地飘落，远处悠扬的钟声，开启着你我的心扉，让幸福洒满人间。

相识系于缘，相知系于诚，祝我亲爱的朋友新年快乐，吉祥如意！

新年我祝福你：家人关心你；爱情滋润你；财神系着你；朋友忠于你；我这儿祝福你；幸运之星永远照着你！

新春好，好事全来了！朋友微微笑，喜气围你绕！欢庆节日里，生活美满又如意！喜气！喜气！一生平安如意！

元宵节吉语祝词

通宵灯火人如织，一派歌声喜欲狂。正是今年风景美，万紫千红报春光。

你是馅我是面不如做个大元宵，你是灯我是纸不如做个大灯笼，你情我愿庆佳节，欢欢喜喜闹花灯！

一缕情思，一颗红豆，一勺蜜糖，元宵时分我会让玉兔送去我特制的元宵！在这个充满喜悦的日子里，在长久的离别后，愿元宵节的灯火带给你一份宁静和喜悦，还有我深深的思念！

玉漏铜壶且莫催，铁关金锁彻夜开。谁家见月能闲坐，何处闻灯不看来。

十五的月亮，带着盈盈相思，带着温馨祈愿，祝福你年年快乐，岁岁平安。

这一刻，有我最深刻的思念。让云捎去满心的祝福，点缀你甜蜜的梦；愿月光洒满你的窗前，照亮你黑夜前行的路，愿你拥有一个幸福快乐的元宵节！

“母亲节”吉语祝词

有人说，世界上没有永恒的爱，我说不对！母亲的爱是永恒的，那是一颗不落的星，那是一抹永不消失的温暖阳光。

摘几片云朵、剪几缕霞光，用想念做针、用思恋做线，织一套绚丽夺目的霓裳，装扮出我心中最美丽的妈妈：祝您节日快乐！

亲爱的妈妈，您是一棵大树，春天倚着您幻想，夏天倚着你繁茂，秋天倚着您成熟，冬天倚着您沉思。在这特别的日子里，祝您节日快乐，幸福安康！

母爱犹如天上月，照在我心间。长夜空虚枕冷夜半泣，路遥远碧海深示我心，只要爱心柔善像碧月，常在心里问何日回报。妈妈，我永远爱你！

看着母亲一丝丝白发，一条条逐日渐深的皱纹，多年含辛茹苦哺育我成人的母亲，在这属于您的节日里，请接受我对您最深切的祝福：祝您身体健康，永远快乐幸福！

亲爱的妈妈：您曾用您坚实的臂弯为我撑起一片蓝天；而今，我也要用我日益丰满的羽翼为您遮挡风雨。妈妈，我永远爱您！祝您节日快乐！

“父亲节”吉语祝词

您的坚忍不拔和铮铮硬骨是我永远的榜样，我从您那儿汲取到奋发的力量，走过挫折，迈向成功，爸爸，您是我的榜样，我爱您！

献给您无限感激和温馨的祝愿，还有那许多回忆和深情的思念。因为您慈祥无比，难以言表，祝您“父亲节”快乐！

父亲给了我一片蓝天，让我自由翱翔；给了我一方沃土，让我茁壮成长。父亲是我生命里永远的太阳，祝父亲节日快乐！

虽然您不轻易表露，但我知道您一直都在关心着我。谢谢您，爸爸！祝您节日快乐！

您的眼中虽然有严厉，但更多的是温暖、是爱抚。谢谢您，爸爸。

您是雄鹰，我是小鸟；您是大树，我是小草；今天是您的节日，祝您节日愉快，永远健康！

爸爸的教诲像一盏灯，为我照亮前程；爸爸的关怀像一把伞，为我遮风挡雨。“父亲节”前夕，我愿献上最真诚的祝福。

端午节吉语祝词

送你一个香甜的粽子，以芬芳的祝福为叶，以宽厚的包容为米，以温柔的叮咛做馅，再用友情的丝线缠绕。愿你品尝出人生的美好和世间的真情。端午节快乐！

我们不能改变天气，但是我们可以露出笑脸。祝你今天心情愉快。端午节快乐！

给您带来又香又糯的各种口味的粽子，祝您端午节快乐！

粽子香，香厨房；艾叶香，香满堂；桃枝插在大门上，出门一望麦

儿黄；这儿端阳，那儿端阳，处处端阳处处祥，祝您端午节快乐！

端午到了，我送你一个爱心粽子，第一层，体贴！第二层，关怀！第三层，浪漫，第四层，温馨！中间夹层，甜蜜！祝你天天都有一个好心情！

今天是端午节，送你一个粽子，含量成分：100％纯关心。配料：甜蜜＋快乐＋开心＋宽容＋忠诚＋友情＝幸福。保质期：一辈子。保存方法：珍惜！

七夕节吉语祝词

盈盈一水间，脉脉不得语。

未会牵牛意若何，须邀织女弄金梭。

年年乞与人间巧，不道人间巧已多。

今日云骈渡鹊桥，应非脉脉与迢迢。

家人竟喜开妆镜，月下穿针拜九霄。

金风玉露一相逢，便胜却人间无数。

柔情似水，佳期如梦，忍顾鹊桥归路！

两情若是久长时，又岂在朝朝暮暮！

但愿人长久，千里共婵娟。

银河之上，一世的等待，几世的缘分，都化作了滴滴晶莹的泪珠，洒下凡间，留给世人无限的祝福！

茫茫星河，我无法找到你的踪迹；漫漫长夜，你能否感觉到我的思念？

天上牛郎织女来相会，地下多情人儿共祈爱情永恒不渝。

教师节吉语祝词

春蚕到死丝方尽，蜡炬成灰泪始干。敬爱的老师，您就像蜡烛一样，燃烧自己，照亮我们前进的路，在这属于您的神圣的日子里，我要对您说一声："老师，您辛苦了！"

悦耳的铃声，馨香的鲜花，都受时间的限制；只有我的祝福永恒，永远永远祝福您，我最敬爱的老师！

您似春雨，滋润着我们的心灵；您似阳光，温暖我们的人生；在这个不寻常的日子里，请接受我深深的祝福！

在这个特别的日子里，我想对老师您说声：节日快乐！愿您在今后的日子里健康、幸福！

辛勤的汗水是您无私的奉献，桃李满天下是您最高的荣誉，无私奉献是对您最好的诠释。祝您：节日快乐！幸福永远！

我愿将我的祝愿和感激，浓缩成我对您的祝愿，愿您的每一年、每一天都充满着幸福和喜悦！

感谢您无微不至的关怀，感谢您毫无保留的教诲，感谢您为我所做的一切。请接受学生美好的祝愿，祝您教师节快乐！

中秋节吉语祝词

月到中秋分外明，每逢佳节倍思亲！

片片绿叶饱含着对根的情意，他乡的我载满对家乡的思绪，每逢佳节倍思亲，想你想家想亲人。送去美好的祝福，愿全家幸福，生活更甜蜜！

你问我爱你有多深，今晚的月亮代表我的心。

祝你合家团圆，万事如意！

千好万好事事好，月圆情圆人团圆，祝：中秋节快乐，万事如意，心想事成！

举头望皓月，凝思意中人。若得尔陪伴，一生终无憾！

在此中秋佳节来临之际，愿你心情如秋高气爽！笑脸如鲜花常开！愿望个个实现！中秋快乐！

国庆节吉语祝词

走遍祖国最想母亲，走遍世界最想祖国。

举国上下共庆贺，祝愿祖国更强大，也祝愿所有的朋友国庆快乐。

在国庆佳节来临之际，祝您节日快乐，心想事成，事业蒸蒸日上！祝愿我们伟大的祖国母亲更加繁荣昌盛！

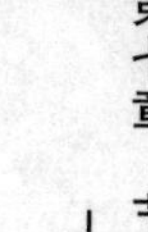

庆国庆，大家齐欢乐，五十六个民族共欢祝我们的祖国欣欣向荣！

放眼中华，百业千帆竞发；举目九州，“四化”万马奔腾。祝愿祖国，更加繁荣富强！

神州大地繁花似锦，祖国长空乐曲如潮。

在这馥郁芬芳的季节，举国欢腾的日子。衷心祝你，国庆快乐。

重阳节吉语祝词

步步登高开视野，年年有庆喜重阳。祝愿所有的老年人身体健康，晚年幸福！

带着盈盈相思，带着温馨祈愿，祝您重阳节快乐。

愿此重阳节，您心情愉悦，身体健康，家庭和美，万事如意。

开门见菊花；虽然我们没有菊花赏，但我有一瓶菊花酒，请你和我一起享！祝重阳节快乐！

金秋是收获的季节，金秋是诱人的时刻。愿你收获永远如金秋的硕果，愿你欢笑永远如盛开的鲜花。

第八章

职场酒

——群英相会酒助威

职场宴会是一个比较正式的场合，因此职场祝酒词也就应该严谨得体，而不能像家常祝酒词那样随意、轻松。职场祝酒词要求措辞得体，既要庄重以表现自己的诚意，又要不失活泼以表示自己的热情。因为职场宴会的正式性，所以在发表祝酒词的时候必须遵循一定的标准和规范，不能随意发挥。在职场中如果能有效地运用祝酒词，一定有助于自己在同事、上下级关系中如鱼得水、游刃有余，助力于自己的职场生涯。

◇ 酒之道，礼先行

借酒成功

职场祝酒词具有十分重要的作用，就职者可以通过这样的一个机会好好地表现自己。既然是就职，首先就是要表现出自己的领导才能和风度。不能一上来就让人觉得小家子气而产生反感。这种场合的祝酒词一定要注意以下几点：

服从上级的安排。首先我们的职位是上级领导安排的，我们要积极地配合领导的工作，这样既可以讨领导的欢心，也能给自己更多发挥发展的机会；再者要有中庸的态度，不要让自己太嚣张跋扈，也不要让自己过于谦卑，另外在为人处世的时候也同样要遵守一定的规矩，不可逾矩。

重视沟通的重要性。职场之中，我们要多与员工、同事进行沟通和交流，方便及时发现问题、解决问题。这样让我们少走一些弯路，少遭一些抱怨，让工作更加有效率，让员工更加满意，也让自己开展工作更加顺利。

要以创新求发展。这要求不仅要有创新意识，还要合理、客观，不要让自己的盲目创新给大家造成损失，否则就比较麻烦了，刚刚上任就出现了这么多的问题总是不好的。但是创新仍然是要有的，只要自己想清楚了，果断地进行就可以了。

团结员工。如果你想在职场做得长久、做得稳，就要团结一切可以团结的力量。在这过程中要一视同仁，这样你的支持者就会增多，通过有效沟通打动那些反对你的人，这样一来你的工作开展起来就会更加容易。

最后一点就是要谦虚，保持向别人学习的态度。你可能是某一方面非常厉害的专家，但是你不可能面面俱到，这就要求我们要虚心向别人学习，即便他是我们的下属也要虚心学习才好。这样不但不会让自己丢面子，反而让员工肃然起敬。

上述的情况都是职场祝酒词中应当遵循的一些方法，应用这样的方法更能让自己成功。

词说职场

在就职宴会上，我们可以巧妙地运用祝酒词，以此达到活跃气氛、表现自己等目的。

首先可以利用当地的历史背景，以及曾在这里工作过的历史名人作为自己的祝酒词内容之一。比如，××文化古城，就可以说这里是×××（古今名人）的故乡，这里人杰地灵，我们的企业在这里吸收了很多××方面的人才，一定能够取得更加出色的成绩，这样一来，不仅让祝酒词更具有一定的文化底蕴，而且更加吸引大家的兴趣。

其次可以借助就职的时机来讲祝酒词。比如在龙年就职，就可以这样说，今年是龙年，我们要有龙马精神，让我们龙腾虎跃，让我们生意兴隆（龙）。虎年可以这样说，今年是虎年，我们要虎虎生威，虎啸山河。马年，可以说你们推我上马，我一定一马当先，快马加鞭，马不停蹄，大家一起努力，一定可以马到成功，立下汗马功劳。

还可以利用职工当时的精神面貌来讲祝酒词。当时职工都神采奕奕，就可以说今天大家都非常的高兴，这种喜气洋洋的气氛一定可以让我们在今后的工作中更加的喜悦，希望大家保持住这样的精神，更好地发挥我们的才华；如果当时职工不是很积极，可以这样讲，我看大家神情都很凝重，相信大家都在思考今后我们应该如何来面对工作，大家的用心良苦我也很是理解，希望大家能够为公司献计献策，多多地关心我们的工作。

另外一点就是利用当时发生的一些自然环境或突发事件来讲祝酒词。比如当时晴空万里，就可以说：愿我们的企业像今天的天气一样，灿烂辉煌！

愿大家利用好祝酒词，让自己的职场之路更加的豁达通畅。

◇ 举杯词相随

就职祝酒词

范文一：省长就职祝酒词

【场合】宴会

【人物】××省领导、有关部门领导、人民代表

【致辞人】当选的省长

尊敬的主任、各位副主任、秘书长、各位委员、代表们：

大家好！

带着党和××省××万人民的重托，今天我将担任××省的省长一职。在这里，我首先要感谢党的信任，感谢数万群众的支持，我一定不负重托，尽职尽责，身先士卒，和大家一起将我们美丽的××省建设得更加美好。

×年前，我从××来到××省，亲历和见证了××省日新月异的变化。这×年中我感受到了这片土地的雄浑辽阔、生机勃勃，也感受到了当地群众的朴实勤劳、自强不息。我的一切早已同××省紧密相连、休戚与共。××省在历任省委、省政府的领导下，已经建设成为全国排名第×大省，当前，我省正处于发展的关键阶段。在接下来的工作中，我们要继续贯彻落实科学发展观，解放思想，坚持改革开放。推动科学发展，促进社会的和谐稳定，实现全面小康是我们工作的重点。

此时的我深感责任重大，但我相信，勤能补拙。在党和政府的支持下，我们众志成城，团结合作，加上有现在良好的发展态势和坚实的工

作基础，我相信以后的工作一定能够顺利展开。

我知道今后的工作中一定会遇到很多难题，我知道我个人的学识和能力都是有限的，但是我会做好自己的本职工作，本着“先天下之忧而忧，后天下之乐而乐”的原则，全心全意为人民服务，为××省美好的明天鞠躬尽瘁，为××万人民群众的幸福生活竭尽所能。也请广大群众监督，在今后的工作中为我们政府提出更多的宝贵建议和意见。

我提议，让我们共同举杯，为××省美好的明天，为××省人民的幸福生活，干杯！

范文二：市长就职祝酒词

【场合】宴会

【人物】××省领导、有关部门领导、代表

【致辞人】当选的市长

尊敬的各位领导、各位委员，代表们、同志们：

大家好！

首先我要感谢党和人民的信任和支持，选举我担任××市新一任市长。我在倍感光荣的同时，更深深地感到一份沉甸甸的责任，因为我身上担负着××市××万人民殷切的期望，在今后的工作中，我一定会鞠躬尽瘁，为××市美好的明天奋斗！

××市是××省人口第×的地级市，是一块富饶、美丽而又神奇的土地。近几年，虽然我市经济、社会发展取得了长足进步，但是，在×××平方公里的土地上，还有部分群众生活在温饱水平，还有大批待业青年和下岗职工没有找到谋生之路。作为这里的市长，我深感自己责任的重大。但是在来到××市的××个月的时间里，我已经把××市当成了我的第二故乡，把全市的人民当成了我的亲人。我相信有亲人的支持和帮助，将来的工作一定能够顺利开展。

在这里我也向全市人民保证，我会倾注自己全部的热情与心血，一心一意为民谋幸福，一丝不苟谋实事，一清二白做官、造福于民，始终

把××万父老乡亲的切身利益放在首位、刻在心上，尽自己最大的努力做实事、办好事，认认真真做好每一项工作，让党中央和市委放心，让全市各族人民群众满意！

为政不在言多，做人当守承诺，今天是我人生中一个新的起点。我会以我实际的行动给××万父老乡亲交一份满意的答卷。

我坚信，××市的明天一定会更加美好、更加灿烂！让我们为××辉煌的明天，干杯！

范文三：县长就职祝酒词

【场合】就职宴会

【人物】××省市领导、××有关部门领导、代表

【致辞人】当选的县长

尊敬的各位领导、各位委员、代表们、同志们：

大家好！

今天，我荣幸当选为××县人民政府县长，首先我对各位领导的厚爱、各位代表和全县××万人民的信任，表示最衷心的感谢！

俗话说，新官上任三把火，我不是“新官”，也不会只烧头三把火，既然各位领导、各位代表、全县××万人民将发展××县这一重托交给了我，我就不会辜负领导的厚爱、民众的重托。我把今天作为人生的新起点，以新的面貌、新的姿态，用××县政治的稳定、经济的发展、文化的进步来回报大家，也请大家监督我，有什么意见尽管提，有什么难题尽管说，只要合情合理，我定会接受，定会给大家一个满意的答案。

对于我来说，“县长”不是“权力”的代表，而是“责任”的代名词，“县长”不是“荣誉”的代表，而是“义务”的化身。请各位领导放心，请父老乡亲们放心，我会堂堂正正做人，明明白白做官，扎扎实实做事，违背民意的事，我绝不去做！贪污腐败的事，我绝不去做！我一定坚持县委的正确领导，团结奋斗，拼搏进取，为建设文明富裕的小康××而努力奋斗，推动××县全面发展，努力把它建设成全国模范县！

最后，祝各位领导、各位代表工作顺利、生活幸福、身体健康！干杯！

范文四：县中学校长就职祝酒词

【场合】中学校长就职欢迎会

【人物】教职员工

【致辞人】新任校长

尊敬的各位领导、各位来宾，亲爱的全体教职员工：

大家晚上好！

在今天上午的竞选会上，我很荣幸得到了各位的信任、支持和肯定，成功地当选了我们××省××市××中学的校长一职。如今承蒙各位的亲切关怀，在这里为我举办隆重的欢迎仪式，在下不胜感激。在这里，我对各位领导的用心栽培，以及各位同事的关心和支持，表示最衷心的感谢！

我真诚地希望，在今后的日子里，我们能够齐心协力、精诚团结，努力搞好我校的建设，不断增强我们师资队伍的素质，持续提高我们的教育水平。在这里，请允许我，向大家汇报一下本人的基本情况和基本经历，并谈谈我未来的工作目标和工作计划。

我毕业于××师范大学××届××系。毕业后，我即投入了教育工作的第一线，在××县的××中学，主要担任××课程的老师，这些年来，我先后担任过班主任、教导副主任以及教导主任，并于××××年荣幸地担任了副校长一职。经过多年的教学和管理第一线的工作，我积累了丰富的教学实践和管理经验，受到了广大师生的好评，并得到了领导的关注与栽培。××××年，在我县教育系统的调整中，我被调到了县教育局工作，参与教育资源的分配以及教学结构的规划和调整。在这个过程中，我对教育有了更深刻的认识，对于教育的改革，有了全局性以及战略性的眼光。

从一名教师逐渐成长为一名教育管理和决策人员，我时刻保持着对教育事业的诚挚热爱。然而随着角色的转变，教育对我来说不再仅仅是教书育人，还包含了对于教育体制的改革和创新，这个过程中，我也逐渐树立了自己高度的责任感。如今有幸回到××学校担任校长一职，我满怀着激动和热忱，希望将自己的教育理念投入到教学实践中，从教育的组织和制度出发，不断进行改革和创新，使我校的教育事业再上一个新台阶。

接下来的工作，我主要将从以下几个发面开始着手：第一是改善办学条件，优化教师工作和学生学习环境；第二是改革福利体制，关心教师生活；第三是唯才是举，全面调动教师工作的积极性；第四是加强管理，提高教学质量和教学水平；第五是鼓励创新，不断推出新的教育模式和改革方向，努力开创出教育事业的新局面。

希望以上几点，能够得到各位的支持和肯定。身为校长，我必将竭尽全力、忠于职守、克己奉公。面对教学改革中所面临的困难和阻挠，我将像朱铭基总理曾经说过的那样："我将勇往直前，义无反顾，鞠躬尽瘁，死而后已！"希望大家和我共同努力，为我们的教育事业奉献出全部的精力和热忱！

最后，我提议，为××学校能培育出更多优秀的学子，为××美好的明天，干杯！

范文五：大学生就职村官祝酒词

【场合】村官就职宴会

【人物】领导、同事

【致辞人】大学生村官

尊敬的各位领导、各位来宾，亲爱的同志们、朋友们：

大家下午好！

我叫××，毕业于××大学，今天能够作为村官代表在此发言，我感到十分的荣幸。借此机会，让我谨代表即将上任的××名村官，向各级领导对我们的关心和信任，表示最衷心的感谢。

在大学生就业困难的形势下，国家积极鼓励大学生走向农村，这样不仅能够支持广大农村的发展和建设，也为广大大学毕业生提供了一个很好的平台。我们响应国家的号召，离开大都市，回到家乡，以我们的所学，支持家乡的坚持，回报家乡抚养的恩情。

如今，“三农”问题是我国面临的最紧迫而重大的问题，搞好新农村建设，也是解决国计民生的重大课题。作为新时代的青年，我们拥有献身于祖国现代化建设的坚定志向，于是，加入到新农村的建设中，便成了我们得以一展拳脚的最好选择。

我们也清楚，建设新农村光靠热情是不够的，以后的工作中将会面临各种考验，为此我们深感责任重大，又有点儿措手不及。但是我们相信，凭着我们的一腔热血，凭着我们不怕吃苦的精神，凭着领导的关心和广大村民的支持，我们一定能够披荆斩棘，迎难而上。

从今往后，农村就是我们的家，就是我们最坚定的工作阵地，而广大的农民朋友，就是我们的服务群体，同时也是我们最好的老师。我们一定会牢记全心全意为人民服务的宗旨，及时调整心态、摆正位置，以饱满的精神和昂扬的斗志，带着满腔的热忱投入到新农村的建设工作中去。在这个过程中，我们还将虚心学习，深入调查和实践，发挥自身的优势和特长，结合农村的实际，勇于进取、开拓创新，努力为新农村建设添砖加瓦，用实际行动谱写大学生“村官”的绚丽篇章！

最后，祝愿每一位村官都能在广阔的农村天地中干出一番事业，也祝愿我们的新农村越变越好，人民生活水平有所提高，干杯！

调动祝酒词

范文：调整干部市委书记祝酒词

【场合】提拔、调整干部谈心会

【人物】领导、干部

【致辞人】市委书记

尊敬的各位领导、各位来宾，亲爱的同志们、朋友们：

大家晚上好！

今晚，为了就我市此次的干部提拔与调整工作与大家进行交流、恳谈，我们特此举行这次聚会。在今天上午的会议上，市委、市政府这次新选拔、调整的干部名单已经公布。之后×××同志还做了题为“××××××”的重要讲话，希望大家能够认真学习，将大会的精神落实到具体的工作中去，好好配合市委市政府的工作，以保证干部提拔与调动工作顺利展开。在此，我首先代表市委市政府，向在座的各位领导、来宾表示热烈的欢迎和衷心的问候！

本次提拔调整干部工作涉及面较广，涉及人员较多，包括级别提升、调整交流以及部分干部的退二线以及离退休。此次干部的提拔和调整，旨在进一步加强领导班子和干部队伍建设，从而为我市各项事业实现跨跃式发展奠定基础。这不仅是对事业负责、对全市人民负责，同时也是对广大干部的关心和爱护。对此市委市政府做了大量而充分的准备工作，进行了慎重而仔细的考量，可以说，此次干部提拔与调整的程序是严密的，推荐是民主的，考察是客观的，决策是公正的，整个干部提拔与调整过程符合《干部任用条例》的要求，其结果得到了绝大多数群众肯定与拥护，可以说真正做到了公平、公正、公开，真正实现了人尽其才、才尽其用的目的。

由于此次调整与调动的规模较大，我们还有许多后续的工作要完成，同时对于接受调动的领导干部们，也有较大的要求。在此，我谨代表市委市政府提出三点希望：第一是要调整心态，找准位置，尽快适应新的工作岗位；第二是要求真务实，拼搏进取，书写自己崭新的工作业绩；第三是要强化自身建设，努力维护安定团结的良好局面。希望广大领导干部能够认真遵循以上几点，尽快适应新的工作岗位，充分发挥自身的领导才能，创造出更好的成绩。

同志们，你们都是我市领导队伍中的优秀代表，是我市现代化建设的中坚力量，希望我们能够同心同德，团结一致，早日实现我市跨越式发展的宏伟蓝图！谢谢大家！

范文一：升任酒店总经理祝酒词

【场合】欢送会

【人物】××酒店总经理及其他领导、员工

【致辞人】××酒店总经理

尊敬的各位领导，同事们、朋友们：

大家好！

首先我要感谢总公司领导的信任，任命我为分公司的总经理。欣喜之余，我也感受到了一份沉甸甸的责任。在这里当着各位领导和同事的面，我向大家保证，我一定不会辜负你们的期望与信任，用实际行动、骄人的业绩回报你们！

我于××××年×月进入公司，到现在已经快×年了。在这近×年的岁月里，我与大家同舟共济，为了公司的利益共同奋斗，我们以市场为导向，以持续发展为目标，以优质服务为核心，每年都能完成甚至超额完成上级分配的任务。使分公司呈现出一片欣欣向荣的景象，得到了总公司的好评和赞赏。虽然我升任为分公司的总经理，但是我忘不了昔日同事之间的真挚感情。在我工作遇到困难时，有你们的鼓励和支持，有你们的热心帮助，你们就是我强大的后盾，是我永远的好伙伴。

从今天开始，我正式担任分公司总经理职务，我将以踏踏实实的工作作风、勤勤恳恳的工作态度，尽职尽责地干好每一项工作，也请大家监督我的工作，多提一些宝贵的建议和意见，希望大家能够一如既往地支持我的工作，为了公司和大家的利益而奋斗。

最后，让我们共同举杯，为××公司辉煌的明天，干杯！

范文二：升任汽车服务经理祝酒词

【场合】升任汽车服务经理庆功宴

【人物】领导、同事

【致辞人】新任经理

尊敬的各位领导、亲爱的同事们：

大家晚上好！

非常荣幸能够邀请到各位领导和同事，参加今天的宴会。在这次的竞聘中，在各位领导、同事的信任和支持下，我顺利地当选我们公司的汽车服务经理，在此，我要对各位领导和同事表示真挚的谢意。

我们××公司是一个充满潜力、人才济济的团结而又温暖的大家庭。××××年，我很幸运地成为了这个大家庭中的一员，从此和大家一起奋斗、一起进步。这里有最合理的人才管理和培训制度，使我们每个人的才干都得到了充分的施展，使我们的潜力都受到了充分的激发，使我们每个人都很好地找到了自己的定位，找到了自己事业的着力点，使我们都充满斗志，充满激情，充满着对工作的热爱。

如今，公司又为我们提供了岗位竞聘的机会，使我们能够凭着自己的能力和兴趣去选择更适合自己的岗位。幸运的我能够竞聘成功，这不仅是对我工作的一种认可，更是对我今后工作的一种鼓励和考验。今后，我将更加严格要求自己，与各位同事一起完成好以下几个工作目标：

切实履行××公司内部的一切规章制度；

开拓创新，打破传统思维的桎梏，最大限度地提高客户满意度及忠诚度；

提高售后服务的质量，关注售后服务业务的成长、利润和员工满意度的提高；

保证为每一个顾客提供高质量的售后和维修服务；保持一个清洁的、专业的工作环境；

了解顾客所关注的事情及他们的需求、期望，以制订和执行有效的行动计划；

在售后服务部内部及与其他部门之间创造一个良好的团队合作氛围，保证员工有一个健康的工作环境。希望大家能够一如既往地信任我、支持我，请相信，我们一定能够共同创造一个美好的未来。

让我们共同举杯，为在座各位的身体健康、工作顺利、家庭幸福，为我们共同拥有一个更加美好的明天，干杯！

◇ 漫话祝酒词

升迁吉语

芝麻开花节节高，祝您步步高升。

祝你的事业欣欣向荣！

海阔凭鱼跃，天高任鸟飞！

寒天梅花一枝秀，祝您高升心依旧，事业成功身体好，来日更把凯歌奏！

你用骄人的成绩，证明了自己的实力，你用超人的业绩，证明了自己的能力，祝贺你又一次取得了成功，愿你再创佳绩！

祝百尺竿头，更进一步！

愿你在平凡的岗位上，创出不平凡的业绩，实现你远大的理想。

你用勤奋和努力换来了荣誉，你用汗水和心血获得了成功，恭喜恭喜！

壮志与毅力是事业的双翼。愿你张开这双翼，展翅高飞，飞越一个又一个山巅。

你用智慧，开创了美的世界；你以胆识，把握住市场的变化；你以勤劳，赢得了所有人的认可。成功属于你，荣誉属于你！

职场励志

职场工作无小事，积小流成江河，水滴则石穿，只有认真对待自己所做的一切事情，才能克服万难，取得成功。

注重细节，从小事做起，看不到细节，或者不把细节当回事的人，对工作缺乏认真的态度，对事情只能是敷衍了事。而注重细节的人，不仅认真地对待工作，将小事做细，并且能在做细的过程中找到机会，从而使自己走上成功之路。

吃别人所不能吃的苦，忍别人不能忍的气，做别人所不能做的事，就能享受别人所不能享受的一切。

无论遇到怎么样的困难，都要坚定地相信自己。不逃避，不退缩，勇敢地、积极地去面对。

高调做事，低调做人，功劳，让一半给别人；能力，教一点儿给别人。试着将自己的姿态降低一些，因为没有谁会是永远的赢家。

扎实的基础是成功的法宝；如果一味地追求过高远的目标，丧失了眼前可以成功的机会，就会成为高远目标的牺牲品。多向成功之人学习，脚踏实地，做好基础工作，一步一个脚印地走上成功之途。

第九章

贺佳节

——海上生明月，天涯共此时

“人逢喜事精神爽，时值佳节面貌新”。佳节来临之际，为了表达喜悦之情，人们往往举办各种各样的庆祝活动，这时候除了吃喝玩乐，彼此之间表达祝福的祝词也是必不可少的。根据不同节日的性质和主旨，要恰当地运用语言的风格和情调。只有准确地把握节日的气氛，才能增强贺词的吸引力和感染力。

◇ 贺词有讲究

佳节贺词的主题特点

根据节日的不同性质，主题也会有所不同。如劳动节、端午节，具有纪念意义，主题应突出纪念性；教师节是庆祝性节日，主题应向对象表示庆祝；植树节、残疾日等，具有倡导性，主题应围绕倡导××而展开；元宵节、春节、清明节这些传统的风俗节日，主题应与民俗有关。只有根据节日的独特性质确立主题，节日贺词才能更加贴切，也更加突出节日的思想文化意义。

佳节贺词的内容特点

无论在什么节日里致贺词，都要重视和此内容的现实感联系。贺词只有与听众的现实生活紧密结合起来，才能产生强烈的社会效应。例如，在教师节致贺词，就应当着重讲述老师们现实工作的感人事迹，从而颂扬教师无私奉献的真挚情怀和崇高精神。

佳节贺词的语言特点

由于节日贺词总是在特定的环境中使用，并具有特定的意义和主题要求。因而，在同一场合中致节日贺词，容易出现千篇一律的弊病。此时个性化的语言就显得尤为重要，即使主题相同、意义相同，但是诙谐幽默、个性化的语言能够让听众有耳目一新的感觉，能给人留下深刻的印象。

◇ 经典贺词共赏

元旦贺词

贺词特点：元旦贺词就是新年贺词，是在迎新年的聚会上，表达新年美好祝愿的致辞。贺词的内容主要有两个方面：一是展示过去一年所取得的成绩，给大家以肯定、鼓励；二是表达对美好未来的憧憬，给大家以希望、以祝福。新年贺词常常以郑重的形式对大家寄予美好而真诚的祝福，凸显致辞者的希望和理想。

范文一：总经理在企业庆祝元旦活动中的贺词

【场合】庆元旦宴会

【人物】企业领导、公司员工、员工家属

【致辞人】总经理

各位员工、各位家属朋友：

大家好！

今天是新年的第一天，我代表公司向全体员工及家属致以节日的问候和美好的祝福！

在过去的一年中，由于公司扩建，业务较多，广大员工为了公司的发展，不辞辛苦地加班加点，用自己勤劳的双手和智慧的头脑，战斗在工作岗位上。他们以公司的发展为己任，把公司的利益放在第一位，不仅取得了出色的业绩，保证了公司的发展，还以诚信为本，赢得了广大客户的信任。在这里，我要向广大员工表示心中的感谢，你们辛苦了！当然，需要感谢的还有在你们背后默默支持你们工作的家属，若没有你们的支持，我们的工作不会开展得如此顺利。

展望未来，我们信心十足，过去一年，我们挺过了难以想象的艰苦，在新的一年，还有什么困难能击败我们呢？咱们公司正处于发展壮大的大好时期，新的一年，将是公司快速发展的重要一年，我们已经确

定了打入京沪市场的战略目标，并将深化内部改革，不断提高公司产品的竞争力，争取使我们的产品在同类产品中处于领先水平。

要实现这一宏伟目标，依然离不开大家的理解和支持，我相信，有了你们所有员工真诚的关心和奉献，公司的事业一定可以再创辉煌！

最后，我祝愿大家身体健康，合家幸福，吉祥如意！谢谢大家！

范文二：校长在庆祝元旦活动中的贺词

【场合】学校元旦晚会

【人物】校领导、老师、同学

【致辞人】学校校长

老师们、同学们、朋友们：

大家好！

新年的钟声已经敲响，在这辞旧迎新的时刻，我们全校师生团聚在这会议大礼堂内一起欢庆元旦，我和大家一样，内心充满了兴奋、充满了激动。这兴奋，包含了我校事业建设取得的成就；这激动，包含了我校今年的改革和进步。

所以，在这个欢乐喜庆的时刻，我要向大家表示我的一些感谢：

首先，我要代表学校，向这一年辛勤耕耘在教学战线上的老师们致以崇高的敬意和新年的祝福！正是由于你们这些爱岗敬业、关心学生的老师，秉着对学生负责的态度，教书育人，才使得学校上万名求知若渴的学子能不断提升自己的专业水平，不断领悟人生的新境界。

然后，我也要向这一年来坚守岗位、勤勉工作的广大干部职工表示诚挚的问候！你们扎实的工作，为学校美化了环境，保卫了学校的安全，为广大学子营造了一个安静和谐的学习氛围。

当然，我更要以最饱满的热情，向全校广大学生表示最真挚的感谢，并致以新年的祝福！你们怀着“报效祖国”的梦想，你们肩负着“为人民服务”的责任，而你们在这一年拼搏奋进中所取得的成就，使我坚信，你们是有能力去担当国家赋予你们的使命的。你们这一代，代表着国家的未来，你们将成为中国崛起和富强的中流砥柱！

最后，我还要感谢这一年来，支持和关爱学校的社会各界友人，你们慷慨无私的帮助，极大地推动了学校建设的发展，在这里，我要向你们致以新年的祝贺，并对你们说一声："谢谢！"

老师们、同学们、朋友们，新的一年已经到来，让我们把真诚的祝福送给我们深爱的祖国，献给我们热爱的学校。让我们共同祝愿祖国更加繁荣富强，也祝愿学校在以后的发展道路上取得更大的辉煌！

春节贺词

贺词特点：春节贺词的一个显著的特点就是时间性强，往往具有明显的时间划分。一边是总结过去一年的成绩或者经验教训，以辞旧；另一边是憧憬美好的未来，以迎新。春节贺词一般在最后表达鼓励、希望和祝福。

范文一：总经理在迎新春庆祝活动中的贺词

【场合】公司迎新春庆祝宴会

【人物】公司领导、员工

【致辞人】总经理

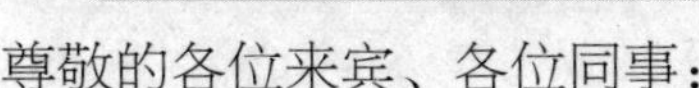

尊敬的各位来宾、各位同事：

大家好！

"爆竹声声辞旧岁，欢天喜地迎新年。"在新春佳节到来之时，我代表公司向过去的一年中辛勤奋斗在自己岗位上的全体员工及家属、长期以来支持我们公司的新老客户及家属、还有多年来一直关注和帮助我公司发展的社会各界友人致以新春的问候和衷心的祝福！祝你们新春快乐！

在过去的一年，公司的员工秉着与时俱进、开拓创新的精神，团结奋斗、艰苦拼搏，取得了令人瞩目的业绩。我们公司正在发展壮大，实力在一步步增强。最重要的是，我们不仅争取了老客户的继续支持，更赢得了许多新客户的信任，不论新老客户，你们都将是我们公司持续发展的动力源泉和保证。

回顾起过去一年公司取得的巨大成就，此时此刻，我的心情十分激动，我要感谢所有人，感谢一直都支持我们的社会各界友人，也感谢一直都给予公司信任的众位客户，当然，我最应该感谢的，是一直以来默默坚守着自己的工作岗位、努力拼搏又无怨无悔的公司全体员工，是你们的心血和付出，才让公司有了今天的规模和成就，你们辛苦了！

新春的钟声已经敲响，在新的一年，我们将进一步推进企业制度改革，以市场为导向，以客户的需求为指南，将提高公司业绩和扩大公司规模作为目标，依靠全体公司员工，以科学发展观为企业准则，大力提高公司产品和服务的科技水平，从而促进公司持续稳定的发展。我相信，公司未来的发展会更美好，将会创造更好的业绩！

最后，我要再次祝福大家新春快乐、生活幸福、万事吉祥！

范文二：市长在迎新春庆祝活动中的贺词

【场合】××市政府迎新春座谈会

【人物】政府人员

【致辞人】××市市长

同志们、朋友们：

大家好！

“金虎昂首高歌去，玉兔迎春送福来。”新年的钟声就要敲响了，值此万家团聚、喜迎新春之际，我代表××市市委、市政府，向全市人民、向辛勤工作在各条战线上的广大干部群众、向关心和支持本市发展的社会各界友人、向节日期间坚守工作岗位的同志们，致以新春的问候和节日的祝福！

××××年是“十一五”最后一年，也是极不平凡的一年。

在过去的一年，面对国内极为复杂的经济环境和本市严峻的就业形势，在市委、市政府的坚强领导下，在全市人民的共同努力下，本市经济依然保持了平稳较快的发展，失业率降到了历史新低，各项经济指标保持了全省前列。

在过去的一年，我们深入统筹城乡协调发展，不仅拓展城市规模，极大提高了本市的城市化水平；同时，我们还完成了上百个新农村建设点，起动了卫生清洁工程，经过一年多的努力，本市农村的面貌可以说是焕然一新。

在过去的一年，我们致力于改善民生问题。从医疗服务、社会保险和住房保障三个方面入手，这一年的艰苦努力，各项民生事业都取得了可喜的进展，人民群众的医疗服务和社会保险得到了基本保障，住房问题也得到了极大缓解，生活质量得到显著提高。

这一年的历程虽然充满了艰辛和汗水，但所取得的成绩是令人振奋的，而这份成绩，是属于全市人民的！

××××年使实施“十二五计划”的第一年，也是本市实现跨越式发展的重要一年。在新的一年里，我们将以科学发展为主题，以转变发展方式为主线，以保障和改善民生为根本，在推进经济快速协调发展的同时，也将着力提高民众的生活水平和幸福指数，争当构建和谐社会的最佳标兵。

各位同志、各位朋友，机遇蕴涵精彩，拼搏成就伟业。让我们携起手来，团结一心，众志成城，以更加饱满的热情，更加昂扬的斗志，更加坚实的步伐，去迎接美好灿烂的新一年！

最后，衷心祝愿全市人民新春愉快、合家幸福、万事如意！也祝愿我们市不断发展进步，繁荣昌盛，生机无限！

范文三：长辈在迎新春庆祝活动中的贺词

【场合】除夕夜团圆饭

【人物】家庭成员

【致辞人】某位长辈

在座的诸位亲人：

大家都忙碌了一年、辛苦了一年了，今天是除夕夜，我们难得聚在一起，吃一顿团圆饭。我首先祝福你们工作顺利，身体健康。

如今的社会发展越来越快，人们为了各自的前途整年东奔西跑，咱们这个大家庭也被时代的潮流冲击得支离破碎。大儿子××为了生计，前两年买了一辆车，拉起了出租。每天早出晚归，有时候半夜才回家。我那上中学的孙子说，很久都没有和他爸爸一起吃过饭了。我的大儿媳是个贤惠、会持家的女人，在镇上一家商场上班，无论严寒酷暑、刮风下雨，从来没有请过一天假。对我们老两口更是没的说，我真的感到很欣慰。

×××，我的小儿子本想出去打工，可是他的女儿刚刚出生，所以他只能留在乡下，靠几亩地赚取微薄的收入。我的二儿媳非常的勤快，不仅帮我的儿子种地而且把家务料理得很好，还经常帮我们洗衣做饭，每天看着她那么辛苦，我是看在眼里，疼在心里呀。只可惜我们现在老了，帮不上什么忙了，不过还好，我们还能帮忙看看孙女，小丫头才几个月大，我是越看越喜欢。

虽然我们的日子过得很辛苦，但是因为孩子们的努力，现在正在慢慢地变好。大儿子跑车赚了些钱，家中也存了积蓄。小儿子开始承包乡下的果园了，也雇用了工人，不似从前那样辛苦了，赚的钱也多了起来。还有我的大孙子，也很争气，这次期终考试考了年级第三名，听他们班主任说，这孩子非常踏实用功，明年肯定能考上县里的重点高中。我的小孙女××正在一天天长大，她很健康、很可爱，看着她，就像看到了希望。

在今晚这顿团圆饭上，我更多的是欣慰，欣慰的是今天过得比昨天好，而明天会更加美好，这就足够了，以往的艰辛，都会烟消云散。

不多说了，我作为长辈，要向你们表述祝福：一定要保重身体，平平安安！

元宵节贺词

贺词特点：元宵节作为春节的延续，其贺词内容也和春节致辞大同小异，带有明显的辞旧迎新的味道。它的格调应该是轻松的、欢乐的、愉悦的，并且对新的一年充满了期待和祝福。贺词的语言应该生动、感情充沛，营造出喜庆的过年气氛。

范文一：企业经理在庆祝元宵节活动中的贺词

【场合】公司举行的元宵晚会

【人物】公司领导、员工

【致辞人】××公司总经理

尊敬的各位领导、各位同事、各位来宾：

大家晚上好！

值此元宵佳节，我们欢聚一堂，畅谈硕果累累的昨天，展望充满希望的明天。在此，我谨代表公司的领导班子，向在过去的一年中辛勤工作的全体员工以及所有关心和支持本公司发展的社会各界人士，致以节日的问候和美好的祝愿！

人间易岁，普天皆春。回顾过去的一年，我们心中满怀激动，我们付出了艰辛的努力，也收获了骄人的成绩。

去年，我们公司遇到了很大的困难，由于国内市场竞争激烈，各大公司均在产品上求新求变，以争取消费者。这使得我们公司在生产经营上出现了退步的迹象，流失了许多客户。然而，面对严峻复杂的市场形势，我们并没有退缩，以董事长×××先生为核心的领导班子积极应对挑战，重点研发新产品。公司领导和员工同心同德，众志成城，拼搏奋斗，经过数月的艰辛努力，终于研发出了新品牌××，××不论质量还是外形都属于佼佼者。所以，当××投入市场后，立刻引起了消费者的疯狂抢购，而我们公司全体员工由于业务的增多，又开始了昼伏夜出的忙碌了。

所谓有苦就有甜，凭着公司全体员工的不懈努力，公司在业绩方面取得了重大的突破，我们的新品牌××为公司带来了×亿元的销售额，几乎是上一年的三倍，不仅如此，××还在消费者心中奠定了品牌形象，成为了他们的最爱。还有一件喜事，那就是市政府鉴于我们公司在

过去一年的辉煌成就，特意给我们公司颁发了“××市先进企业”的荣誉称号。在这里，我要对所有为公司作出贡献的人们说一声：“谢谢！”

展望未来，我们任重道远，新的一年，充满希望，也充满了挑战。我们踌躇满志，信心十足，我们将以更加饱满的热情、更加昂扬的斗志、更加务实的作风，在以董事长×××先生为核心的领导班子的正确领导下，在公司广大员工的共同努力下，团结一心，奋力拼搏，共同开创××公司的美好未来。我们相信，只要我们付出了努力，我们公司一定会越来越辉煌！

最后，衷心祝愿大家，在新的一年里，工作顺心，生活幸福，家庭美满，事业有成！

谢谢大家！

范文二：校长在庆祝元宵节活动中的贺词

【场合】学校举行的院校庆典

【人物】学校领导、老师、同学

【致辞人】校长

各位老师，各位同学：

大家好！

今天是元宵佳节，在这个喜庆的时刻，我谨代表学校领导班子向辛勤耕耘在学校各个岗位上的教师及职工，向勤奋学习、勇攀知识高峰的全体同学，致以节日的问候和真挚的祝福！

回顾已经过去的一年，在全校师生团结一致、共同努力下，我校取得了骄人的成绩：在去年的高考中，我校一类本科上线人数 55 人，这些学子考入了北京大学、复旦大学等多所名校，二类本科上线人数 181 人，三类本科上线人数 94 人，本科上线总人数达到了 330 人，上线率达 59.8 %，这两项指标均创造了历史新高，其中文科班的×××同学更是以×××分的优异成绩勇夺本市的文科高考状元。

在过去的一年，学校不仅在教学水平上显著提高，在教学管理以及校园环境方面也取得了很大进展，被市教育局评为“××市文明学校”和“××市素质教育先进学校”。这些都是我校在深化素质教育体制改革、全面推进新课程标准，践行“以人为本，全面发展”办学目标的具体体现。

累累硕果虽然喜人，但是都属于过去，我们应该以高远的眼光来看待未来。我们已经步入新的一年，机遇与挑战并存，希望与困难同在。在这里，我希望各位同学能秉着顽强奋斗的精神，争取在学习上不断充实自己的知识储备。特别是毕业班的同学，你们要更加努力，我祝愿你们在今年的高考中金榜题名，一举夺魁，实现你们的大学梦想！我也希望全体教师在新的学期坚持育人为本、德育为先的原则，将教育学生成才作为你们的使命，坚持与团队协作，不懈努力，开拓进取！

各位老师，各位同学，回顾过去，令人感慨，展望未来，信心十足。在这里，我要对你们说，我将和你们一道，鼓起希望的风帆，扬起智慧的双桨，一起乘风破浪，共济沧海！我相信，我们学校会有一个更辉煌的明天！

最后，我祝愿大家元宵节快乐，在这新的学期，学习进步，万事如意！谢谢大家！

妇女节贺词

贺词特点：妇女节的贺词要求饱含深情，内容上一般包括对女性的祝福、对女性功绩的评价和赞扬，或者从女性的切身感受出发，鼓励她们做自己想做的事。致辞人要从女性的角度出发，联系她们的处境和思想，采用发自肺腑的、质朴生动的语言。

范文一：妇联领导妇女节大会上的致辞

【场合】纪念妇女节大会

【人物】妇联领导及成员

【致辞人】妇联主任

各位领导、各位来宾，姐妹们：

东风送暖，大地回春。在这美好的时光中，我们迎来了全世界劳动妇女团结战斗的节日——“三八”国际劳动妇女节。值此喜庆节日，我谨代表××区妇女联合会向在座的各位姐妹以及奋斗在各条战线上的广大女性工作者致以节日的问候！向所有关心和支持女性事业的各级领导和社会各界人士表示衷心的感谢和崇高的敬意！

××年前，为了纪念广大女性为了争取自由和平等而勇敢斗争，第二次国际妇女代表大会将3月8日定为全世界妇女的节日。这个节日，既是一面争取平等、解放的旗帜，又是一个推动社会文明进步的标志。

随着时代的前进，社会的发展，我区的女性事业在党和政府的重视下蓬勃发展。以后的工作中我们要始终高举邓小平理论旗帜，以“三个代表”重要思想为指导，牢固树立科学发展观，在区委、区政府的正确领导下，在市妇联的关心指导下，根据妇女儿童两个规划实施要求，带领全区女性姐妹们积极响应市妇联“××××、××××”的号召，把握时代脉搏，抓住机遇、迎接挑战，务实创新、积极进取，努力开拓女性工作新局面，把我区的女性事业推上一个新台阶。

同志们、姐妹们，让我们斗志昂扬地投入到××区新一轮发展的宏图伟业中去，让我们以坚定的信心、奉献的精神，投身到建设和谐社会的光辉事业中去。美好的未来正等待我们去开创，让我们携手共进，共铸明日的辉煌！

最后，祝在座的姐妹们工作顺利、身体健康、家庭幸福、节日快乐！谢谢！

范文二：在妇女节文艺晚会上致辞

【场合】公司举行的妇女节晚会

【人物】公司领导、员工

【致辞人】××公司总经理

各位领导，全厂女职工及各位朋友：

晚上好！

今晚，我们在这里欢聚一堂，举办文艺晚会来共同庆祝全世界女性的节日——“三八”国际劳动妇女节。首先，我代表公司向全体的女员工致以节日的问候，衷心祝愿你们节日愉快、工作顺利、身体健康、家庭幸福！同时也向出席今天晚会的各位领导和朋友表示热烈的欢迎！

我们公司的女员工们非常出色，不仅爱岗敬业，能吃苦，勤奋斗，而且勇于创新。无论是在体力还是智慧上，都不逊色于男员工，为公司的发展壮大作出了积极的贡献。在此，我真诚地向全体女员工表示衷心的谢意和崇高的敬意！

当前，公司已进入扩大规模、加快发展的关键时期，更承担着发展壮大××产业的重要使命。这对我们来说，既是一次机遇，也是一种挑战。希望全体女员工继续发扬“以公司为家”作风，立足本职工作，自强不息，不断提高专业技能知识和管理知识，练就一身过硬的本领，树立强烈的竞争意识和进取意识，积极应对新形势下企业发展带来的挑战，继续为公司的发展作贡献。

最后，再次祝广大女员工节日快乐，合家欢乐。并预祝晚会取得圆满成功！谢谢大家！

劳动节贺词

范文一：劳动节致辞

【场合】公司劳动节的聚会

【人物】公司领导、员工

【致辞人】公司总经理

尊敬的各位来宾、朋友们：

大家好！

今天是全世界劳动者的节日——“五一”国际劳动节。在此，我向辛勤工作在公司各个岗位的全体员工及你们的家属致以节日的问候和崇高的敬意！向长期以来一直关心和支持公司发展的广大宾朋致以诚挚的问候！

劳动最美丽，劳动最光荣。××年来，我们公司全体员工用自己的智慧和力量改变着公司经营和发展的面貌，用创造精神谱写了一曲曲进步的壮歌。特别是在今年前几个月，我公司的市场开拓力度进一步加大，经营状况保持高速增长，同时在大家的共同努力下，还圆满完成了公司重组工作。这些喜人的业绩与我公司的规范管理、部门间的通力合作和全体员工的敬业与奉献密不可分，在这里我要感谢大家，你们辛苦了。

古语有言"骄傲使人落后"，虽然我们之前取得了很好的成绩，但是接下来我们还会面对新的挑战，希望所有的员工继续在"××××，××××"的经营方针的指引下，秉承公司××的精神，坚持以市场为导向，充分利用信息化资源，认真履行公司的规章制度，提高整体的服务水平，创造出更加优良的社会效益和经济效益。希望大家再接再厉，为公司的发展再创佳绩！

最后，再次向全体员工及新老宾朋致以节日的问候，祝大家"五一"快乐，身体健康、万事如意！

范文二：劳动节表彰大会上的贺词

【场合】在劳动节表彰先进大会上致辞

【人物】领导、被表彰的先进工作者、来宾

【致辞人】工会领导

同志们：

今天，我们大家欢聚一堂，共同庆祝我们劳动者共同的节日——"五一"国际劳动节。借此机会，我们也要对被选为劳动模范、先进工作者和先进集体的个人和集体，进行表彰和嘉奖。在此，我首先代表区委、区政府向全区各行各业广大劳动群众致以节日的问候！向在各条战线上作出突出贡献的优秀劳动者和受到表彰的劳动模范、先进工作者和先进集体表示真诚的祝贺，并致以崇高的敬意！

××年以来，全区广大劳动群众在区委、区政府的领导下，认真贯彻落实中央、市各项工作部署，上下一心，务实进取，使我区国民经济一直保持快速健康发展的良好势头，精神文明建设取得了丰硕成果。在这里，我再次代表区委、区政府向全区工人阶级和劳动群众表示衷心的感谢！

今天，区委、区政府在这里隆重集会，对在过去两年中表现突出的个人和集体进行表彰，充分显示了党和政府对优秀劳动者的关心和敬意。这次大会不仅要表彰先进，还要借此机会向全社会宣传他们的先进思想和高尚的品德，号召全社会的广大劳动者以他们为榜样，为社会作出更大的贡献。

在以后的工作中，我们要继续坚持党的“全心全意依靠工人阶级”的根本指导方针，牢固树立只有人民才是创造历史动力的基本观点，进一步加大对工人阶级地位作用的宣传，进一步弘扬工人阶级的伟大时代精神，坚持用工人阶级的先进思想和模范行为影响和带动全社会，为全面建设小康社会、加快我区率先基本实现现代化而努力奋斗。

时代需要劳动模范，时代需要先进人物。当前，在我们全党上下万众一心，全面建设小康社会的今天，劳动模范的作用更加重要，弘扬劳模的无私奉献、爱岗敬业精神更具有现实意义。

在这里，我代表区委、区政府号召全区广大干部、职工，尤其是政府公务人员要自觉地以先进模范人物为榜样，学习他们无私奉献、爱岗敬业的精神。此外全区广大职工群众要进一步增强政治意识、责任意识、大局意识和主人翁意识，继承和发扬工人阶级的优良传统，不断提高自身思想道德和科学文化技术素质，努力成为有理想、有道德、有文化、有纪律的新型劳动者。

最后，祝同志们节日愉快、身体健康、家庭幸福！

儿童节贺词

范文一：校长在庆“六一”活动中讲话

【场合】庆祝“六一”儿童节的活动

【人物】校领导、老师、学生、学生家长

【致辞人】校长

尊敬的各位教师、亲爱的各位同学：

大家好！一年一度的“六一”国际儿童节，我校全体师生满怀愉悦的心情，集结在这里，和祖国的花朵们共同庆祝这个属于他们的节日。在此，我谨代表全校的老师向各位同学致以节日的问候和真诚的祝福！

孩子们，你们是幸运的一代，因为祖国的经济繁荣，社会稳定，政策完善，为你们提供了很好的学习环境；同时你们也是肩负重任的一代，因为我们的祖国还处在发展阶段，需要你们这一代奉献力量。少年时代是美好人生的开端，它孕育着远大的理想，萌生着高尚的情操，奠基着人生的辉煌。

我真诚地希望小朋友们珍惜美好的生活，树立远大理想，养成优良品德，培养过硬本领，保持健康身心，在学校做一名好学生，在家里做一个好孩子，在社会上做文明的小公民。“千里之行，始于足下”，所以你们应该从小事做起，从现在做起，用你们的行动来证明这个时代因你们而绚丽！“少年有志，国家有望，少年强则国家强。”希望你们早日成才，为国家也为自己作出一番事业！

最后，我还要感谢所有家长对于学校教学工作的支持，感谢在校老师的辛勤奉献，让我们一起祝愿所有的孩子能够健康成长、快乐生活！

谢谢大家！

范文二："六一"儿童节庆祝大会上致辞

【场合】"六一"儿童节庆祝大会

【人物】校领导、教师、学生、学生家长

【致辞人】教师代表

各位领导、各位家长，亲爱的同学们：

大家好！

今天是全世界所有孩子的节日，在这里我代表全体教师，向天真可爱的同学们致以节日的祝贺和美好的祝愿！同时向来参加本次庆祝会的各位领导和家长朋友们表示热烈的欢迎。

同学们，你们是春天的小树，正在茁壮成长；你们是美丽的花朵，正在竞相开放；你们是初升的太阳，正在冉冉升起；你们是家长的希望，是祖国的未来。在这个属于你们的日子里，我要真诚地说一声："孩子们，节日快乐！"

你们是幸运的，赶上了这个好时代，父母为你们提供最好的教育投入，学校为你们提供良好的教学环境，社会为你们提供完善的教育制度。在接受良好教育的同时，我希望你们能够学会感恩。感恩父母，感恩学校，感恩社会。

同学们，你们已经拥有，你们还要创造。你们一定要珍爱这美好的时光，好好学习。当然，作为老师，除了希望你们能有好的成绩，更希望你们能够快乐、健康地成长。最后，再一次祝愿所有的孩子节日快乐！

范文三："六一"儿童节学生代表发言

【场合】庆祝"六一"儿童节的活动现场

【人物】全校师生、学生家长

【致辞人】学生代表

尊敬的老师们，亲爱的同学们：

你们好！

今天是所有孩子的节日，沐浴在和煦的春风中，沉醉于喜气洋洋的节日气氛里，我感到无比的幸福。在这里我首先祝愿所有的小朋友节日快乐，同时我也想代表所有的同学向一直以来关心我们的各位老师和家长表示真诚的感谢和崇高的谢意，在这里我要对他们说："你们辛苦了！"

老师，难以忘记您在课堂上那细致而生动的讲解，严厉而动情的教育；难以忘记您深夜灯下批改作业的影子；难以忘记您拖着生病的身体给我们上课的情景……当我们取得了成绩，您总是告诉我们不要骄傲，继续努力，去取得更好的成绩；当我们犯了错误，您总是悉心教育我们知错就改。此时此刻，就让我代表学校全体同学，感谢您对我们的教育。

爸妈，难以忘记每天清晨热腾腾的早饭，美味而有营养的豆浆油条；难以忘记你们忙碌的身影；更难以忘记你们无微不至的关怀。当我学习进步了，我看到你们脸上难以掩饰的微笑；当我犯错了，你们总是对我动之以情，晓之以理，没有责骂，有的只是满满的爱。此时此刻，请允许我代表全校的学生，向所有的父母说一声："爸妈，我爱你们！"

同学们，就让我们一起努力学习吧！让我们在知识的海洋里踏浪而歌，奋勇前进，撑起勤奋之舟，托起明天的太阳。为我们的未来而努力！为中华之崛起而读书！让明天为我们骄傲！让祖国为我们自豪！

"母亲节"贺词

范文一：集体举行家庭宴会时酒店主持人祝贺词

【场合】"母亲节"时多个家庭举行的宴会

【人物】各个家庭成员

【致辞人】酒店主持人

各位来宾、各位朋友，尊敬的各位母亲：

春云霭瑞，恭贺慈母。今天是一个神圣的日子，因为今天是这世界上最伟大的人——母亲的节日。我们这里聚集了很多家庭，一起庆祝这个温馨的、洋溢着爱的节日。在此，我首先向在座的各位“母亲”致以美好的祝福，祝愿她们节日快乐，健康如意！

母爱就是一生相伴的盈盈笑语，母爱就是漂泊天涯的缕缕思念，母爱就是儿女病榻前的关切焦灼，母爱就是儿女成长的殷殷期盼。

母爱像一幅秀丽的山水画：清澈的山泉，清澈而灵动，洗去铅华浮躁，留下澄澈清新。她纯净无邪，真诚无私，她能洗去所有尘世间的污浊。

母爱像一首素雅的田园诗，悠远淡雅，纯净和谐，绿树红花，草长莺飞。她让浑浊的空气变得清新，让嘈杂的声音变得动听，她能洗去所有浮华还心灵一方净土。

母爱是一条长长的路，是对莘莘游子的缕缕思念。无论你走到哪里，她都伴随在你身边。那悠悠的牵挂，那谆谆的叮咛，为你指点迷津，排除旅途荆棘。

母爱像一本博大精深的书，教会我们很多人生的哲理，激励我们勇敢地追求自己心中的梦想。

在今天这个特殊的日子里，让我们用心灵捧起鲜花，祝福母亲永远美丽；让我们用美酒邀请岁月，祝母亲永远年轻；让我们用不辜负母亲殷切希望的努力，向母亲表达最深沉的感激；让我们用最美好的祝愿，祝福母亲幸福安康！

请大家共同举杯，祝愿在座的“母亲”节日愉快，健康长寿！干杯！

范文二：女儿在“母亲节”的致辞

【场合】庆祝“母亲节”的家宴

【人物】家庭成员、亲戚朋友

【致辞人】女儿

亲爱的妈妈：

今天是您的节日，在这里向您道声：节日快乐！

妈妈，多么亲切而又熟悉的声音——婴儿呱呱坠地后学会的第一个单词；儿时放学回家的第一声呼唤；游子归乡意念中的第一个念想。母亲，您操劳了一生到白发苍苍还不忘时时挂念子女，我们欠您的太多太多了。在今天这属于您的日子里，我要对你说声：“谢谢！”感谢您把我带到了这个世界；感谢您用博大无私的爱把我养大；感谢您那颗在风烛晚年还牵挂我的心。

古希腊诗人但丁曾说：“世界上有一种很美丽的声音，那便是母亲的呼唤。”那是“爱的呼唤”，是那样的和蔼可亲；那是“慈母的召唤”，使人不至迷失方向。没有无私的母爱的帮助，我们的心灵将是一片荒漠。是您用无私的爱，把我从懵懂中含辛茹苦地拉扯大，多少的辛酸，多少的苦楚，只有您知道；是您用无私的关怀，抚养我们一天天幸福地长大。我们的幸福见证了您无私的牺牲，我们的成长见证了您青春的流逝。

为儿女成长的付出，您从不计较；为儿女生命的祈祷，您从未停滞。女人固然是脆弱的，但母爱是坚强的。它是世间最伟大的力量，接纳孩子的过错，忍受教养中的操劳，满足孩子的需求，领会孩子的心声，抚平孩子的创伤。所以人的嘴唇所能发出来的最甜美的字眼，就是——母亲，最美好的呼唤，就是——妈妈。

妈妈，真诚地对您说声：谢谢您！您辛苦了！

“父亲节”贺词

范文一：“父亲节”家庭聚会上的子女致辞

【场合】“父亲节”时的家庭聚会

【人物】家人

【致辞人】子女

尊敬的父亲母亲、各位兄弟姐妹：

今天是一个值得庆祝、值得纪念的日子，今天是六月的第三个星期日——西方文化传统中伟大的“父亲节”。我们一家人今天聚在这里，共同为我们的父亲祝福，祝福父亲：节日快乐，幸福安康，福寿无疆！

据说，选定六月的第三个星期日为“父亲节”，是因为六月的阳光是一年之中最炽热的，象征了父亲给予子女的那火热的爱。父爱如山，高大而巍峨，给子女以坚实的依靠；父爱如天，粗犷而深远，给子女以广阔的包容；父爱是深遂的、伟大的、纯洁而不求回报的。父亲像是拉车的牛，总是不言不语、默默无闻地付出着，再苦再累也不低头；父亲像是登天的梯，奉献自己，成全我们的梦想。

不知不觉间，我们都已经长大。父亲的脊背不知什么时候变得有些佝偻了；那厚实的双手布满了老茧；岁月染白了您的双鬓，在您的脸上留下了无情的痕迹。

今天借助这个节日，让我们由衷地说一声：爸爸，您辛苦了！

现在，让我们共同举杯，祝愿我们的父亲，健康长寿，永远幸福安康！

范文二：“父亲节”主题班会上学生致辞

【场合】“父亲节”的主题班会上

【人物】学生，老师

【致辞人】学生

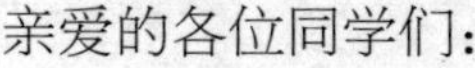

亲爱的各位同学们：

眼看六月的第三个星期天就要到了，你们知道那是什么日子吗？没错！在西方文化传统中，那就是我们最敬爱的父亲的节日。首先，我在这里要祝愿所有同学的父亲：节日快乐，身体健康，工作顺利，万事如意！

当我们呱呱坠地时，一双有力的手托起了我们，从此再不曾放下。他甘心托起我们的未来，为我们撑起一片晴朗的天空；他甘心弯下自己的脊背，任我们在上面嬉戏玩耍；他甘心做一棵擎天大树，为我们遮风挡雨；他甘心成为一艘大船，带我们迎风破浪。父爱如山，深沉而厚重，父亲的爱从来都只注重行为上的付出，不在意言语上的表现。

有人说：父爱是一种愈放愈浓的石灰水，蒸发掉的不是水而是为了浇灌孩子长大的血和泪；沉淀下来的也不是碳酸钙，而是为了教导孩子自强自立的人生哲理。

父亲是威严的，看起来好像是凶巴巴的、不苟言笑的，但不可否认，父亲是爱我们的。想起父亲不留余地的斥责时，别忘了他午夜为你盖被时的温馨；想起父亲扬起巴掌的凶相时，别忘了他抱你飞翔时的甜蜜；想起父亲冷峻深邃的目光时，别忘了他日渐苍老的背影……在父亲呵护下的我们已经逐渐长大。

今天是他们的节日，就让我们真心地说上一句：爸爸，节日快乐！爸爸，我爱你！

端午节贺词

范文：中学生代表在庆祝端午节活动的贺词

【场合】××中学庆祝端午节的活动

【人物】学校的领导、老师、学生

【致辞人】学生代表

尊敬的各位校领导、各位老师、同学们：

大家下午好！

今天是农历五月初五，是中国传统节日端午节。首先我要代表全体同学，向一直辛苦奋斗在教育战线的各位老师，和同样辛苦工作的各位领导致以节日的祝福：祝你们节日快乐，身体健康！

提起端午节，就不能不说到伟大的爱国诗人、政治家——屈原。战国时，楚襄王宠信奸臣，屈原仗义执言，却遭革职流放。秦国趁机进攻楚国，楚国千里疆域落入他人之手。眼见国破家亡、百姓流离失所，屈原有心报国，却无力回天。悲愤之下，他抱着一块巨石投身汨罗江。当地的百姓听说屈原投江了，纷纷前来救助，他们顺流而下，一直追到洞庭湖，始终没有找到屈原的尸体，湖面上大大小小的船只往来穿梭，蔚为壮观，这一天正是农历五月初五。后来，每到这一天，人们都会在江河上赛龙舟，来表示对屈原的怀念，人们还将煮熟的米饭包好，也就是现在的粽子，投入水中，希望能喂饱鱼虫虾蟹，使它们不再咬噬屈原的尸体。

屈原是一位伟大的爱国诗人，虽然他离开我们已经有 2300 多年，但是他身上所秉持的那种爱国精神至今仍受到人们的敬重和拥护！我们在端午节纪念屈原，就是要学习他那种爱国爱民、不屈服权贵的精神和他那“可与日月争辉”的品格。

屈原也是一位伟大的改革家，但是由于当时国家的衰落和政治的腐败，他的政治理念和改革思想并没有成为现实。即便是如此，作为一个伟大的爱国者、思想家和诗人，他给世人留下了宝贵的精神财富。他那“举世皆浊而我独清，举世皆醉而我独醒”的气节，他那“路漫漫其修远兮，吾将上下而求索”的执著，以及他那思想中昭示的如菊的淡雅、如莲的圣洁，感染了历朝历代的后人去为争取正义和真理，激励了无数华夏儿女开拓前进的脚步！

屈原是伟大的，不仅是因为他给我们留下了众多传唱千古的诗篇，更是因为他那矢志不移的爱国精神以及不趋炎附势、与奸佞小人合污的高风亮节。屈原，是中国文学史上一颗璀璨的明珠，是五千年中华文明一块绚丽的瑰宝！而屈原的爱国精神，不论时光如何变迁，将永远闪耀在历史的长河中，永远被世人铭记在心中。

各位同学，当我们津津有味地吃着粽子、观看龙舟赛时，千万不要忘记中国两千年前的爱国先驱——屈原。我们应该学习屈原精神，热爱祖国，关心百姓疾苦，为国家、为人民，作出自己应有的贡献！

当然，我们过端午节，并不只是为了纪念屈原，如今的端午节，已经成为了全民的一件盛事，在这个节日里，我们可以去划龙舟锻炼身体，或者与家人团圆，吃着粽子和糖糕，然后相互祝福。

总之，端午节是国人一个喜庆热闹的佳节，所以我希望所有人都能开开心心度过这一天。祝大家端午节快乐！谢谢大家！

建军节贺词

范文一：领导在庆祝建军节活动中的贺词

【场合】庆祝建军节的活动

【人物】部队首长、全体官兵

【致辞人】××市领导

各位首长、全体指战员、同志们：

大家好！

今天，我们迎来了中国人民解放军的光辉节日——“八一”建军节，我们怀着喜悦的心情在这里欢聚一堂，共同庆祝这一佳节，共叙军民一家亲的情谊。在此，我谨代表××市委、市政府，向军分区全体官兵同志们，致以节日的问候和衷心的祝福！

××年来，中国共产党发动和领导了南昌起义，标志着我党开始创建自己的革命军队。××多年来，人民解放军为中国革命的胜利，为共和国的建立，为社会主义建设事业的发展，为中国民族的伟大复兴，进行了长期不懈的艰苦奋斗，建立了不可磨灭的历史功勋！

而在今天，中国人民解放军在党的领导下，坚持以毛泽东军事思想和邓小平新时期建军思想为指导，按照江泽民主席“政治合格、军事过硬、作风优良、纪律严明、保障有力”的总要求，紧紧围绕“打得赢、不变质”两个历史课题，坚定不移地走中国特色的精兵强军之路，不断深化军队改革，加强军队的现代化、正规化建设，使人民解放军成为闻名世界的威武之师、文明之师！我市驻地部队始终保持和弘扬了人民军队的优良传统和作风，以驻地为故乡、视人民为父母，在努力做好战备训练的同时，认真贯彻“三个代表”重要思想，大力支持我市各项事业的发展，哪里最艰苦、哪里最危险、哪里最需要你们，哪里就有中国人民解放军！尤其是在扫黑除恶、抢险救灾、支援重点工程项目建设等方面，你们都勇往直前，坚决执行任务，为我市老百姓解决了无以计数的困难！

官兵同志们，我市的经济发展和社会的稳定和谐，都离不开你们的付出和贡献。在此，我要代表市委市政府和全市广大人民群众向你们表示崇高的敬意和衷心的感谢，并致以节日的问候！

如今，中国和世界跨入了21世纪，这是一个到处是竞争、到处都有挑战的时代，新时代的新形势，赋予了我们全新的任务，对我们军队的工作提出了更高的新要求。

我希望，全体干部官兵能服从市场经济发展规律，在更大范围、更高层次上去谋划未来工作的新思路；以经济发展和军队建设为出发点，以加强军民团结和提高军队战斗力为目标，以解决热点难点问题为突破口，不断探索军队工作的新途径；还要加大科技创新力度，推动军队和地方的科技合作，增强军队战力和科技含量，促进地方经济和军队战力的跨越式发展！

官兵同志们，让我们以更加高昂的精神状态，更加饱满的工作热情，脚踏实地、务实苦干，进一步发展“同呼吸、共命运、心连心”的新型军民关系，继续谱写军队建设的新篇章，为创造我市繁荣富强的美好未来作出更大更新的贡献！今天，市政府组织了这场文艺会演，邀请驻地部队所有的官兵参加，就是为了向你们表示全市人民的感谢，希望你们在接下来欣赏歌舞表演时能放松心情，享受其中。我祝愿你们能过一个愉快的节日！谢谢大家！

范文二：在庆祝建军节活动中战友的贺词

【场合】庆祝建军节的文艺演出

【人物】全体官兵、领导

【致辞人】部队××连连长

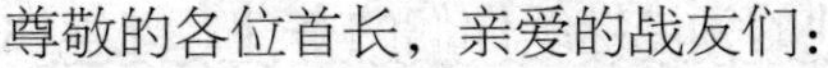

尊敬的各位首长，亲爱的战友们：

今天是“八一”建军节，首先我要祝愿各位首长和亲爱的战友们节日快乐，对于你们的到来表示热烈的欢迎！并对多年来各位首长的重视和关心表示衷心的感谢！

今天我们欢聚一堂，隆重聚会，我的心情异常兴奋！数年的军旅生涯，让我们连的战友们结下了真诚恒久的友谊，正所谓“海内存知己，天涯若比邻”，我们的友情，正如这一杯杯醇烈的美酒，时间越长，味道越浓香！忆往昔岁月，令人感慨！我们这些来自祖国四面八方的热血男儿，响应国家的号召，跟随时代的步伐，来到了这里，从此开始了我们绿色军营、绿色军装的生活。

严格的军事训练不仅锻炼了我们的身体，更磨砺了我们的意志，塑造了我们如苍松般坚忍不拔的军人作风，也铸就了我们如磐石般倔犟不屈的刚硬性格。部队生活是残酷的，更是令人难忘的，它在我们每一个人的心中都烙下了不可磨灭的印记。亲爱的战友们，我们一起经历风雨，一起摸爬滚打，一起为了完成任务而奋斗，在这里我们结下了深厚的友谊，我相信这份战友情我们将永生难忘！

铁打的营盘，流水的兵。亲爱的战友们，过不了多久，你们有的人就会转人其他的部队，也有的人会退役、然后进入社会从业，不管你们将来的命运如何，我希望你们依旧保持军人顽强拼搏的作风，为国家的各项事业奉献出你们的青春和热血！而且，我们的友情依然如故，绝不会褪色和消逝，不管光阴流逝，岁月轮转，我们的容颜会衰老，我们会失去年轻的风华，但是我们之间亲如兄弟的战友之情会永驻我们心灵深处，伴随我们到永远！

战友们，今天我们会聚一堂，不仅是要一叙友情，更是要敞开心扉、开怀畅饮，因为今天是建军节，是属于我们军人的节日，让我们举起酒杯，对着各位首长，对着你身边的每一个人说一声问候，道一声祝贺。

在今后的日子里，留下的战友，让我们携手并肩，以我们的豪情壮志，以我们不屈的品格，为我们连队，为我们祖国的军队，作出更大的贡献！而离开的战友，希望你们在其他的领域继续你们的奋斗，继续你们的坚持，也继续你们的奉献，祝你们前程似锦！

最后，我祝大家节日快乐，高高兴兴度过这一天！谢谢大家！

中秋节贺词

范文一：在庆祝中秋节活动中经理的贺词

【场合】酒店举办的中秋晚会

【人物】酒店领导、员工及员工家属

【致辞人】酒店总经理

各位领导、各位同事：

大家晚上好！

在这金秋送爽、丹桂飘香的季节里，我们迎来了中国的传统佳节——中秋节。今晚，我们欢聚一堂，在酒店举办的文艺晚会上共度中秋！首先，我谨代表酒店董事长××先生和所有领导班子的成员，向在这个团圆佳节中仍然坚守在工作岗位上的各位员工表示诚挚的问候，并致以崇高的敬意和衷心的感谢。祝愿大家中秋快乐、工作顺心，合家幸福！

独在异乡为异客，每逢佳节倍思亲。在这个万家团聚的日子里，在座的各位同事却远离亲人，为了酒店的业务默默地工作着、辛勤地耕耘着。此时此刻，我为大家这种一心为公、以酒店为家的主人翁精神而深深地感动着。感谢你们的付出，同时，我也要感谢在座的所有员工家属，感谢你们对亲人工作的理解和支持。因为有了你们的理解和支持，酒店的员工才能安心工作，我们××酒店才能得以持续健康地发展。在这里，我要向你们致以最真诚的问候和最美好的祝福，祝愿你们身体健康，生活幸福，万事如意！

今年上半年，酒店的发展状况良好。这多亏了广大酒店员工的努力，目前，××酒店在我市酒店业中上半年的营销总额位居第一、向国家缴纳的税额第一、员工薪资第一，在各种消费调查中，我们酒店的服务质量和消费者满意度也是遥遥领先。而且，经过上个月政府部门的酒店星级评定，我们酒店也被评为了我市五星级酒店中的冠军！

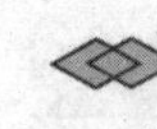

数着这些沉甸甸的成绩，真是来之不易，这里面，有在座的每一位员工辛勤汗水的付出，在这里，我要再次感谢酒店的所有员工，向你们说一声："你们辛苦了！"

回顾过去，令人欣喜，展望未来，我们任道重远。在上个月的酒店星级评定之后，酒店董事会随即作出了决定，要将××酒店建设成为我市最大、最豪华的国际性商务酒店，同时也将斥资千万，为酒店员工建造一座公寓，而在下半年，我们的经营目标就是"大干一百天，效益翻一番"，不论是公司的半年目标还是长远计划，都需要我们全体员工携手并肩、团结一心、奋发图强、努力拼搏，为酒店的未来而奋斗！

各位领导、各位同事，在这个象征丰收、团圆的喜庆日子里，让我们祝愿我们的酒店越来越强大、越来越美好，也祝福我们的员工工作顺利、家庭美满、生活越来越幸福！祝愿我们都有一个更加辉煌灿烂的明天！

我也预祝今晚的中秋晚会能圆满成功！谢谢大家！

范文二：领导在庆祝中秋节活动中的贺词

【场合】××市中秋节庆典

【人物】市领导、市民

【致辞人】××市长

各位领导、同志们、朋友们：

大家好！

今天是一年一度的中秋佳节。在这个欢歌如潮、喜庆团圆的日子里，我们在这里会聚一堂，共度佳节，此时此刻，我的心里充满了欢欣和喜悦。在这里，我谨代表市委、市政府，向多年来一直奋战在我市各条战线上的社会各界人士，致以节日的美好祝愿！并通过你们向你们的家属致以亲切的问候！

在这个美好的日子里，我要与大家分享我们近年来取得的成就。在市委、市政府的正确领导下，在全市广大人民群众的积极参与下，全市深入贯彻"三个代表"重要思想和十七大会议精神，聚精会神搞建设，一心一意谋发展，不断克服我市经济和社会发展道路上的一个又一个困难。全市人民抓住机遇，努力拼搏，开拓进取，团结一心，众志成城，使我市各项事业的建设和发展取得了辉煌的成就！

首先是国民经济持续健康发展，“三农”问题得到很好地落实，工业机构日趋合理，服务行业蓬勃发展。我市的财政收入逐年增加，为我市公共设施建设和服务提供了雄厚的经济基础。

其次，自我市鼓励民营经济发展以来，许多个体、私企纷纷发展壮大，不仅活跃了本市的市场，而且为我市提供了更多的就业岗位，促进了社会的和谐发展。

最后，我市的基础设施建设日趋完善，环境不断地优化，人民的生活质量稳步提高，社会和谐安定。

我们欣喜地看到，我市已经步入了一个良好的发展期，各项社会事业都得到极大的提高，这让我市每一个市民都感到无比的骄傲和自豪！这些都离不开大家的努力，在中秋佳节之际，我衷心地感谢大家的艰苦奋斗和无私奉献！

同志们、朋友们，人逢喜事精神爽，时值佳节面貌新，在这个喜庆的节日里，我们心中都充满了精神和力量。我相信，只要大家团结一致、风雨同舟、努力拼搏、开拓进取，我们的目标就一定能达成，我市的发展建设事业也一定会再创新业绩，再铸新辉煌！

最后，我祝大家工作顺利、生活幸福，快快乐乐度过这个中秋佳节！谢谢大家！

重阳节贺词

范文一：市领导在庆祝重阳节活动中的贺词

【场合】市离退休老干部座谈会

【人物】离、退休老干部，市领导，嘉宾

【致辞人】市领导

尊敬的离退休老干部同志们：

你们好！

“岁岁重阳，今又重阳。”今天是传统的重阳佳节，又称作“老人节”，在此，我代表市委、市政府向在座的所有老干部职工致以亲切的问候和节日的祝福！

尊敬的各位前辈，在过去的几十年中，你们为我市的各项事业作出了不可磨灭的贡献。你们为政府和人民兢兢业业工作数十年，是我市经济建设的排头兵和践行者，没有你们的劳动和创造，就没有我市今天经济大发展的辉煌成果；没有你们对我市改革事业的理解和支持，就没有我市今天繁荣安定的社会环境；没有你们的锐意进取、开拓创新，就没有我市人民今天不断提高的生活水平。

你们的经验和智慧是政府和人民的财富；你们崇高的精神和高尚的品德，是我们青年干部职工的榜样；你们的先进事迹和无私奉献的精神，是推进我市建设事业持续发展的永恒动力！在这里，我要向你们表示感谢，你们是我市最不朽的精神价值！

为了感谢老干部对本市经济和社会各方面的贡献。市委、市政府根据中央政策，深入贯彻中央关于老龄事业的政策精神，加强对老龄事业的指导，加大对老龄事业的投入，大力弘扬尊老敬老的传统美德，努力营造尊老敬老的社会环境，不断丰富老龄人口的精神文化生活，为老年人有一个安乐的晚年创造良好的条件！

各位老职工干部，我祝愿你们能够度过一个幸福安稳的晚年生活，同时我也希望你们能够多多地为我们提供宝贵的建议和意见，促进我们工作的顺利进行。

最后，祝全体离退休干部职工节日快乐，身体健康、合家美满、生活幸福、万事如意！谢谢大家！

范文二：校长在庆祝重阳节活动中的贺词

【场合】学校重阳节座谈会

【人物】学校的领导、老师、同学、退休的老教师

【致辞人】校长

尊敬的各位老领导、老教师：

你们好！

金秋送爽，菊花飘香。今天我们迎来了一年一度的重阳佳节。在此，我们实验中学的退休老领导、老教师欢聚一堂，共同庆祝这一美好节日。首先我代表学校全体师生向尊敬的各位老领导、老教师致以节日的问候和衷心的祝福！祝你们福寿双全，健康吉祥！

学校的昨天，凝聚了老一辈教育工作者的心血和汗水，倾注了你们执著不懈的辛勤探索和奉献。学校的每一片砖瓦都铭刻着你们献身教育事业的功劳，学校的每一棵草木都浸润着你们孜孜求索的深情。学校是我们共同耕耘的园地，你们是我们的同事，也是我们的长辈，更是我们的老师。从你们身上，我们学到了务实苦干、精益求精的工作精神，学到了坦荡做人、真诚待人的处世哲学，学到了严谨治学、专注育人的优良作风。

你们几十年如一日地为教育事业的发展奉献着力量，因为你们的付出，我校取得了一个又一个辉煌的成就。很多优秀的人才在你们的关爱和呵护下成长成才。在这里，我代表他们，更代表学校，感谢你们的辛勤付出，更感谢你们为学校所作的奉献。

虽然我们在过去取得过很多骄人的成绩，但是展望未来，我们依然面临着许多挑战：私立学校的纷纷崛起，学生生源的减少，教学设施的陈旧……这些都是我们要面对的问题和挑战。所以，在这里我真诚希望在座的老领导、老教师能理解和支持学校，尽自己的一份绵薄之力帮助学校；我也衷心期盼所有的老领导和老教师能给予学校更多的关注和指导。你们有着丰富的经验和很强的影响力、感召力，你们是学校的一笔宝贵财富，希望你们以后能一如既往、发挥余热、多为学校教育事业的发展献言献策，多提宝贵的建议。我们也一定不会辜负你们的期望，全校师生会坚持创新和发展，再创学校的新辉煌！

最美不过夕阳红，希望在座的各位前辈能够发挥余热，支持学校的工作。再次祝愿各位老领导、老教师，节日快乐，健康长寿、生活幸福！谢谢大家！

教师节贺词

范文：校长在庆祝教师节活动中的贺词

【场合】学校的教师节庆典

【人物】校领导、老师、同学

【致辞人】校长

亲爱的老师们、同学们：

大家好！

在这金风送爽、稻花飘香的季节里，我们迎来了自己的节日——教师节，在这里，我谨代表学校领导班子以及全体学生，向多年来辛勤工作在教育事业第一线的教师们致以亲切的问候和诚挚的祝福！

教育，担负着提高国民素质、实现中华民族伟大复兴的神圣使命；教育，担负着塑造未来、孕育希望、决定国家兴亡盛衰的重大责任；教育是利国利民的千秋大业；教育是一个民族、一个国家的根基所在。而作为教育的承担者——教师无疑就背负了传播人类文明、开发人类智慧、塑造高尚灵魂的神圣使命。我们的教师是撑起学校的基石，是教育事业发展的根源，是学校特色和实力的集中体现。

教师是一个伟大的职业，我们也永远不会忘记，那些将青春年华、心血汗水奉献给了学生、奉献给了学校、奉献给教育事业的老教师，也一直都在关注、关心着那些辛勤耕耘、默默守在自己岗位上的风华正茂的青年教师们。对于你们，我们永远都心存敬意、充满感激！

感谢你们，正是你们勤恳育人，润物细无声，为学校、为社会、为国家培养了无以计数的优秀学子；感谢你们，正是你们勇攀高峰、开拓创新，在教育领域创立了众多的教学方法和育人思想，为国家的教育事业积累了不少教育经验。感谢你们，正是你们团结一致、爱岗敬业，在管理和后勤等岗位上兢兢业业、努力工作，为广大学生热忱服务、默默奉献，学校才能和谐发展、稳步前进。

优秀的学校必须拥有优秀的老师，优秀的老师必须拥有优秀的学识和优秀的师德。所以，学校也希望广大教师能够加强个人思想品德和职业操守的修养，展开厚德载物济天下的胸襟，为人师表、以身作则；同时希望你们能增强爱心和责任感，做一个传统美德的传承者、文化知识的散播者、严谨治学的践行者和优良作风的倡导者。

学校期待着你们，期待你们能身体力行，做一个受人尊敬的师者，期待你们能成为教学严谨、关爱每一个学子的模范教师，更期待你们为学校更加辉煌灿烂的明天作出你们的贡献！

尊敬的教师们，你们是社会的传道者，你们是学生的引路人，你们是学校永远的骄傲和永恒的财富！我要再次向全校的教职工说一声："节日快乐！"谢谢大家！

国庆节贺词

范文：市政府领导在庆祝国庆节活动中的贺词

【场合】××市政府庆祝国庆节茶话会

【人物】市领导、市民

【致辞人】市长

同志们、朋友们：

你们好！

今天，我们在这里相聚一堂，共同庆祝伟大的中华人民共和国成立××周年。此时此刻，我的心情十分激动。首先，我代表××市市委、市政府向我市广大人民群众和驻地部队、武警官兵、公安干警，各条战线上的同志、社会各界人士，以及所有关心和支持我市发展建设事业的海内外朋友们，致以节日的问候和诚挚的祝福！

新中国成立××年来，在中国共产党的领导下，国家发生了天翻地覆的变化，特别是改革开放以来，国民经济持续快速稳定发展，人民生活不断改善，文化生活日益丰富，民主法治深入人心，城乡面貌变化巨大，综合国力不断增强，国际地位空前提高，当今之中国充满勃勃生机，各项事业蒸蒸日上。

今年，是我市经济建设和社会发展的重要一年。在省委、省政府的领导下，我市全体干部职工，认真贯彻“三个代表”重要思想，深入落实党的十七大精神和十七届四中全会精神，切实提高党的执政能力，努力把我市建设成为经济蓬勃发展、社会和谐稳定的省内示范市。

特别是在环境美化和维护、招商引资、产业结构调整优化、科技创新、农业发展等方面的努力，取得了显著成就。许多国内外知名品牌相继在我市投资建厂，增加了就业的岗位，促进了社会的和谐和稳定。目前，我市的经济产业和各项社会事业均呈现出一派喜人的势头。未来几年，是我市经济建设和社会事业发展的关键时期，市委、市政府将未来三年定为战略机遇期，并寄予了厚望。为了确保我市经济发展目标的顺利实现，我们必须团结一心，加快实施优化产业结构和提高科技创新能力两大发展战略，继续加大招商引资力度，加速产业聚集，培育壮大我市重点企业，美化市区环境，塑造我市优良形象，将我市建设成为省内经济发展新的增长点和中国重要的高新技术产业化基地，成为省内投资环境最好、经济发展最好的地区！

回顾过去，我们豪情满怀；正视现在，我们充满希望；展望未来，我们踌躇满志。让我们携起手来，为我市更美好的明天而奋斗吧！

最后，我衷心祝愿我们伟大的祖国更加繁荣富强！祝愿我市的各项事业更加辉煌灿烂！也祝愿各位来宾、各位朋友、各位同志身体健康、生活幸福、工作顺利！谢谢大家！

“圣诞节”贺词

范文：在庆祝“圣诞节”活动中公司经理的贺词

【场合】公司庆祝“圣诞节”“平安夜”晚会

【人物】公司领导、员工

【致辞人】总经理

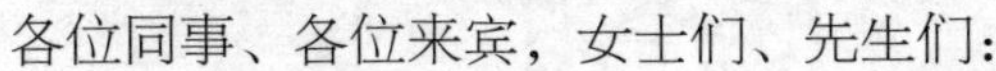

各位同事、各位来宾，女士们、先生们：

大家晚上好！

踏着“圣诞”宁静的钟声，我们欢聚于此，共同迎来了这个祥和美好的“平安夜”。今晚，我们举办隆重的“圣诞”晚宴，让我们一起狂欢，一起庆祝“圣诞节”这个西方的节日。

我们为什么庆祝西方的“圣诞节”呢？因为它包含有与中华节日文化相通相融的地方，那就是“平安”。平安是财，平安是福。在这里，我也要用“平安”这两个字祝福大家，祝愿公司全体员工平平安安；也祝愿一直关心和支持我公司发展的各位来宾平平安安，并对你们多年来的帮助，表示最衷心的感谢！

近年来，公司经历了一系列重大变革，并取得了许多惊人的成就，首先是在证券交易所成功上市，而且公司通过种种人事调配和制度改革，使得公司在管理、服务、网络等内部结构上更加科学和完美，公司事业的发展也更加超前。目前，公司正朝着国际跨国公司的目标迈进。

为了早日实现这一目标，公司始终坚持“务实苦干、拼搏进取、自主创新”的发展宗旨和“顾客至上、服务专注”的工作理念，强化营销渠道建设，力图将对公司的服务质量标准化、专业化、个性化，将客户的需求作为公司的神圣职责，将客户的满意作为我们不懈的追求。经过这几年的努力，公司已经拥有了一大批忠实的客户，一直保持着同类行业中的优势地位。

“圣诞节”是一个感恩的日子，在这里，我要感谢公司全体员工这几年的努力付出；感谢政府和社会各界的大力支持；更感谢在座的各位来宾的信赖和关爱。

成绩只能代表过去，发展才是公司的未来，服务是我们永恒的主题，客户是我们永远的上帝。因为有了上帝存在，公司才能得以生存，有了上帝存在，公司才能得以发展。我相信，有了在座诸位上帝的支持，我们公司可以不断强大，最终实现成为大型跨国公司的宏伟目标。

朋友们，让我们尽情享受这"平安夜"的温馨和喜悦，让我们尽情地抒发内心的情怀和热忱。让我们一起祈祷：祝愿我们的明天更美好！谢谢大家！

◇ 漫话贺词

新年贺词吉语

岁月可以退去记忆，却退不去我们一路留下的欢声笑语；岁月可以苍老了容颜，却改变不了我们积极乐观的心。祝你新春快乐，岁岁安怡！

新年到，祝你在新的一年里，工作顺利，家庭幸福，身体健康，万事如意。

值此春回大地之际、万象更新之时，敬祝您福、禄、寿三星高照，阖家欢乐，如意吉祥！祝您万事如意，心想事成！

爆竹声中一岁除，春风送暖入屠苏。千门万户曈曈日，总把新桃换旧符。

让新春的微风吹进你的屋子，让新春的花瓣飘落你的发际，让新春的暖风温暖你的心灵，让新春的祝愿涌进你的心坎。

祝愿你和你的亲朋好友在新的一年里，所有的希望都能如愿，所有的梦想都能实现，所有的等候都能出现，所有的付出都能兑现，诚挚地祝福你：福气多多，快乐连连，万事圆圆，微笑甜甜。

辞别旧岁，让感动和美好在心中珍藏；迎来新年，让自信和希望在此刻放飞！

如期而至的不仅仅是节日，还有无尽的祝福；日渐增加的不仅仅是年龄，还有真挚的友谊。新年快乐！

在新年即将到来之际，愿我的祝福如冬日的暖阳，春日的清风，夏日的骄阳，秋日的果香，为你送去温暖，捎去清凉，赶走烦躁，带来馨香。新年快乐！

新年、新事、新开始、新起点，定有新的收获，祝朋友们事事如意，岁岁平安，精神愉快，春节好！

元宵节贺词吉语

今宵月圆白如昼，千年轮回人依旧，月增年华人增寿，多多祝福送好友。祝愿你元宵节快乐！

灯火万家，良宵美景；笙歌一曲，盛世佳音。祝你元宵节快乐！

十五的月儿圆又圆，给你全家拜个年！家好运好人也好，幸福美满更团圆！元宵节快乐！

点亮一盏灯，送一个心愿，愿你岁岁平安，滚一锅汤圆，送一家团圆，愿你欢喜连连，画一轮圆月，借元宵月圆，愿你圆圆满满，在元宵佳节，借幸福瞬间，愿你天天开心，事事顺心，新年新喜，一切如意。

彩灯点缀世界的华彩乐章，汤圆包裹甜蜜的团团圆圆。家是大大的同心圆，把我们的心紧紧相牵。一个美好的夜晚，祝你快乐到永远。元宵节快乐！

元宵节到了，愿你一切的烦恼都“消”去，一切的厄运都“消”去，一切的折磨都“消”去，一切的苦难都“消”去，生活自在又“消”遥。

遥望天庭那光辉的月光，赶走生活的琐碎与忧伤，送你真情的温馨与欢畅，祝愿你元宵节愉快，身体强壮，心情舒爽。

带上诚挚的祝福，愿你在元宵佳节有一个好的心情，有一个好的家庭，有一个好的财运，有一个好的生活，有一个好的工作，有一个好的元宵！元宵快乐！

一份诚挚的祝福，祝你在元宵佳节里，开心像鞭炮，噼噼啪啪好快

乐；幸福像彩灯，照亮幸福的人生；甜蜜像汤圆，圆出一生一世的美满！

一声声锣鼓敲响元宵的幸福，一簇簇烟花点燃元宵的祝福，一盏盏彩灯照亮元宵的祈福，一阵阵沸腾煮熟元宵的财福，祝你元宵一福接一福。

元宵到了，吃汤圆了，愿汤圆圆你一个美好的事业，圆你一份甜蜜的爱情，圆你一个幸福的家庭，圆你一个健康的身体，圆你一个快乐的梦想。

妇女节贺词吉语

一个美丽的女人是一颗钻石，一个善良的女人是一个宝库，一个聪明的女人是一本智慧的书。

三八宏图展，九州春意浓，祝你“三八”妇女节快乐！

世界因为女性的存在，显得分外美丽！

撷一缕春风，沾两滴春雨，采三片春叶，摘四朵春花，织成五颜六色的祝福，伴着七彩的牵挂，祝你“三八”节快乐！愿你健康永久，十分幸福！

女人孕育了生命，延续了人类的文明。女人是伟大的，是无私的，祝愿所有的女人节日快乐！

劳动节贺词吉语

今天是全世界劳动者的节日，愿你们：脱去疲惫的外衣，抖落奔波的尘埃，卸下心头的倦意，让身体休息，给心灵放假，让快乐值班吧！

翘首盼望劳动节，工作忙碌终得歇。神经不用绷太紧，身心放松更和谐。劳累之余开心些，双手装扮新世界。天天有个好心情，常把生活来感谢！五一快乐！

窗外春光明媚，风儿令花陶醉，五一祝福要传递：一祝健康身体好，二祝快乐没烦恼，三祝升职步步高，四祝发财变阔佬，五祝好运跟你跑。

工作有劳有逸，事事随心所欲。生活有动有静，处处顺畅得意。心情有好有坏，日子过得不赖。进退有张有弛，生活更加精彩！劳动节快乐！

在五一节即将来临之际，祝你工作顺心如意，事业蒸蒸日上，前途阳光照耀，身体健康无恙，财运滚滚而来，爱情甜蜜美好，生活幸福快乐！

走不完的前路，画不完的蓝图。目标里追逐，过程里迷糊。纷纷扰扰对与错，计较不完赢和输。五一小憩放松，让自己舒舒服服。人这一辈子，知足就幸福。

人生在世不容易，幸福全需靠自己，一夜暴富不去比，劳动致富是真谛。辛勤奋斗为明天，劳动人民最美丽！劳动节到了，祝你万事皆如意！

劳动创造人类，劳动创造财富。劳所动，动机纯，劳之方有获；动所劳，劳逸合，动之方有果！愿你：幸福劳动，劳动带给你更多幸福！祝：劳动节快乐！

五一来临之际，送你五个一：一个财神跟着你，一路平安祝福你，一生幸福陪伴你，一世好运追随你，一辈子爱情拥抱你。

教师节贺词吉语

恩师掬取天池水，洒向人间育新苗。

学而不厌，诲人不倦，桃李芬芳，其乐亦融融。祝福您，节日愉快！

祝福是真心意，不用千言，不用万语，默默唱着心曲，祝教师节快乐！

您的胸怀像天空一样高远，您的恩情像大山一样深重，您的奉献像蜡烛一样无私，请您接受我诚挚的祝福，教师节快乐！

（桃）木枝头蓓蕾红，（李）子青青共繁荣，（满）目群芳竞风流，（园）丁心坎春意浓。祝您教师节快乐！

讲台上，寒来暑往，春夏秋冬，撒下心血点点；花园里，扶残助弱，风霜雨雪，育出新蕊亭亭。

九月，明月皎洁，金桂飘香，就像敬爱的老师默默地为我们付出的点点滴滴。祝老师们心情惬意，身体康泰，阖家幸福！

纵有李白横溢的才华，也谱写不出老师您的如歌岁月；纵有达·芬奇绝妙的丹青，也描绘不出老师您的壮丽人生；纵有贝多芬高深的音乐造诣，也演奏不出老师您的人生赞歌。

是您默默无闻地在教育的沃土上耕耘；是您消磨了青春，为教育事业泼洒一腔热忱；是您送走了一批批的学子，留下了一道道的皱纹。亲爱的老师，祝您节日快乐！

中秋节贺词吉语

年年中秋待月圆，月圆最是相思时。

明月送清风，清风送祝福。月照人间明。祝您在花好月圆的中秋之夜，万事如意、阖家欢乐、幸福永驻！

明月本无价，高山皆有情。愿你的生活就像这十五的月亮一样，圆圆满满！

春江潮水连海平，海上明月共潮生，花好月圆人团聚，祝福声声伴你行。祝愿你们中秋快乐！

值此中秋佳节来临之际，愿你心情如秋气高爽！笑脸如鲜花常开！愿望个个实现！中秋快乐！

举杯仰天遥祝：月圆人圆花好，事顺业顺家兴。

烦恼随风，刮向天空；快乐成风，迎面吹送。道顺，人顺，事事顺；你好，我好，大家好。中秋快乐！

千好万好事事好，月圆情圆人团圆，祝中秋快乐，万事如意，心想事成！

举杯邀明月，幸福千万人，祝中秋快乐，合家团圆！

重阳节贺词吉语

您生命的秋天，是枫叶一般的色彩，不是春光胜似春光，时值霜天季节，却格外显得神采奕奕。祝您老重阳节快乐，健康长寿！

九九重阳到来，八方好友齐贺：七色多彩生活美，六六大顺事业成，五福临门好运来，四季平安神庇佑，三餐开胃身体健，两地相隔常相思，一心一意来祝福！

重阳节到，送你九个祝福：一祝身体好，二祝烦恼少，三祝运气好，四祝忧愁少，五祝身体棒，六祝欢乐多，七祝合家欢，八祝财神到，九九归一祝万事如意！

岁岁有重阳，今又重阳日，祝你人缘福缘源源不断；情愿心愿愿愿随心！特邀您共登高遍地插茱萸，共赏菊花品美酒。

祝您福寿康宁，顺心如意常乐，良辰美景无限！

故人具鸡黍，邀我至田家。绿树村边合，青山郭外斜。开轩面场圃，把酒话桑麻。待到重阳日，还来就菊花。

重阳节到，送你开心炮，让你开心乐逍遥。送你菊花加美酒，让财神的好运伴你走。送你茱萸草，让你登高望远从此少烦恼。

但得夕阳无限好，何须惆怅近黄昏！苍龙日暮还行雨，老树春深更著花！

国庆节贺词吉语

我不想只用鲜花来庆祝您的生日，我不想只用歌声歌颂您的伟大，我更想用一片赤子之心来建设你——敬爱的祖国，母亲！

没有国，哪有家；没有家，哪有你我他。国庆来临，让我们共同祝愿我们的祖国繁荣昌盛，国强民富！

祝福我的祖国越来越强大，祝福我们的人民永远和平、富足！

五十六个民族，五十六枝花，五十六族兄弟姐妹是一家，让我们共同祝愿我们的祖国繁荣富强！

欣望江山千里秀，欢颂祖国万年春。

祝福你：国庆、家庆、普天同庆；官源、财源、左右逢源；人缘、福缘、缘缘不断；情愿、心愿、愿愿实现。

神州奋起，国家繁荣；山河壮丽，岁月峥嵘；江山不老，祖国常春！值此国庆佳节，祝愿我们伟大的祖国永远繁荣昌盛！

欢度国庆，举国同庆！在这美好日子里，让我把最真挚的祝福送给

你。祝：万事大吉！国庆快乐！

红旗之飘扬是因为有风的依托，我的生活之幸福美好是因为有了你——我的祖国母亲！今天是你的生日，我愿你繁荣昌盛，永远屹立于世界的东方！

“圣诞节”贺词吉语

圣诞的钟声已经敲响，让我们将祝福传到四方，也把我们的友爱洒向美好的人间！祝大家平安、吉祥！

圣诞的祝福如春风般给人温暖，如夏雨般给人凉爽，如秋实般给人馨香，如冬雪般给人祥瑞。

圣诞来临之际，愿你心境祥和、充满爱意，愿你的世界全是美满，愿你一切称心如意，快乐无比。

让平安之夜的使者，向你报一声平安，让圣诞节的老人，给你带去节日的美好祝福！

圣诞节日即将到，朋友思念未能少，让那想念化作雪橇，让那关心化作驯鹿，让那问候化作礼物，让自己的影子化作圣诞老人，让祝福化作动力，让我来到你身边，祝愿你、关怀你！

元旦贺词吉语

一年的辛苦今天结束，一年的忙碌今天收获，一年的奔波今天止步，一年的企盼化作满足。愿你在新的一年快乐、吉祥、健康、幸福！祝元旦快乐！

值此辞旧迎新之际，谨祝：新年幸福、快乐健康、福星高照、开心吉祥、百事顺遂、天宽地广、鸿运当头、山高水长。

“春风得意马蹄疾。”新年伊始，愿你乘着和煦的春风，沐浴温暖的阳光，马不停蹄，奔腾前进！

一切的美好源于真挚和坦诚，虽然岁月不会轮回，天真不再重现，但一份真诚的祝福，会让你快乐每一天！

花开富贵，竹报平安！愿你的明天如烟花般灿烂，如繁星般闪烁！

新年祝您福气多多，快乐连连，万事圆圆，微笑甜甜，一帆风顺，二龙腾飞，三羊开泰，四季平安，五福临门，六六大顺，七星高照，八面来财，九九同心，十全十美。

新的一年开启新的希望，新的空白承载新的梦想。拂去岁月之尘，让欢笑和泪水、爱与哀愁在心中凝成一颗厚重的晶莹的珍珠，在阳光下散发出迷人的色彩！

第十章

贺新婚

——执子之手双心结，与子偕老入爱河

婚礼是一个隆重而又温馨浪漫的场合，在这里亲朋好友们纷纷向新人表达自己的祝福。面对喜结连理的新人，献上婚礼的祝福已经成为必不可少的环节。好的贺词一方面能够充分地表达出祝福者的美好祝愿，另一方面也能体现其学识和文采。

◇贺词有讲究

婚礼上的致辞人

在新婚典礼上，致辞人虽不像司仪那样重要和贯穿全场，但是他的言行举止，还是会给别人留下深刻的印象。因为他代表的不仅仅是个人，更关系到整场的气氛。他的仪态和讲话内容，有时甚至会影响到来宾对新人的判断。所以，无论致辞人是什么身份，都要讲好贺词。

新婚典礼上的贺词，一般有这些特点：

1. 必须讲一些祝愿、祝福类的话

不管是什么场合的庆典贺词，都是要讲一些表达人们美好愿望和祝福的话，新婚庆典贺词尤其需要。因为结婚是人生中的一件大喜事，新婚典礼是一个热闹而喜庆的场合，每个到场的嘉宾都应该切身地去感受这份喜庆，为新人喝彩。因此，致辞人要事先准备好一些表示祝贺的好句子，譬如：祝你们新婚快乐、永结同心、永浴爱河！或者是：祝你们恩爱一生，执子之手，与子偕老！等等。

2. 语言要简明扼要

新婚典礼上的贺词，一般应言简意赅、简明扼要，最好不要超过两分钟。因为新婚典礼上礼仪较多，致贺词的不是只你一人，而且大家也不是冲着你的贺词去的，你只要表达自己的祝愿就可以了。当然，你也可以偶尔穿插几句符合你身份的俏皮的语言，活跃一下现场气氛。

3. 根据自己的身份选择贺词内容

致辞内容也是有讲究的，主要是根据自己的身份选择适当的贺词。如果致辞人是主婚、证婚、介绍人的话，一般都是从自己的角度出发，表示自己很荣幸和高兴以这样的身份参加婚礼致辞，然后就是说一些祝福新人的话。如果致辞人是新人的领导、亲友、长辈等，一般表示对新人的祝福，殷切希望，传授一些经验。同时还会站在长辈的角度上讲述新人的工作情况、新人的成长、新人父母的付出，最后嘱托新人孝敬父母。如果致辞人是新人的朋友，一般会大致地讲一下新人的恋爱经历，讲述一下新人以前的生活状况，让嘉宾更好地了解新人。

婚礼上的伴郎伴娘

每场婚礼都需要伴郎和伴娘，因为他们的角色很特别、很重要，要执行很特别的任务。

1. 充当致辞人角色

伴郎伴娘在致辞的时候，应着重称赞新人，可是谈谈自己和新人之间的友谊，说一说新人的过去，让来宾对新人有更多的认识。当然，为了活跃气氛，还可以讲一些无伤大雅的关于新人的“坏事”和糗事。致辞最后，要以真诚的语言和态度称赞新人的结合并祝福他们。

2. 充当贴身管家角色

伴郎伴娘要像贴身管家一样时刻跟随在新人左右，如果是在舞台上，伴郎伴娘要在舞台的一侧候场；如果是在敬酒，伴郎伴娘要一人端着放酒杯的盘子，一人端着放几瓶酒的盘子跟着敬酒，同时还要时刻维护新人形象，替他们挡酒。

婚礼上的客人

作为婚礼上的来宾，也要遵守相应的礼仪。不要认为你只是诸多客人中一个无足轻重的小角色，不要认为你可以随心所欲地活动，你的一件随心所欲的事情可能会牵连到新人的荣誉受损。所以，你一定要扮演好客人的角色，应遵守以下几点：

1. 祝福新人

给予新人祝福是每个参加婚礼的来宾必做的事情，你参加婚礼的根本目的也是作为新人的亲朋好友向新人传达你们的祝福。另外，祝福的时候不要忘了送上你的红包。

2. 遵守规矩

作为客人要尽量不去为他人添乱，特别是不要给新人添麻烦，因为婚礼上的嘉宾不是只你一个人。每场婚礼都有司仪，如果你有什么不明白的，可以按照司仪说的去做，司仪怎么说，客人就怎么做。

3. 注意礼仪

新人敬酒时，你可以喝，也可以不喝，你只需坐在座位上微笑着面对新人，此时，可以根据各地的风俗，说一些祝福的话，或者是把红包交给伴郎或伴娘。

4. 礼貌告别

离开时要记得告别一声，跟同桌的人打声招呼，跟新人打声招呼，或者是和新人的父母打声招呼。不要径自离开或是中途退场。

◇ 经典贺词共赏

证婚人贺词

贺词特点：证婚人贺词的内容一般是赞扬新婚夫妇：青梅竹马、郎才女貌，感情专一、忠贞不渝。对新人表达美好的祝愿，还要制造美好祥和的气氛，一般情况下应该短小精悍。此外在语言的格调上应该注意，证婚人致辞要严肃庄重，切忌油腔滑调。

范文一：在新婚庆典上证婚人的致辞

【场合】新婚庆典

【人物】新郎、新娘、亲朋好友

【致辞人】证婚人

各位女士、各位先生，各位来宾：

今天是××先生与××小姐喜结良缘的大喜日子，我很荣幸能够在今天这个喜庆的日子来到这里，担任这对新人的证婚人。首先，请允许我代表到场的所有来宾向新郎新娘表示最诚挚的祝贺！真诚地祝福新婚夫妇幸福美满、地久天长！

爱情，是人类永恒的话题。人们一直都在探索爱情的真谛，并且都在用自己的理解诠释着爱情。有人说，爱情是花前月下，也是锅碗瓢盆；是如醉如痴，也是无怨无悔。爱情既神圣，也包含着琐碎。一个关注的眼神，一次默契的配合，一句贴心的话语，一席逆耳的唠叨，无不渗透着情和爱。新郎新娘用自己纯洁的心灵点燃了爱的圣火。我相信爱情的火炬一定会照亮他们人生的前程，他们一定会用生命去诠释自己的爱情。

两位新人可谓郎才女貌。新郎××才华横溢，事业有成；新娘××纯美善良，温柔贤惠。在这里我们真诚地祝愿他们在人生漫长岁月里，相互扶持，执子手，共偕老，生活幸福美满！我提议，为了两位新人幸福的明天，为了双方父母的身体安康，也为了在座诸位嘉宾的家庭幸福，干杯！

范文二：在新婚庆典上证婚人的致辞

【场合】新婚庆典

【人物】新郎、新娘、亲朋好友

【致辞人】证婚人

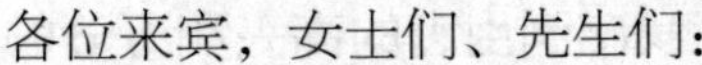

各位来宾，女士们、先生们：

今天是××先生和××小姐大喜的日子。首先让我们以热烈的掌声祝福这对新人新婚愉快、百年好合、心想事成！

茫茫的人海中，××先生找到了生命中最美丽的仙女，××小姐等到了梦想中最英俊的王子。他们从相识、相知，到相恋，经历了漫长的时光。一路走来，他们的感情不断升温，最终走进了婚姻的神圣殿堂，从此一心一意，不离不弃。

他们的结合是天定的良缘，今天请大家共同见证他们的爱情，也请大家共同祝福他们的婚姻。从今以后，相信他们将永远一心一意、忠贞不渝地爱护对方，呵护彼此。在人生的旅程中心心相印、白头偕老！

女士们、先生们，为了这对新人的结合，为了一个新的幸福家庭的诞生，让我们举杯，送上最美好的祝福吧！

介绍人贺词

贺词特点：介绍人即媒人，其致辞要特别注意语言的感染力，营造婚宴愉快、幸福的气氛。在内容上，介绍人可以讲述新人经自己介绍后相识相恋的过程，使宾客对于新郎新娘的爱情故事有多了解。

范文一：在新婚庆典上介绍人的贺词

【场合】新婚庆典

【人物】新郎、新娘、证婚人、主婚人、各位来宾

【致辞人】介绍人

各位来宾、各位朋友：

大家上午好！

天公作美，月老玉成，今天是××先生与××小姐新婚大喜的日子，作为二位新人的介绍人，能够来到这里我感到由衷的高兴和万分的荣幸。

俗话说得好：“千里姻缘一线牵”。三年前我介绍两位新人认识，三年的相知、相爱成就了今天这对新人的幸福结合，这是上天的安排。今天他们将心贴着心、手拉着手、肩并着肩走上幸福的红地毯。他们两人，一个是在×××书写人生精华的办公室人才，一个是×××中学造就人类灵魂的工程师。他们的结合是天作之合，佳偶天成。

今天的天气格外晴朗，昭示着这对新人的未来一片光明，爱情甜甜蜜蜜，圆圆满满；也昭示着两家的感情百尺竿头——更进一步！

在这里让我们衷心地祝福这对新人，从今以后携手并进，互敬互爱，悉心经营好共同的爱情，努力打造好各自的事业，齐心协力书写好人生最壮丽的篇章。

范文二：在新婚庆典上介绍人的贺词

【场合】新婚庆典

【人物】新郎、新娘、证婚人、主婚人、各位来宾

【致辞人】介绍人

各位来宾，女士们、先生们：

你们好！

清风拂面，吹来醉人的甜蜜；流云飞扬，传递着诚挚的祝福。今天，作为介绍人，我很荣幸地与二位新人及各位亲朋好友共享这喜庆的时光。

新郎××先生，不仅仪表潇洒、气质儒雅，而且才华横溢、年轻有为。年近××岁就已经是××公司的主管人物，可以说是前途无量啊！在看新娘××小姐，不仅长得漂亮，而且温柔贤淑，通情达理，秀外慧中。两位可谓俊男靓女、郎才女貌。他们的结合真可谓：才子佳人世间两美，金童玉女耀眼双星。

××月××日，农历××，这是个特别吉祥的日子。天上人间最幸福的一对即将在这良辰吉日喜结连理，共续良缘。今天，高朋满座，美乐轻扬，欢声笑语，天降吉祥。

在这美好的日子里，在这大好时光里，新郎和新娘，情牵一线，踏着火红的地毯，业已步入幸福的婚姻殿堂，从此，他们将相互依偎，徜徉在爱的海洋，漫步于爱的小路上。这正是：红妆带给同心结，碧沼花

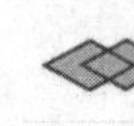

开并蒂莲。

××先生和××小姐，作为你们的介绍人，在为你们祝福的同时，我还特别想叮嘱二位新人，在以后的婚姻生活中，应该相互包容、相互理解。为着一个共同的目标努力。工作上相互鼓励，事业上齐头并进，生活上互相照顾，遇到困难要相濡以沫、同舟共济；出现矛盾要多理智少激动、多理解少猜疑。新娘要孝敬公婆、相夫教子，做一位人人称赞的贤媳良妻；新郎要为妻子撑起遮风挡雨的保护伞，做妻子雷打不动的坚固靠山。

最后再次祝福新郎新娘：你们要把恋爱时期的浪漫和激情，一直延续到永远。做到：白首齐眉鸳鸯戏水，青阳启瑞桃李同心。海枯石烂心永远，地阔天高比翼飞！

新人父母贺词

贺词特点：新人父母的贺词内容一般分为三部分：首先，要表达对来宾的感谢；其次，表达对新人的期望或者谈一些婚姻的经验；最后，表达对新人的祝福。致辞时要感情真挚充沛，但是不能过于煽情，以免把愉快的气氛变得沉重。另外在上台致辞时，不能拿着烟，或者手揣在兜里，身姿一定要摆正。

范文一：在儿子新婚典礼上致辞

【场合】儿子新婚典礼

【人物】新郎、新娘、证婚人、主婚人、各位来宾

【致辞人】男方父母

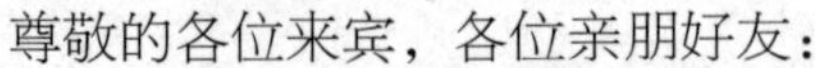

尊敬的各位来宾，各位亲朋好友：

大家好！

今天是我儿子××与××小姐大婚之日，承蒙各位来宾远道而来参加婚礼庆典，在此，我代表全家向各位来宾表示热烈的欢迎和衷心的感谢！

儿子要结婚了，我的心情十分激动。我有很多话要跟儿子和儿媳说：孩子们，你们真的很孝顺，完成了你们父母的最大心愿。今天之后，你们就有一个新家庭了。要记住，今后要一心一意地爱护对方，都要矢志不移。希望你们永远心心相印，白头偕老；希望你们在以后的生活中，同舟共济、同甘共苦、同心同德，互敬、互爱、互谅、互助，用你们自己的智慧和双手去创造美好的新生活。

还要记住，爸妈永远是你们生活和事业上的坚强后盾，也永远都是你们的依靠。你们是好儿子、好女儿，还要当好女婿、好儿媳，我相信你们会一直那么孝顺。记得要常回家看看！

最后，我预祝在座的亲朋好友身体健康、万事如意！希望大家开怀畅饮，尽兴而归！

谢谢大家！

范文二：在女儿新婚典礼上致辞

【场合】女儿新婚典礼

【人物】新郎、新娘、证婚人、主婚人、各位来宾

【致辞人】女方父母

尊敬的各位来宾，各位亲朋好友：

大家上午好！

今天是爱女××和贤婿××许定终身的大喜日子，承蒙各位亲朋好友的支持与厚爱，在百忙中大驾光临致贺。作为新娘的父亲，首先请允许我代表我的妻子、代表我的亲家和两个孩子对您的光临表示诚挚的欢迎和衷心的感谢！

缘分让我女儿××和××相识、相知、相爱，并在今天结为夫妻，我们做父母的感到十分高兴。他们认识的这三年中，有酸也有甜，有忧也有乐。但是不经过风雨，不会有彩虹。经得住风雨考验的才是真正的爱情。今天，面对涉过爱河登上爱情彼岸的这对新人，我们衷心希望他们在今后的共同生活中，互相体谅、互相照顾，能共同面对工作、生活中的困难；也能共同享受生活的甜蜜和劳动的成果。要孝敬长辈，和睦家庭，忠诚友爱，永结同心，用勤劳和智慧去创造美好的生活和未来。

同时，我也特别希望各位亲朋好友共同分享我们的幸福与快乐，祝愿大家合家幸福，万事如意！

谢谢大家！

新人领导贺词

贺词特点：新人领导的贺词主要突出“喜”和“赞”，在对新人表达祝福的同时，还要对新人的优点和工作中的良好表现表示赞赏。此外，领导的祝词要尽可能地体现出领导对下属的关系，好的贺词可以拉近员工与领导之间的关系。在致辞时，也需要注意，不能进行生硬的“宣读式”陈述，要作简单、生动、真挚的表达。

范文一：在婚礼宴会上男方领导致辞

【场合】新婚典礼

【人物】新郎、新娘、证婚人、主婚人、各位来宾

【致辞人】男方领导

各位来宾：

今天是××××年×月××日，是××先生和××小姐结下百年之好的大喜日子。“久热恋，迎来良辰美景；长相思，共赏花好月圆。”此刻的我和大家一样，高兴至极，激动不已。在这里我首先代表××公司的全体员工，向新郎新娘送上最真挚的祝福：新婚快乐！

新郎××踏实厚道、好学上进，在我们单位中一直受到各位领导的赏识，是一个有事业心和责任感的好青年。美丽的新娘真的很有眼光，将来××一定能够成为你一生的依靠。据了解，新娘××是一位优秀的教师，知书达理、秀外慧中。由此看来，这对新人真可谓郎才女貌、天生一对！

今天，我要送给新人两句话：第一句是“一等人忠臣孝子，两件事读书耕田”，希望两个年轻人在今后孝敬父母、尊敬长辈，好学上进、积极进取，堂堂正正做人，踏踏实实做事；第二句话是，“心心相印心系一处，经营爱情经营婚姻”，希望两位年轻人在婚后的漫长日子里，相互尊重，互敬互爱，互谅互让，努力经营自己的爱情和婚姻，让爱情之花常开、婚姻之树常绿！

最后，祝愿你们在天愿作比翼鸟，在地结为连理枝，海枯石烂心不变！也祝愿各位来宾事业发达、万事如意！

范文二：在婚礼宴会上女方领导致辞

【场合】 新婚典礼

【人物】 新郎、新娘、证婚人、主婚人、各位来宾

【致辞人】 女方领导

各位来宾、各位领导，女士们、先生们：

你们好！

金色的十月，秋高气爽，这是一个收获幸福、收获爱情的季节。在这美妙的时刻，我们欢聚一堂，共同见证××先生和××小姐在此踏上爱情的红地毯，步入温馨的婚姻殿堂。甜蜜的爱情在这一刻升华，美好的生活从此共同品味。让我们用世界上最美好的词语祝福他们！

今天的女主角××小姐，是我们单位的一朵金花。她不仅人长得漂亮，而且博学多才，是典型现代东方女性的光辉形象。据了解，我们的新郎也是一位追求上进、勤奋好学的小伙子，而且今天我们也看到他仪表堂堂，真是一位不可多得的人才。××先生和××小姐的结合真可谓天生一对，地造一双！

在这样一个阳光明媚的上午，大堂里歌声飞扬，欢声笑语，天降吉祥。新郎与新娘，情牵一线，踏着鲜红的地毯，即将幸福地走进婚姻的

殿堂。我作为新娘的领导与同事，由衷地为她感到高兴。在此，我衷心地祝愿你们：在生活、工作和学习上相互鼓励，相互帮助，相互关心；在事业上齐头并进，遇到困难时要同舟共济，共渡难关；新娘要孝敬公婆，相夫教子；新郎要疼爱妻子。

最后，再次祝福你们新婚快乐，永结同心，白头偕老，早生贵子！

范文三：在婚礼宴会上双方领导致辞

【场合】新婚典礼

【人物】新郎、新娘、证婚人、主婚人、各位来宾

【致辞人】双方共同领导

尊敬的各位来宾、各位朋友：

大家好！

今天我们欢聚一堂，共同祝贺××先生和××小姐结为夫妻。两位新人都是我单位不可多得的人才，他们勤奋好学，工作积极向上。在这喜庆的日子里，我真诚祝愿你们：百年恩爱双心结，千里姻缘一线牵，海枯石烂同心永结，地阔天高比翼齐飞，相亲相爱幸福永远，同德同心幸福久长！

世界上，每天都会有很多人相互擦肩而过，有缘相逢，却无缘相识；但这对年轻人，在茫茫人海中，不但相逢，而且相识、相知、相爱，并最终结为连理，这就是一种莫大的缘分。这让我想起一句话："十年修得同船渡，百年修得共枕眠"。

今天，为了让两位新人更珍惜这种缘分，我当着这对年轻人的父母和在座来宾的面，对两位新人提三点希望：一是希望你们婚后孝敬双方的父母，善待双方的兄弟、姐妹，亲人、好友；二是希望你们与所有的同事友好相处，夫妻二人齐心协力，同心同德；三是希望你们用自己辛勤的努力共同创造两个人美好的未来！

最后寄语送给这对年轻人："互敬、互爱、互助、互让、互谅、互慰、互勉。"愿在座的各位亲朋好友共同分享这幸福的时刻，尽兴而归！谢谢大家！

新人答谢词

谢词特点：在致答谢词的时候一定要明确致辞的目的，即答谢、宣誓、活跃气氛，需要新人们灵活掌握。语气上应该真诚、发自肺腑。

范文一：在婚礼宴会上新人答谢词

【场合】新婚典礼

【人物】双亲、领导、朋友、亲人、同事

【致辞人】新郎

尊敬的各位长辈，各位亲朋好友：

今天我非常开心，也非常激动。一时间，心中有千言万语，却不知从何说起。此时此刻万语千言只能够会聚为两个字，那就是“感谢”！

首先，我要感谢在座的各位亲朋好友。你们能在这个美好的时刻，特意来为我和××（新娘）的爱情作见证，我们感到十分荣幸。没有你们，就没有这场让我和我妻子终生难忘的婚礼。

其次，我要感谢我们双方的父母。我的父母为了为我筹办这场婚礼，忙碌了多少个日日夜夜，但是他们从没有过一句怨言。借着今天这个机会，我要对我的爸爸妈妈说一声：“你们辛苦了，感谢你们为儿子做的一切。”我还要感谢我的岳父岳母，感谢你们的信任，愿意把自己的掌上明珠托付给我，在这里，当着这么多亲戚朋友的面，我向你们保证一定不辜负二老的信任。也许我不能让她成为世界上最富有的女人，但是我会努力让她成为最幸福的女人。

今天我和心上人××结婚，我们的长辈、亲戚、朋友和领导在百忙当中远道而来参加我们的婚礼，他们带来了喜悦，带来了真诚的祝福。借此机会，让我们再一次真诚地感谢父母的养育之恩，感谢亲朋好友们的祝福。

请在场的所有人跟我们一起分享这幸福、快乐的时光！祝大家心想事成、万事如意！谢谢大家！

范文二：在婚礼宴会上新人答谢词

【场合】新婚典礼

【人物】双亲、领导、朋友、亲人、同事

【致辞人】新娘

尊敬的各位来宾，各位亲朋好友：

大家好！

今天是我与××喜结良缘、百年好合的日子，此时此刻我心情非常激动，借着今天的这个机会，我要说出我心中的三个“感谢”。

第一个，感谢我们双方的父母，是他们含辛茹苦二十几年，将我们养大成人。从我们呱呱落地时起，你们就把全部的爱都给了我们，教我们说话，教我们走路，教我们知识，教我们做人……所有的一切都是你们对我们爱的表达。可是，在我们成长的过程中却经常惹你们生气，让你们操心。如今，我们已经长大成人，并组建起了自己的家庭，从此×家（男方家）多了个女儿，×家（女方家）又多了个儿子。亲爱的爸爸妈妈们，我们一定会好好报答你们的养育之恩，也请你们相信，我们将是这个世界上最幸福的一大家人。

第二个，感谢所有的亲戚、长辈和朋友们。在我们日常的生活和工作中，你们都曾为我俩操心、劳心、费心；相信从今天起，无论是在生活上，还是在工作上，你们都可以放心、安心了。请大家见证，我和××虽然不是最优秀的，但我们的组合将是最美满的、最快乐的、最幸福的……

第三个，感谢我的丈夫××。感谢他包容我的任性，我的坏脾气；感谢他支持我的工作，帮我解决工作中的难题；感谢他不离不弃的相守。亲爱的××，感谢你用宽阔的臂膀给我一个安全的港湾，感谢你用豁达的心胸给我一片舒适的净土，感谢你为我所做的一切一切！

当然，在这个大喜的日子里，我还要感谢为我们忙碌的所有人。技术娴熟的摄影师、摄像师，优秀风趣的主持人，辛勤服务的厨师及所有的工作人员，你们辛苦了！谢谢你们！

我还要告诉我和××的同学、朋友和街坊邻居们：大家今天齐聚在一起，就像一个温暖的大家庭。我们在这里感受到了世上的真情、人间的珍爱，欢迎你们的到来，感谢你们的祝福！

谢谢大家！

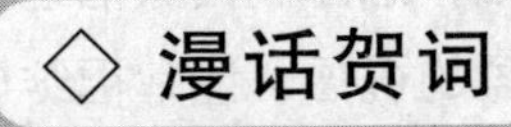

◇漫话贺词

婚庆贺词吉语

1. 新人朋友贺词佳句

兰舟昨日系，今朝结丝萝，一对神仙眷侣，两颗白首同心，今宵同温鸳鸯梦，来年双飞乐重重，新婚同祝愿，百年好合天与共。

永不褪色的是互相的关心，是无穷无尽深深的爱！爱情也因这一刻的融合而更温馨更美好！祝你们白头偕老！

千年等待，缘定三生，今生今世，茫茫人海，你们相遇了，那是一种怎样的缘分啊！今天是你们牵手一生的日子，祝愿你们幸福美满。

从相识到相知，从相知到相爱，从相爱到携手一生，愿你们一路走来，走得甜甜蜜蜜，愿你们在今后的日子里，永远幸福相依。

相爱的手，紧紧相扣，得苍天保佑，把爱进行到永久；两颗相惜的心，真情如金，有大地护佑，将心用力贴紧，祝新婚快乐！为你祝福，为你欢笑，因为在今天，我的内心也跟你一样欢腾、快乐。祝你们，百年好合，白头到老！

2. 新人父母贺词佳句

祝你们共享爱情，共沐风雨，白头偕老，祝你们青春美丽，人生美丽，生命无憾。

两情相悦的最高境界是相对两无厌，祝福一对新人真心相爱，相约永远！你们本就是天生一对，地造一双，而今共结连理，今后更需彼此宽容、互相照顾，祝福你们！

愿你俩用爱去缠着对方，彼此互相体谅和关怀，共同分享今后的苦与乐。祝你们百年好合，永结同心。

3. 证婚人贺词佳句

婚姻是人生大事，你们的选择是那样明智，在这个大喜的日子，我衷心祝愿两位同心同德，携手写一首人生的诗！

今天的风洋溢着喜悦与欢乐，今天的天弥漫着幸福与甜蜜，伸出你们的双手，接住大家的祝福，愿你们白头偕老，新婚大喜！

伸出爱的手，接住盈盈的祝福，让幸福绽放灿烂的花朵，迎向你们未来的日子。

祝贺你们！一生中只有一次美梦实现的奇迹，你俩的整个世界顿时变得绚丽新奇。

但愿天遂人愿，幸福与爱情无边！

千禧年结千年缘，百年身伴百年眠。

天生才子佳人配，只羡鸳鸯不羡仙。

让这缠绵的诗句，敲响幸福的钟声。

愿你俩永浴爱河，白头偕老！

十年修得同船渡，百年修得共枕眠。

于茫茫人海中找到她，分明是千年前的一段缘，祝你俩喜结连理，幸福美满。

4. 来宾贺词佳句

用彼此的深情画出一道美丽的彩虹，架起爱情的桥梁，不分你我，共尝甘苦，融入彼此的生命，敬祝你们百年好合，永结同心。

百合送新人，祝百年好合；玫瑰送爱侣，祝爱情甜蜜；桂圆送夫妻，祝早生贵子；红包送月老，祝你们白头到老！

愿快乐的歌声，永远伴着你们同行，愿你们婚后的生活，洋溢着喜悦与欢快，让以后的每个日子都像今日这般喜悦！

教堂钟声敲响，回荡着我无尽的祝福；龙凤花烛燃烧，映照着你们无边的幸福。在这喜庆的日子里，愿你们相依恩爱永远。

在这“最特别”的日子，送上“最特别”的祝福，给“最特别”的你，希望你过得“特别特别”的幸福！祝“特别”的你，新婚愉快！

各交出一只翅膀，天使新燕，以后共同飞翔在蓝天；各交出一份真情，神仙伴侣，以后共同恩爱在人间。

美丽的新娘好比玫瑰红酒，新郎就是那酒杯。恭喜你，酒与杯从此形影不离！祝福你，酒与杯从此恩恩爱爱！

他是词，你是谱，你俩就是一首和谐的歌。

5. 名人经典贺词佳句

我从灵魂深处爱你，我愿意把生命交给你，由你接受多少就多少，当初是这样，现在也决不变更。——（英）勃朗宁

献上我心香一瓣，朝朝暮暮地盼——你以恋人的手，捧读我的心怀。——（俄）普希金

不要因为也许会改变，就不肯说那句美丽的誓言，不要因为也许会分离，就不敢求一次倾心的相遇。——席慕蓉

婚庆贺词素材

1. 春天婚庆贺词素材

人面如花添雅丽；春风似酒倍香浓。鸳鸯夜月铺金帐；孔雀春风软玉屏。两情如水春做伴；百岁夫妻志相同。雨露滋培连理枝；春风吹放合欢花。花开并蒂山河暖；燕结同心杨柳新。佳节佳期得佳偶；新岁新春做新人。晓起妆台莺对舞；春归画栋燕双栖。春花绣出鸳鸯谱；夜月香斟琥珀杯。柳色映眉妆镜晓；桃花照面洞房春。美满夫妻春宵长；勤劳门第福来临。春入翠帷花有色；风来绣阁玉生香。日丽华堂莺歌燕语；春融绣幕凤舞莺翔。春风熏梅染柳绣大地；情侣蜜意柔情乐洞房。

2. 夏天婚庆贺词素材

才子凌云诗咏雪；榴花映日剑摇风。采花恰值辰初夏；梦燕欣逢麦报秋。晋酒香浮蒲酒绿；榴花艳映烛花红。平圃花枝缠锦带；横塘莲子结同心。一岁光阴今过半；百年伉俪喜成双。弹素月琴奏熏风曲；饮饯春酒题消夏词。玉皎风熏春归夏日；金闺香暖宵短梦长。翡翠屏开石榴茂盛；鸳鸯池满荷蕊香浓。玉树连枝百年启瑞；荷花并蒂五世征祥。菡苗初放香凝碧水；凤凰于飞喜满华堂。才子凌云佳人吟月；榴花映日蒲叶摇风。桅子结同心喜向帘前唤鹦鹉；莲花开并蒂笑看池畔宿鸳鸯。

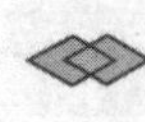

3. 秋天婚庆贺词素材

秋宵如此浑无价；良夜何其乐未央。案上金橘呈祥瑞；阁中佳偶绽笑容。诗题红叶藏金缕；露滴黄花点翠黛。云梯欲上攀丹桂；月殿先登晤素娥。黄花吐艳东篱月；丹桂飘香北国诗。吉日恰逢桂子熟；新婚喜庆月儿圆。瑶琴一曲两心悦；月殿三秋五桂香。秋满瑶台恩爱久；月明银汉幸福多。吉日欣逢桂花放；新婚喜看枫叶红。黄菊绽金贺佳偶；枫叶流红庆良缘。同心结染红叶色；并蒂花凝金桂香。不需鸿雁传书简；自有金橘饰洞房。

4. 冬天婚庆贺词素材

雪案联吟诗有味；冬窗伴读笔生香。皓月描来双燕飞；寒霜映出并头梅。丹山凤振双飞翼；东阁梅开并蒂花。评花赋就梅妆额；咏絮诗成雪满阶。梅花芳讯先春试；柳絮吟怀小雪初。梅雅兰馨称佳品；花情月意赞良缘。小梅香里黄莺唠；玉树荫中紫凤来。锦瑟声中莺对舞；玉梅花际凤双飞。两姓良缘天作合；三冬好景月初圆。钟情佳偶同心结；傲雪梅花着意开。梅花摇落铺吉地；瑞雪飘飞饰洞房。

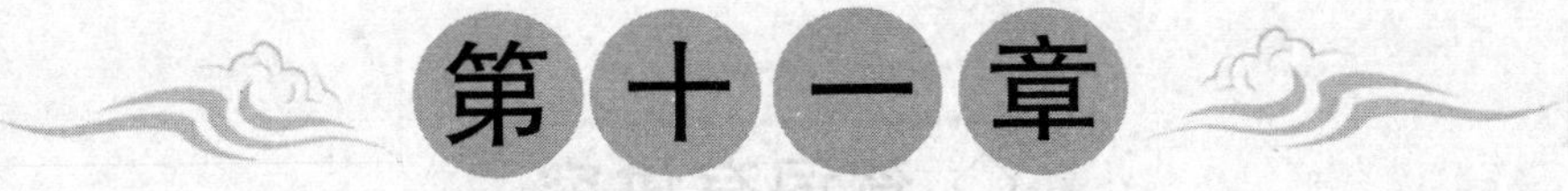

第十一章

贺生日

——年年有今日，岁岁有今朝

生日庆典是中华民族的一个古老传统，人们借此方式为对方祈福、庆贺。在这样一个特殊的日子里，一句真诚的祝福，一个美好的祝愿，一篇动情的贺词，远胜过芬芳的鲜花，胜过昂贵的礼物。无论是对少年的期待，还是对中年的赞美，抑或对老年人的祝愿，得体的贺词在生日宴会上都是必不可少的。

◇ 贺词有讲究

中国祝寿礼仪

在中国祝贺生日，最早是起源于南朝孩子生日宴客的习俗，后来就渐渐成了习俗。一般的年岁生日过得较为简单，逢十的生日过得隆重一些。不同的年岁生日庆贺的方式也不同，20 岁之前是父母给孩子庆贺，会送礼物表达一些希望和祝愿。成年到 50 岁基本都是自己给庆贺，多为朋友、同事间的祝福。按照民间的说法，50 岁之前都叫做“小生日”。50 岁之后，都是晚辈给长辈过生日，称为“做寿”，民间称之为“大生日”。

给 50 岁以上的长辈做生日又称为“祝寿”，一般都是小辈组织，给长辈设宴、送礼物等，表达对于长辈健康长寿的美好祝愿，既是孝心的表现，也是对于尊老爱老的中华传统美德的一种继承。中国的祝寿有很多礼仪，因为祝寿对象一般是家中德高望重的老人，因此，从各方面都十分讲究。

祝寿的年龄：祝寿的年龄通常都在 50 岁以上，整年会大操大办，60 岁为花甲，70 岁为古稀，80 岁、90 岁称为耄耋之年，百岁称为期颐之年。另一种说法：50 岁为暖寿、半百添寿；60 岁为小寿；70 岁为中寿；8 岁为上寿、大寿；90 岁为绛老添寿；百岁为期颐。各个地方祝寿的年龄也会略有差异，有的地方除了整岁外，像 73 岁、84 岁等也都是要举行庆典的。

祝寿的礼品：一般来说，前去给老人祝寿，都要赠送一些礼物，称为“寿礼”，在寿礼的选择上，应选择具有长寿、平安、吉祥等寓意的物件。比如传统的有寿幛、寿桃、寿饼、瓷寿星等，有些地方还会在寿礼外面写上一些福、禄、寿等大红字。如今，寿礼并不仅仅局限在这几个方面，晚辈可以根据长辈的需求或者喜好来送寿礼，比如送玉器、字画、工艺品、衣服、鞋帽、按摩仪、保健品等，只要符合老人的心意即可。

祝寿的准备：祝寿的前期准备一般都由老人的子女操办，门前要张灯结彩，厅堂上要点红蜡烛、摆香案、铺红毯，准备客人吃的宴席等，还有一些地方会在祝寿开始的时候跪拜祖先。宴席根据各地的风俗会略有不同，一般来说寿桃、寿糕、寿面是必不可少的，宴席菜品一般为双数，很多地方为了取十全十美的寓意，也会准备十大碗荤菜。

拜寿的礼仪：拜寿的时候，宾客要依次向老寿星一一道贺，平辈的话就拱手祝贺，晚辈的话要鞠躬或者跪拜致贺词，如果是年幼晚辈，还要行跪拜大礼，以示对长辈的尊敬。客人在拜礼的时候，一般老寿星或者家人会在一边致谢。

总之，在祝寿的时候要一切以老寿星为中心，突出“福禄寿”的寓意，让老人可以过一个热闹而有意义的生日。

“吃蛋糕吹蜡烛”的由来

中国传统的贺生日，是吃寿面。然而随着中西文化的交流，现在人们过生日，尤其是年轻人，都要买上一个蛋糕，并在蛋糕上插上蜡烛，点燃，然后吹灭许愿。这虽然是西方的过生日习俗，但是，在中国却已经深入人心，几乎成为了过生日的一个必需程序！那么，对于这个舶来品的洋习俗大家了解多少呢？下面就给大家说一下生日蛋糕和吹蜡烛的由来。

吃蛋糕吹蜡烛的方式发源于古希腊。当时的古希腊信奉的是月亮女神阿蒂梅斯，因此，在每年月亮女神阿蒂梅斯生日的时候，大家都要举行盛大的庆典来庆祝。人们为了表示对月亮女神的尊敬和崇拜，在庆典的那天，会在祭坛上供奉很多的蜂蜜饼以及在周围点上亮亮的蜡烛营造出一种神圣的氛围。

后来，人们在为孩子过生日的时候，就模仿月亮女神生日时的做法，为孩子们准备糕点和蜡烛。他们这样做是对孩子美好的祝福，希望孩子可以健康成长。刚开始，这个庆祝方式只是为孩子准备，后来，逐渐扩大范围发展到成年人中间。再后来，人们将这种方式完善，增加了吹蜡烛的环节，认为如果能够一口气将蜡烛全部吹灭，心中的愿望就会实现！在古希腊人眼中，蜡烛是具有神秘力量的，因此，吹蜡烛也是一项比较重要、神圣的庆祝方式。这项庆典后来流传了整个欧洲，成为人们庆祝生日的主要方式。

后来，随着中西方文化的融合，我国也接受了古希腊的这个古老生日习俗，在过生日的时候也会吃蛋糕、吹蜡烛。现在，人们对吃蛋糕、吹蜡烛也有了一个新的解释，蛋糕代表甜蜜、代表庆祝。其实，和中国的寿桃、寿面有异曲同工之妙。蜡烛会根据人们年龄来决定数量，吹则表示会将厄运吹走！

总之，无论是中国的还是西方的生日庆祝方式，都是对生日美好的祝福！

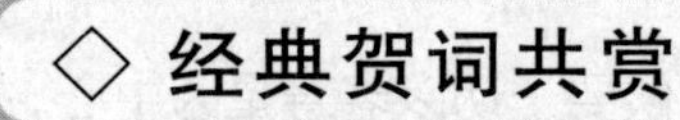

◇ 经典贺词共赏

1 周岁生日贺词

范文：庆××小朋友 1 周岁生日贺词

【场合】××小朋友 1 周岁生日庆典

【人物】家人、亲戚朋友、××小朋友

【致辞人】孩子的父亲

亲爱的儿子：

今天是你 1 周岁的生日，爸爸首先祝福你生日快乐！

孩子，一转眼你已经 1 周岁了，爸爸的脑海中还是时刻浮现出你刚刚出生的模样！当你还在你妈妈的肚子里的时候，我们就对你充满了期待，想象着你的模样，想象着你到来后我们家的情景。为了你的健康，你妈妈尽量多吃有营养的食物，即使有很多是她之前根本不爱吃的。为了你，你妈妈真的很辛苦。

你出生那天，当你妈妈被推进产房时，我和你的爷爷奶奶、姥姥姥爷在外面等待着。孩子，你知道我在等待的时候想些什么吗？我并没有想你到底是男孩子还是女孩子。我一直在祈祷，我祈祷你和你妈妈都能平平安安走出产房，我祈祷你是一个健康的孩子。正在我为你们母子祈祷的时候，一声响亮的啼哭将我的思绪拉回了现实，我立刻走进产房，我看到了一个健康的你和你筋疲力尽的母亲。谢天谢地，你们母子平安，我的心终于落了下来！

你终于来到这个世界了，我和你妈妈的二人世界变为了三口之家，我们家从此多了婴儿的啼哭，也多了许多欢声笑语！你的一举一动、一哭一笑都深深地让我感到幸福！这是一个爸爸的幸福！

今天，你 1 周岁了，你健健康康、快快乐乐地度过了人生的第一个年头！在这里我代表你向你的妈妈道一声辛苦，因为，平时她照看你最多，也是她将你带到这个世界上的。我也要感谢我亲爱的老婆，感谢你对儿子的付出！

儿子，今后你还有很长的道路要走，你的人生之路才刚刚开始，还有许许多多的人生体验等着你去经历、去尝试。不过你不要害怕，爸爸妈妈会在你身边，支持你、保护你、祝福你！

宝贝，你要做一个勇敢的孩子，将来成为一个真正的男子汉！爸爸祝愿你永远健康、快乐！

30 岁生日贺词

范文一：庆 30 岁生日贺词

【场合】给老婆庆祝 30 岁生日

【人物】丈夫、妻子

【致辞人】丈夫

亲爱的老婆：

今天是你 30 岁的生日，我首先要祝你生日快乐，身体健康！

我是一个不善于表达的人，对你我很少会说缠绵的情话，也没有海誓山盟的诺言，更没有风花雪月的浪漫。有时候我觉得爱到深处本就无言，情到浓时也无须多语。但是无论说与不说，都请你相信：你是我今生的挚爱，是我此生的全部。

缘分让我们相知、相识、相爱、最终相守。激情燃烧的时候，不知道爱情路上同样会有风雨坎坷；激情退却的日子，才明白责任并不是一腔热忱。激情化为平淡，爱情被亲情取代以后，才领悟到什么才是爱情的真谛——是真心的相守，是彼此的惺惺相惜。老婆，谢谢你给了一个温馨的家，让我感受到了婚姻并不是爱情的坟墓，而是更真实的幸福！

婚后的第三年，我们迎来我们家的第三个成员——我们可爱的女儿，从此我们成了一个幸福的三口之家。你的角色有了新的转变，成为了一名神圣的母亲，对于一个突然到来的小家伙，你有点儿措手不及，由于没有任何的育儿经验，你常常被孩子弄得手忙脚乱，还好，我们在双方父母的帮助下，顺利过渡成为了一个好妈妈、好爸爸。现在，我们的女儿已经两岁了，活泼健康，这都要归功于你。老婆，再次谢谢你，让我荣升了爸爸这个神圣的职位，是你给我们家带来了一个小天使！

老婆，我们都到了而立之年，但是，你的丈夫还没有多大的成就。我这辈子估计不能让你大富大贵了，但是我一定会让你感受到幸福。希望你能明白老公爱你、爱家的一颗心！老婆，你总说我不懂浪漫，总是不愿意说我爱你，今天，是你的生日，我也要浪漫一把，大声对你说一句：我爱你！

老婆，祝你生日快乐，永远健康美丽！

范文二：庆 30 岁生日贺词

【场合】庆祝自己的生日宴会

【人物】亲朋好友

【致辞人】本人

亲爱的朋友们：

大家好！

非常感谢大家能够前来参加我30岁的生日庆典，在此，我对大家的到来表示深深的感谢和热烈的欢迎。

过了今天，我就正式地加入到30岁的人生行列了。俗话说“三十而立”，30岁就是人生的一道分水岭，30岁的我已经踏入社会多年，30岁的我已经担负起了家庭的责任，30岁的我上有老下有小，但是，我是快乐、幸福的！

30年前，我出生在一个小城市的职工家庭中，父母收入虽然不高，却捧着当时的“铁饭碗”。那时候父母响应国家“计划生育”的号召，只要了我一个孩子。虽然我备受爸爸妈妈、爷爷奶奶的宠爱，可是因为没有兄弟姐妹，当我看到其他小朋友和哥哥姐姐玩的时候，我还是不免有些失落。特别是当我放假的时候，邻居的孩子可以在哥哥姐姐的带领下外出玩耍，我却被反锁在家中。不过正是因为这样的背景，书成了我最好的伙伴，那个时候读的书一直影响着我。

时代在不断变化，我也在不断长大，我在父母的教导下，在和朋友的嬉闹中，在经历了托儿所、小学、初中、高中后，我进入了大学。这是我第一次远离父母、独自生活，很清楚地记得当时的我满怀激情、心情激动，一方面是对新生活的憧憬，另一方面也是因为离开了父母，我将更加自由了！就这样我像被释放的小鸟一样，度过我愉快的四年大学生活。四年后，我被大学无情地丢到社会上，但是我不怕。我认为，我年轻，我应当出去闯荡，于是，我告别父母和亲友，独自到南方去找工作闯荡。可是，生活的不易立刻就显现在了我的面前，我被生活打败了，生活并没有我想的那么简单。在南方的那段日子里，是我人生里最艰苦的日子，也经历了生活中种种磨砺，打工被骗、身无分文流浪街头。后来在我放弃了南方，回到了家乡。命运或许真的是被安排的，在南方如此潦倒的境遇，回到家乡后却立刻好转了，不久我就找到一份喜欢的工作，还经过朋友的介绍结识了我现在的妻子。真可谓爱情事业双丰收啊！

因为有过痛苦的经历，因此我十分珍惜眼前的幸福，我工作努力，

积极向上，果然，付出是有回报的。到今天，虽然不能说我是成功的，但是至少我没有遗憾，工作稳定，收入尚可，父慈子孝，妻子贤惠，有的时候我总觉得上天太过于眷顾我了，让我能够拥有这么多的幸福！

今后，我将继续努力，珍惜拥有的，给家人更多的幸福！最后，我祝所有的家人和朋友天天开心、生活幸福！

40岁生日贺词

范文一：庆40岁生日贺词

【场合】40岁生日宴会

【人物】亲朋好友

【致辞人】女儿

亲爱的妈妈：

今天是你40岁的生日，我和爸爸精心为你准备了一个生日聚会来为你庆祝，希望你能喜欢！

妈妈，你每年都会为我过生日，可是，在我的印象里，你好像从来没有给自己过过生日，虽然我知道你的生日是哪天，但是，我总是忘记，而您自己也从来没有提起过！请你原谅女儿的粗心大意！

开学的时候，班主任为我们举行了一次以“感恩”为主题的班会，在班会上，她问我们爸爸妈妈是不是每年给我们庆祝生日，全班都举手了！她又问我们是否给自己的爸爸妈妈庆祝过生日，我们班总共有45个人，可是，才只有10个人举手。那时候我惭愧极了，我多想自己就是那10个人的其中之一，可惜没有我，我感觉自己不是一个孝顺的女儿，我没有做到感恩母爱！老师告诉我们，后悔是没有用的，要用实际行动来弥补自己的过错，因此，我决定以后每年都要给你庆祝生日！

妈妈，今年是我第一次为你庆祝生日，恰巧是你的40岁生日，本来我想和爸爸单独为你庆祝，但是爸爸说40岁生日是人生重要的生日，于是，我们就决定将所有的亲戚和朋友都请过来，为您开一个生日聚会，好好地庆祝一番！请原谅，我们没有事先告诉你，那是因为我们想给你一个惊喜！

妈妈，在这里我要感谢您，感谢您给了我生命，感谢您和爸爸给我了一个温暖的家，让我享受快乐，拥有幸福！妈妈，今后，我会努力做一个好女儿，让你为我骄傲和自豪！妈妈，我以后也会努力工作，孝顺你和爸爸！

妈妈，我和爸爸为了让你的生日过得更加有意义，我们还精心制作了一个视频。刚刚我看见你在看视频的时候哭了，我知道您是感动得哭了。但是，我也不希望你哭，我希望你每天都能开怀大笑！我希望我们家永远都充满了欢声笑语！妈妈，记住，以后不准哭，只能开心地笑哦！

妈妈，在这里我祝您越活越年轻，身体健康，工作顺利！妈妈，我爱你！

范文二：庆 40 岁生日贺词

【场合】40 岁生日宴会

【人物】同事、亲朋好友

【致辞人】本人

尊敬的各位来宾、各位好友：

大家好！

欢迎大家前来参加我的 40 岁生日庆典，你们的到来让我和我的家人都感到十分荣幸！我首先代表我的全家和我自己向大家表示衷心的感谢！

古语说：四十不惑。到了 40 岁的年龄，人生已经到达另一个分水岭，已经达到一定的高度，也是压力最大的时候，但是，这个时候，我们也经历了很多人生的大起大落，对人生的感悟也多了一层。在这个不惑的年龄，我希望对我的亲朋好友说一些肺腑之言。

首先，我要感谢我的家人。我的父母、妻子、孩子，是你们给了我

一个温暖的家，是你们一直在背后默默地支持着我，是你们让我有了打拼的动力，是你们让我的在疲劳的时候能够得到安慰。家人，是这个世界上最亲密的人，也是我生命中最重要的人，我这一生都将用自己最大的能力来守护你们。爸妈，感谢你们将我抚养长大，给我良好的教育，让我的人生有一个好的起点；老婆，感谢你对我的信任，感谢你给予我爱情并答应做我的妻子，你是我坚强的后盾，解决了我的后顾之忧；女儿，感谢你的到来，让我明白了一个父亲的责任，也让我知道了为人父母的艰辛，体会到了你爷爷奶奶的良苦用心！

其次，我要感谢我的朋友们。我亲爱的朋友们，因为有你们的一路陪伴，我的生活才更加充实。没有朋友的人生是灰暗的，每个人都需要朋友，友谊是人生不可或缺的情感。我感谢你们给予了我深厚的友谊，感谢你们在生活中对我的关心和支持，感谢你们在我失落的时候给予我安慰，感谢你们在我困难的时候伸出的援助之手。在此，我祝我所有的朋友们家庭幸福、身体健康、工作顺利！

再次，我还要感谢我的领导和同事们。感谢领导这么多年对我的栽培和指导，感谢同事们这么多年相互的扶持和协作。能够在这样一个团结、友好的集体工作，我感到十分荣幸，也十分的幸运。今后我会继续在这个我热爱的集体中发挥自己的余热，为企业创造更大的效益！在此，我祝我的领导和同事们幸福美满、万事如意！

最后，我再次向大家的到来表示衷心的感谢，希望大家能够度过一个愉快的夜晚，也希望大家的生活每天都是阳光灿烂的！谢谢大家！

50 岁生日贺词

范文：庆 50 岁生日贺词

【场合】50 岁生日庆典

【人物】亲朋好友

【致辞人】丈夫

各位亲朋好友：

大家好！

欢迎大家前来参加我老伴的50岁生日庆典，在这里我代表全家向前来参加此次庆典的亲朋好友们表示热烈的欢迎！感谢你们对我老伴的祝福。

今天，我在此为老伴举行50岁生日庆典，主要有两个目的：一来当然是为了庆贺老伴的生日，为她祈福。二来也是想要亲朋好友在一起聚一聚，大家难得聚在一起。今天，就借着这样的机会，把大家集合在一起叙叙旧，希望大家能够在这里度过一个美好的夜晚！

还记得20多年前，我第一次看见你的情景，当时我就认定了你，我就认为你能够和我共度一生。于是，我们在情投意合的情况下，顺理成章结婚生子。那个时候，我们都是很年轻，可是一眨眼，我们都50多岁了。今天，是你的50岁生日，我想对你说声："生日快乐！"

老伴，我们结婚28年了，孩子也已经26岁了，在这28年的时间里，我们携手走过，虽然我们经历过风风雨雨，虽然我们也曾经有过小吵小闹，可是，这些并没有影响我们相互扶持。我们只当这些是生活中的小插曲，是平淡生活的调味剂。老伴，这些年辛苦你了，虽然我从来没有说过，可是你的辛苦，我都记在心里呢！这些年，我工作忙，家里的一切都是你在照料。你又要上班，又要顾家，还要照顾孩子，身兼数职。你虽然也曾抱怨过，也曾不满过，可是，你也只是嘴上说说，从来没有和我真正计较过。老伴，在这里，我向你郑重说一声："辛苦了！"

老伴，我知道你年轻的时候是一个事业上有抱负心的人，你曾经想拥有一份自己的事业，可是，后来你为了照顾家庭，让我好好发展事业，你放弃了，你因为家庭和孩子耽误了自己的事业发展，甘心做一名普通的职员。老伴，我在此谢谢你的牺牲，你为了我们家操劳一辈子，工作上虽然有遗憾，可是，当你看到我们那么优秀的儿子，这就是你最大的成就。

老伴，作为你一生的陪伴者，我在这里祝你生日快乐，年年有今日，岁岁有今朝！

60 岁生日贺词

范文一：庆 60 岁生日贺词

【场合】庆 60 岁生日宴会

【人物】亲戚、朋友

【致辞人】儿子

尊敬的各位长辈、亲朋好友：

大家好！

今天，我邀请众位长辈、亲戚、好友来到这里，是为了庆祝我母亲 60 岁的生日。在此，我代表我们兄弟姐妹三人向大家表示热烈的欢迎和衷心的感谢！向我的母亲说一声："祝您福如东海，寿比南山！"

世界上最伟大、最无私的人是母亲；世界上最伟大、最无私的爱是母爱！人生在世能够得到如此伟大的爱，无疑是幸运的，也是幸福的。感谢母亲给了我们无私的爱，给了我们温暖的家！

母亲是睿智的，虽然仅仅初中毕业，可是，她知道学习的重要性，不仅自己在工作中不断学习，还鼓励我们学习，严格要求我们，因此，我们兄妹两人都接受了高等教育；母亲是勤劳的，冬天她会给我们织毛衣，夏天她会给我们做衬衫，记忆中我的衣服几乎全都是母亲自己裁剪，那样载满母爱的衣服是现在的孩子所不能体会的；母亲是慈爱的，每次我们生病的时候，母亲总是无微不至地照顾着，有时候日夜守护；母亲也是严厉的，我依稀记得在我犯错误的时候，她对我冷酷的批评，也正是这样的批评让我更加深刻地认识了自己的错误。这就是我的母亲，她用自身向我们阐述生活的真谛，她是我们的表率，是我们的楷模，我这一生将以她为典范，严格要求自己，规划自己的人生！

母亲，今天是您的 60 大寿，我和妹妹在这里举行庆典为你庆祝，感谢您对我们多年的操劳，你的恩情我们难以回报！"养儿方知父母恩"，自从自己做了父亲以后，我才真正明白了父母的不易。如今，父母老了，我们也为人父母了。作为儿子，我没有任何的理由去推卸我的责任，我没有任何的理由不孝顺父母，以后，我会加倍珍惜和母亲共度的每一天，我希望母亲在今后的日子里能够开心快乐，尽享天伦之乐！

最后，再次感谢各位长辈、亲朋好友的到来，祝你们合家幸福、身体健康！

范文二：庆 60 岁生日贺词

【场合】庆祝 60 岁生日的宴会

【人物】老战友、朋友

【致辞人】老战友

战友们、朋友们：

大家好！

今天我非常荣幸能够参加我的老战友××的 60 大寿的庆典，在此，我代表所有的战友向××表示最真诚的祝福，希望老战友在今后的日子里能够越活越精神，身体好、心情好、一切都好！

老战友，我们已经认识有 40 年了，我们虽然不是同一批进入部队的，可是，我们有幸能够在一个班集体生活，有幸一起作战多年！不得不感慨时间的流逝啊，当年你是我们班年龄最小的一个，如今也已经 60 岁了，我们从当时的热血战士也已经变成了爷爷辈的人物。

我们能够成为战友，并肩战斗，结下一生的友谊，这真是一件值得高兴的事。当年我们从祖国的四面八方来到××市，从此一起出生入死，一起并肩战斗，一起保卫祖国。艰苦的训练不仅锻炼了我们的身体，更加磨炼了我们的意志，增进了我们的战友情。我们之间的情谊是任何情谊无法比拟的，这是生死与共的情谊，这是人间最质朴的情谊。

老战友，我们 60 多岁了，人生已经进入暮年，我们的一辈子也即将有个结尾！回首我们的一辈子，虽然没有很大的辉煌，但是，我们完全可以说：这辈子无怨无悔！我们从十几岁就开始投身到保卫边疆的伟大事业中，30岁转业到地方，继续为地方的建设作出贡献。现在，我们退休了，国家要我们退休，我们就要遵从国家的安排！但是，对于我们来说，退休并不等于是休息，恰恰是我们人生的另一个开始。从此后，我们虽然不在岗位上贡献力量了，可是我们还可以为家庭、为社会奉献余热！我们以后依然要保持良好的精神状态，以后我们的生活依旧是多姿多彩的！老战友，我知道你是一个倔犟的人，一个不服输的人，我希望你也可以将你那不服输的劲头用到和年龄的争斗中，希望你可以将60岁的人生活得像30岁一样精彩、一样有活力！

最后，祝生日快乐，愿你万事如意，心想事成！也祝各位老战友、朋友们合家幸福、笑口常开！谢谢大家！

70岁生日贺词

范文一：庆70岁生日贺词

【场合】庆祝母亲70大寿的生日宴会

【人物】亲戚朋友、儿女、寿星

【致辞人】女儿

亲爱的妈妈：

今天是您的70大寿，我们兄弟姐妹特地为您举办了生日庆典，为您祈福祝寿。祝您在新的一年里：福同海阔、寿比南山。

妈妈，我作为您最小的女儿，同时也是陪伴在您身边时间最长的人，在您那里我得到了比其他哥哥姐姐更多的爱和照顾，因为有您的爱，我觉得自己是这世界上最幸福的人！平时我总是忙工作、忙家里，很少有机会和你话话家常，说说心里话。今天，趁着给你祝寿的机会，终于能和你好好地说说心里话了。

妈妈，因为我是家里最小的孩子，所以从小你就教导哥哥姐姐要爱护我，您对我也是百般呵护。从小我就感到很幸福，因为我们家是一个和睦的家庭，到处都充满了温暖和亲情。这一切的功劳都要归功于您，您虽然没有受过太多的教育，但是不可否认您是睿智的。您总是教导我们，一家人要相亲相爱、要和睦相处，哥哥姐姐要照顾弟弟妹妹，弟弟妹妹要尊敬哥哥姐姐，就是在您这样的教导下，虽然我们有兄弟姐妹四个，但是很少发生纷争，一直都非常亲密，直到现在我们依旧相亲相爱。甚至我们的下一代也在您的教育下，相处也十分融洽，就像亲兄弟姐妹一样！妈妈，这是您教给我的第一个人生道理，那就是和家人相亲相爱，亲情是永远不可磨灭的！

妈妈，从小您就教导我们要做一个正直、善良、坚强的人。以前，我太年轻，并没有深刻理解您的意思，但是，当我经历了社会上的风风雨雨之后，我开始能够去体会了。正直、善良、坚强确实是我们必须具备的品质，只有那样的人才可以经受得住命运的考验，才不惧怕生活的艰辛，才能拥有更多的快乐。我相信您教给我的这些，将会是我一生的财富！谢谢您，妈妈！

妈妈，现在我们都已经成家立业了，您也一天天地老去。但是您对我们的关心、对我们的爱丝毫没有减少。虽然我们因为工作的原因不能天天陪着您，但是请您相信我们是爱您的。我们时刻记着您的叮嘱，也时刻想念着您慈爱的面容。妈妈，我感谢您赐给了我生命，是您教会了我做人的道理，无论将来怎么样，我永远爱您，祝您在新的日子里身体健康，万事如意。

范文二：庆 70 岁生日贺词

【场合】庆祝 70 岁寿辰的宴会

【人物】亲朋好友、寿星

【致辞人】孙女

各位亲朋好友：

大家好！

欢迎你们前来参加我奶奶的 70 大寿庆典！在这里我代表我们全家向你们致以最热烈的欢迎！同时感谢大家对我奶奶的关心和祝福！此时

此刻，我非常激动，在这样一个美好的时刻我要送上一副对联，祝我的奶奶生日快乐，永远健康。上联是："增福增寿增富贵"，下联是："添光添彩添吉祥"。横批是"幸福安康！"

俗语说：人生七十古来稀。70 年的沧海桑田、70 年的风雨相伴，奶奶的额头上早已有了岁月的痕迹，奶奶的头发也已经花白了，但是，此时的奶奶依旧神采奕奕，依旧精神矍铄，她乐观开朗的性格依然具有强大的感染力。

奶奶的一生非常不容易，在我爸爸很小的时候，爷爷就不幸去世了！从此，奶奶用她瘦弱的肩膀扛起了整个家，并且含辛茹苦养育了四个孩子！记得爸爸说过，当时奶奶才 30 多岁，很多人都劝她改嫁，可是，奶奶舍不得孩子们，怕孩子们受苦受气，于是她毅然决定独身一人抚养子女。那个年代，一个女人独自抚养四个孩子是多么的艰难，可是，奶奶用她坚强的意志、吃苦耐劳的精神挺了下来，并且还让叔叔和小姑上了大学。一个如此贫困的家庭，能够培养出两个大学生，是多么的不容易！我无法想象，奶奶是如何熬过那段艰苦的日子的，在这里我对奶奶表达一下我对她深深的敬佩！

不过，苦尽甘来，儿女们成人后，奶奶的苦日子也结束了！谁言寸草心，报得三春晖！如今，奶奶的四个孩子不仅都小有成就，而且非常孝顺。现在奶奶儿孙满堂，个个都非常孝顺奶奶、尊敬奶奶！现在，奶奶就是我们全家的福星，我们都以最大的能力来给奶奶一个更加舒适美好的生活！奶奶的辛苦没有白白付出，奶奶无私的爱得到了回报！

在这里，我代表孙子辈的所有人向奶奶拜寿，感谢奶奶对全家的付出，感谢奶奶对我们的悉心照料，感谢奶奶教育我们做人的道理！

最后，我祝愿奶奶身体健康、永远幸福！也祝各位长辈、亲朋好友平安健康、合家欢乐！谢谢大家！

80 岁生日贺词

范文：庆 80 岁生日贺词

【场合】80 岁生日的宴会

【人物】亲朋好友、寿星、家人

【致辞人】女儿

各位来宾、各位朋友：

大家晚上好！

感谢你们能够前来参加我父亲的 80 岁生日庆典，感谢你们为我的老父亲送上最真挚的祝福。在此，我代表我们全家人向你们表示衷心的感谢！作为女儿，在这个值得庆贺的日子里，祝父亲生日快乐、幸福安康！

父亲已经 80 岁了，父亲的一生十分不易，从 18 岁就开始为了生存到处漂泊，他走南闯北、颠沛流离，饱尝了人间的艰辛，不过那些都过去了！新中国成立后，父亲进入了国营大厂工作，后来经人介绍认识了母亲，生下了我们兄弟姐妹 3 个。当时的生活是困难的，即使父母都在工作，可是要养育我们 3 个人也是非常吃力的，因此，我们的日子过得十分清贫，可是，清贫的日子并没有影响到我们的幸福！或许是曾经受到很多磨难，父亲拥有乐观、积极的心态和百折不挠的精神，即使在食物紧缺、我们只能以稀饭糊口的日子里，他依旧给我们讲故事、说笑话，把我们逗得哈哈大笑，因此，在童年困苦的日子里，我没有留下任何痛苦的回忆，反而充满了快乐的笑声！这一切都要感谢父亲！

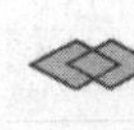

渐渐地，我们都长大了，陆陆续续离开了父亲身边，父亲也退休了。退休后的父亲，操劳了一辈子却没有停下忙碌的脚步，他义务到街道当起了宣传员，为大家服务，发挥着他的余热。如今，父亲虽然已经 80 岁了，可是父亲身体硬朗，心态积极，丝毫不比年轻人差，希望父亲能够永远保持一份好心态，拥有一个好身体！

父爱如山，深沉而厚重。母亲对我们的爱就像涓涓细流一般，从琐碎的事情一点一滴给予了我们。但是父亲不一样，他平时看上去好像并没有母亲那么关心我们，但是总能在关键的时刻给予我们指导，指引我们走向正确的人生道路！这种爱是深沉的、是伟大的，感谢父亲给予了我这样的爱，并让我受用一生！父亲，或许您不认为自己多么伟大，您认为您只是尽到了一个父亲的责任，可是，在儿女们的心中，您的形象永远是高大的！即使您现在的身体已经弯曲，即使您现在已经满头银发，可是在女儿眼中，您依旧是伟岸的！

我们是幸运的孩子，我这样说是因为您和母亲都是开明的家长。我们的很多决定，你们并不以父母的威严采取“独裁专断”，而是给我们充分的民主，对于我们的大多数正确的决定也是给予理解和支持。即使我们无意中犯了错误，您也从不打骂，而是讲道理，告诉我们错在哪里。正是因为这样，我们兄妹三人才能够选择自己喜欢的专业，做自己喜欢的工作。父亲，您对子女的开明，不仅影响了我们一生，也影响了我们对下一代的教育，我们秉承了您的生活态度，延续了您的开明思想，因此，我们家一直都处于和睦、融洽的状态，没有任何的纷争，有的只是互相帮助和体贴！

父亲，在您 80 岁生日庆典的今天，女儿想对您说：“爸爸，我们永远爱你，祝你健康长寿！”

百岁生日贺词

范文：庆百岁诞辰贺词

【场合】百岁老人寿辰宴会

【人物】原单位的领导、亲朋好友

【致辞人】原单位领导

各位来宾，朋友们：

大家好！

今天是我们厂最受尊敬的技术工人××老先生的百岁诞辰，我很荣幸能够代表我厂先前的领导干部们前来为××老先生祝寿。在此，我谨代表现在单位的全体领导班子成员以及所有的员工向××老先生表达最衷心的祝福，祝您：寿比松龄，福寿康宁！

××老先生是我们单位德高望重的员工之一，也是深受我们爱戴和尊敬的老前辈！我们工厂成立于20世纪30年代，老先生就是我们工厂的第一批员工，那个时候，老先生还是一个20岁出头的小伙子。他进厂的时候还是一名学徒工，没有丝毫的技艺，可是，老先生具有很强的钻研精神，三年出徒以后，他就可以独当一面，成为了一个熟练的技术工。但是，他的追求没有仅止于此，他还不断自学，有时间还会跑到大学课堂去旁听。当时，我们国家的技术是落后的，不要说技术，甚至连指导书都很少，很多都是从国外拿过来的英文本。老先生为了进一步提高自己的水平，就开始自学英语，在没有任何人指导的情况下，仅凭着一腔热血，他就自学成才了！

1949年以后，国家为了大力发展工业，培养人才，决定从我们厂选派三人到国外学习，老先生就是其中一个，也是我们1949年以后第一批派遣的留学生。三年后，老先生学成回国，成为了我厂重要的技术人才！随后的几十年，老先生一直兢兢业业、努力钻研，不仅研究出了新的技术，还为我厂培养出了一大批有用的人才。老先生退休后，不甘寂寞，自主自愿为我厂提供服务，继续发挥自己的余热。可以说我们厂能够有今天的成就老先生功不可没，而他也将是我们厂永远的丰碑、永远的模范！

总结××老先生的一生，他给我们留下了太多的人生财富。老先生拥有的刻苦钻研、兢兢业业、任劳任怨的精神值得我们学习；老先生自主创新、大公无私的精神值得我们发扬；老先生淡泊名利、乐于奉献的品格值得我们继承。希望，我们单位所有员工能够学习和发扬老先生的精神！

看到老先生百岁高龄还如此健康，我非常高兴，希望老先生能够永远健康、开心，祝您生日快乐，福如东海、寿比南山！

◇漫话贺词

祝寿吉语

祝男寿

东海之寿 南山之寿 如日之升 耆英望重 河山同寿

天赐遐龄 寿比松龄 天保九如 寿富康宁 海屋添筹

祝女寿

王母长生 萱庭集庆 婺宿腾辉 福海寿山 蟠桃献颂

北堂萱茂 璇阁长春 慈竹风和 眉寿颜堂 星辉宝婺

祝男女寿

九如之颂 日月长明 蟠桃献颂 松林岁月 松柏长青

祝无量寿 蓬岛春风 晋爵延龄 福如东海 鹤寿添寿

寿城宏开 称觞祝假 寿比南山 奉觞上寿 祝夫妻双寿

福禄双星 日年偕老 天上双星 双星并辉 松柏同春

华堂偕老 桃开连理 鸿案齐眉 极婴联辉 鹤算同添

寿域同登 椿萱并茂 家中全福

庆生吉语

1. 给家人的生日贺词

祝我美丽的、乐观的、热情的、健康自信的、充满活力的大朋友——妈妈，生日快乐！

您用优美的年轮，编成一册散发油墨清香的日历，年年我都会在日历的这一天上，用深情的想念，祝福您的生日！

爸爸，献上我的谢意，为了这么多年来您为我付出的耐心和爱心，让我真诚地祝愿您，祝愿您的生命之叶，红于二月的鲜花！愿您在这只属于您的日子里能幸福地享受一下轻松，弥补您这一年的辛劳。但愿我给予您的祝福是最新鲜、最令您百读不厌的，祝福您生日快乐，开心快活！

摘一片枫叶，采一朵丁香，愿您生活的诗行留下芬芳。愿我的祝福，如一缕灿烂的阳光，在您的眼里流淌。生日快乐！

真高兴今天是您的生日，老师说我是上帝赐给您的礼物，但愿这礼物不是太糟糕，祝您快乐！

在这个充满喜悦的日子里，我衷心祝愿您青春长存，我愿将一份宁静和喜悦，悄悄带给您，生日快乐！

对于我们来说，最大的幸福莫过于有理解自己的父母。我得到了这种幸福，并从未失去过。所以在您的生日，我将要向您说一声：谢谢！祝您生日快乐！

只有懂得生活的人，才能领略鲜花的娇艳。只有懂得爱的人，才能领略到心中的芬芳。祝您的生活如鲜花般灿烂、馨香！

在生日到来的今天，愿所有的欢乐和喜悦，不断涌向您的窗前，愿我亲爱的妈妈，在特别的日子里特别快乐！

爸爸，在这特殊的日子里，所有的祝福都带着我们的爱，拥挤在您的酒杯里，红红的，深深的，直到心底。梦境会褪色，繁花也会凋零，但您曾拥有过的，将伴您永存，生日快乐！

愿你今天的回忆温馨，愿你今天的梦甜在心，愿你这一年欢欢喜喜，祝你生日美好无比！

2. 给朋友的生日贺词

生命是一个驿站，有人抵达，也有人离去，那么生日便是驿站中的小憩，小憩后向未知的前程继续进发。祝你生日快乐，愿你今后的路多一些平坦，少一些坎坷！

花的种子，已经含苞，生日该是绽开的一瞬，祝你的生命走向又一个花季！

两片绿叶，饱含着同根生的情谊；一句贺词，浓缩了我对你的祝福。愿快乐拥抱你，在这属于你的特别的一天，生日快乐！

日光给你镀上成熟，月华增添你的妩媚，在你生日这一天，愿朋友的祝福汇成快乐的源泉，一起涌向你，生日快乐！

青春的树越长越葱茏，生命的花就越开越艳丽。在你生日的这一天，请接受我对你深深的祝福，愿你充满活力，青春常在！

悠悠的云里有淡淡的诗，淡淡的诗里有绵绵的喜悦，绵绵的喜悦里有我轻轻的祝福，生日快乐！

在你生日的这一天，将快乐的音符，作为礼物送给你，愿你一年365天快快乐乐，平平安安。

经典寿联

绮岁授书夸慧质；芳年就傅庆生辰。（10岁）

就傅芳年丰神俊逸；授书绮岁头角峥嵘。（20岁）

正值壮年应知不朽方为寿；恰当而立须识文章可永龄。（30岁）

辉腾宝婴三十寿；青发奇葩而立年。（30岁）

不惑但从今日始，知天犹得十年来；纪事桑弧当胜日，韬光市井正强年。（40岁）

半百光阴人未老；一世风霜志更坚。（50岁）

甲子重新新甲子；春秋几度度春秋。（60岁）

三千岁月春常在；六一丰神古所稀。（70岁）

春酒流香酣寿酒；耋龄添美祝遐龄。（80岁）

愿效嵩呼歌大寿；还随莱舞祝耄耋。（90岁）

瑶池草熟三千岁；海屋添筹九十春。（90岁）

蛇青青，十二载风雨养育，几时可现龙形；日灿灿，四海内亲朋会聚，草堂略尽人意。（12岁）

今朝欣喜娇女勤奋好读书；明日再望巾帼花蕊胜须眉。（12岁）

起步风雷动合院欢喜；学识日月辉九天共贺。（15岁）

七尺伟器，戴天履地，贺同学喜行冠礼；九州大地，兰馨桂馥，愿大家都是栋梁。（18岁）

活百岁松钦鹤羡；数一生苦尽甜来。（百岁）

银花火树开佳节；玉树琼石作寿杯。（正月生）

三祝华时瞻泰斗；二分春色到花朝。（二月生）

桃实呈祥骈臻百福；极星拱寿辉映三台。（三月生）

曲谱南熏四月清和逢首夏；樽开北海一家欢乐庆长春。（四月生）

正喜榴花多结子；共斟蒲酒祝添庚。（五月生）

莲沼鸳鸯歌福禄；椿庭鹤鹿祝年龄。（六月生）

巧逢天上星辰聚；乞得人间福寿多。（七月生）

千秋金鉴昭明德；八月银涛壮寿文。（八月生）

东海筹添同庆祝；南山颂献赋登临。（九月生）

几行红树来佳气；一抹青山是寿眉。（十月生）

名望与斗山并重；年龄随宫线同添。（十一月生）

天锡遐龄肇八千岁为春之旦；日临初度应十二月成物之功。（十二月生）

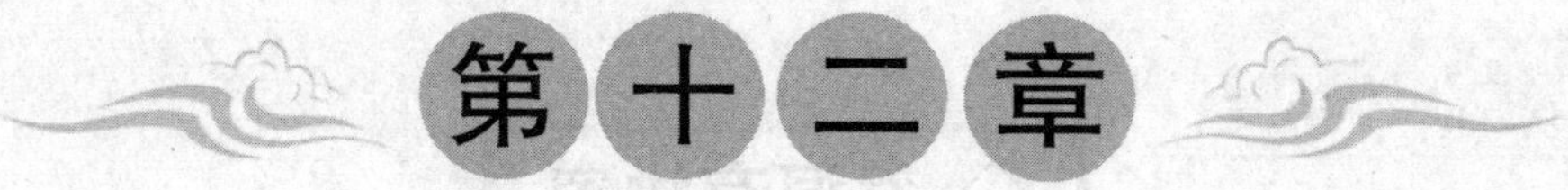

第十二章

贺开业

——生意兴隆通四海，财源茂盛达三江

开业庆典十分常见，无论是小的店铺，还是大的商场、酒店等，在开张的时候为了美好的希望都要举办一个或大或小的庆典。在开业典礼上，致开业贺词是非常重要的、不可或缺的一个环节。贺词一般由机构代表或者领导进行，主要是表达对机构的祝福、期待，对来宾的欢迎和感谢。贺词可长、可短。好的贺词不仅能够调动现场的气氛，更能够提高机构的知名度，扩大影响范围，对机构今后的发展有重大的意义。

◇ 贺词有讲究

开业贺词要点

一篇好的开业贺词，一般分为以下几个部分：

第一，开篇语。开篇语一般都是向大家问好，然后点明主题，一般会说“今天是×××的开业庆典”或者是“今天是×××公司开业的大好日子”等，贺词开篇就要直奔主题，让大家明白贺词主要的恭贺对象，切忌拖拖拉拉一大堆，说了半天大家还是云里雾里，不知所云！

第二，点明主题之后，如果发言人是本公司领导，则要向各位来宾道谢，例如，“感谢大家在百忙之中来参加我公司的开业庆典”；如果发言人是嘉宾，则要向开业公司道贺，例如，“在此，我代表所有嘉宾向×××公司表示真诚的祝贺！”

第三，回顾公司筹备的历程，展望公司未来。首先可以概括地介绍一下筹备期间投入的物力、财力和人力。贺词人此时应当对筹备期间的艰辛回顾一下，认同公司的努力成果。一般会说“×××公司在全体员工的共同努力下，历经了半年时间筹备，今天终于顺利开业了。该公司在筹备过程中……这是大家共同努力的结果……”回顾之后，展望公司的未来，或者说一下公司对本地区经济发展的促进作用等，例如，“本公司在未来的时间里，一定会继续努力，大展拳脚，争取成为行业的佼佼者……”

第四，结束语。在结束的时候，需要说一些祝福语，如“祝×××

公司开张大吉，生意兴隆！”也可以说一些激励的话语，如“希望×××公司严格要求自己，加强公司管理，踏踏实实，创造更大的辉煌！”

总之，贺词的最大目的是恭贺公司的开张，表达对新公司诞生的祝福，无论是什么公司，祝福和激励的话是必不可少的！

受邀嘉宾的礼仪

开业庆典对于一个公司来说是非常重要的，开业庆典是一个喜庆的事情，同时也是一个商业活动，因此，作为一个受邀的嘉宾一定要遵守商务礼仪，如果有失礼的地方就会贻笑大方，同时也会给庆典带来不愉快的影响。作为一个嘉宾，能够受到主办方的邀请，说明你是有一定的地位或者身份，也充分表现了主办方对你的尊重！下面就来看一看，作为被邀请的嘉宾，应该遵循哪些礼仪。

第一，准备贺礼。开业庆典和婚礼一样，婚礼代表着一个家庭的开始，而开业庆典代表着一个商业机构的开始，因此，贺礼是必不可少的。一般来说，开业的时候赠送花篮或者给红包都是可以的，如果是赠送花篮，则需要在花篮上写上祝贺语，如“开张大吉、生意兴隆”等。如果是红包，则直接交给负责人即可。当然也可以赠送其他的贺礼，比如牌匾、吉祥物、工艺品摆件等都可以。

第二，祝福的话一定要得体。在公司开业的时候，嘉宾的祝福话是必不可少的，而且一定要面带笑容，如果你冷冰冰地将祝福话说出去，那么，一定会大煞风景，会让对方很尴尬！祝福的话可以针对不同性质的公司来说，不过一般来讲，“恭贺开张、宏图大展”等话语都是可以用的。

第三，在庆典的过程中，一定要注意自己的行为，如果有人致贺词要耐心倾听，不要表现出急躁或者不耐烦的情绪。在他人致贺词的时候不能窃窃私语，在高潮时要真心喝彩。在和他人交谈的时候，要流露出对该公司的真诚祝福，不要说扫兴话。如果有宴席，没有特殊的事最好不要中途退场，否则会给主人留下不好的印象，这是对主办方的不尊重，你的祝贺同时也就大打折扣了。

第四，在道别的时候，一定要到主人面前去，再对主人说一些祝贺话，千万不要不声不响离开，这是商务礼仪中非常重要的一环。

剪彩的注意事项

剪彩是开业庆典上十分隆重的一项内容，是不可缺少的程序之一。剪彩仪式可以让开业庆典更加热烈，增添喜庆的成分；剪彩仪式是对未来美好的祝福，对开业公司是一个鼓励；剪彩也是一个最佳的公布方式，是向社会宣布公司诞生的良机！既然剪彩仪式这么重要，这其中自然也少不了礼仪了。

第一，事前物品准备。一般来说，剪彩需要很多道具，比如红色缎带、白色薄手套、托盘、新剪刀、红色地毯等物品，红色缎带是剪彩中的重中之重，一般要使用新的整条缎带，如果觉得用缎带浪费，也可以使用红布条、红纸条来代替。红色缎带上面团的花朵，要大、要醒目，看上去要喜庆，花朵的数量根据剪彩人数多一个或者少一个都可；剪刀和手套必须是新的，根据剪彩人数的多少而准备，只能多不能少；还要检查一下剪刀是否锋利，要确保可以一刀剪开，切忌补剪；托盘是为盛放缎带、剪刀、手套所用，也需是新的，最好为银色不锈钢材质，一般是一个剪彩者配备一个托盘，由礼仪小姐手持托盘。

第二，剪彩人员。一般来说，剪彩的人员最多不能超过 5 人，由领导、合作伙伴、名流、客户代表、员工代表等组成。主办方应当提前通知剪彩者，让其有充分的准备，以免临时准备不足，一般来说剪彩者需要身着套装、制服，不能戴帽子和墨镜，头发要梳理整齐。剪彩者的位置，可以遵循中间高于两侧，右侧高于左侧的原则，但是主剪人应当位于中央，如果剪彩者只有一个，那么必须站在中央位置。在上台的时候，剪彩者要微笑着用轻快稳重的步伐走向自己的位置，从托盘者手中接过剪刀，一剪将其绸缎剪断，再将剪刀放回原处。下台的时候，依次走下去即可。

第三，礼仪小姐的挑选。在剪彩仪式上，礼仪小姐也是一道亮丽风景线，礼仪小姐担任着迎宾、引导、服务、拉彩、捧花、托盘等重要任务，贯穿整个庆典的过程，因此，礼仪小姐必须是训练有素、外貌端庄的人员。相貌好、身材高、年轻、具有气质、聪明敏捷等是礼仪小姐的基本要求。礼仪小姐的装束也是有规定的，需要化淡妆、头发盘起，身着统一的单色旗袍、肉色丝袜、黑色高跟皮鞋，除戒指、耳环，不能佩戴任何首饰。如果可以，开业公司可以向礼仪公司聘请礼仪小姐。

◇ 经典贺词共赏

酒店、茶楼开业贺词

范文一：在酒店开业庆典上致辞

【场合】酒店开业庆典

【人物】酒店领导、酒店员工、各类嘉宾

【致辞人】嘉宾代表

各位领导、各位来宾，女士们、先生们：

大家好！

今天，四海嘉宾高朋满座，共同祝贺××大酒店开业盛事，见证大富启源这一历史性的时刻。借此机会，我谨代表××公司对××大酒店盛大开业表示热烈的祝贺！向酒店全体员工致以亲切的问候！

宏基始创，骏业日新。震耳欲聋的鞭炮声，昭示着××大酒店生意兴隆；天空中绽放的缤纷的烟花，昭示着××大酒店生意红火。××大酒店别致的风格、新颖的设计及如沐春风、热情周到的服务，一一展现在眼前。如此豪华气派的酒店怎能不生意如同春笋遍地开、财源更比流水长。

借此机会我还要代表今天的嘉宾向××酒楼转达一个心意，就是希望××酒楼具有强大的亲和力，成为广大消费者口口相传的一个好去处。嘴上馋了，想起××酒楼；朋友相聚，首选××酒楼；家庭宴会，就到××酒楼；集体订餐，交给××酒楼；物美价廉，就在××酒楼。

看看××大酒店的成员们，他们拿出了他们优秀的素质和修养、专业专注的职业精神，向大家展示了优秀的服务管理及星级、阳光服务的风采。因为有了他们的努力和付出，才有了今天酒店的盛大开业。我坚信，在这样一批专业专注的酒店人的努力下，××大酒店一定能在发展的道路上，策马扬鞭，一路发展，风光无限！作为××酒店的合伙伙伴和酒店用品的供应商，我们将一如既往地支持酒店餐饮事业的发展，积极做好产品及服务，为××大酒店的宏伟蓝图增光添彩、锦上添花！

最后，让我们共同享受这激动人心的时刻，共同祝愿××大酒店创造辉煌事业，拥有灿烂明天！祝××大酒店骏业宏开，广聚天下客，一揽八方财！祝各位来宾、朋友身体健康、万事如意！

范文二：在茶楼开业庆典上致辞

【场合】茶楼开业庆典

【人物】茶楼领导、茶楼员工、茶楼嘉宾

【致辞人】同行朋友

尊敬的各位朋友，女士们、先生们：

大家好！

今天，我非常荣幸地得到××茶楼的盛情邀请，来出席这个别开生面的开业庆典。首先，请允许我代表在座来宾，向××经理以及茶楼的所有员工表达最热烈的祝贺和良好的祝愿，祝××茶楼生意兴隆，美誉香飘四海！

老话说“同行是冤家”，但是我并不这么认为。本人经营茶楼二十年，与××经理就是同行。但事实上，我们不仅不是冤家，而且是十几年的老朋友。我们在今天能够做到互相理解和互相支持，多亏了茶文化这个纽带。在此，我要表达一个态度，那就是：如果××茶楼有什么需要帮助的，只要我力所能及，我都会随时伸出援助之手，全力支持和帮助！

我本人十分爱茶，也常以茶会友，在茶香中品味人生百态。茶是知己，可以品出喜怒哀乐；茶是人生，可以品出悲欢离合；茶是良师，可以教你怎样度过你的人生。

因为爱茶我有了很多朋友，在他们的支持和帮助下，我的茶楼才形成了良好的局面。所以，我的经营理念是：以人为本，以茶文化为纽带，让更多的茶楼发展起来，逐步形成以茶文化为主体的社会消费群落。唯有这样，才有利于所有茶楼的生存与发展。“欲把西湖比西子，从来佳茗似佳人。”这是苏东坡赞美龙井茶的佳句，我想借用它来形容××茶楼美好的明天，我想对的是“从来相聚韵如茶，××（茶楼名称）佳茗望一楼。”

最后，衷心地祝愿××茶楼开业大吉，生意兴隆，财源滚滚。谢谢大家！

公司、企业开业贺词

范文一：在投资集团开业庆典上致辞

【场合】投资集团开业庆典

【人物】企业领导、公司员工、合作伙伴

【致辞人】嘉宾

尊敬的各位来宾，朋友们：

大家好！

在××佳节来临之际，××投资集团隆重开业了！在这喜庆的时刻，我谨代表××协会对××投资集团的开业表示最热烈的祝贺，祝××投资集团事业红红火火，财源滚滚而来，前程繁花似锦！

近几十年来，经过几代人的不懈努力，中国的××工业取得了长足的发展。特别是近年来，中国××工业的发展进入了快车道。××××年，全国十种常用××产量突破千万吨大关，××××年达××万吨，已连续四年位居世界第一。这辉煌业绩凝聚了全国××工业从业者的辛劳和贡献。目前，我国××行业在结构调整、资本运营、产量、投资、

效益等各方面都趋向科学化，逐步走向稳定、健康、和谐发展的道路。现在正是我国经济和社会发展的重要战略机遇期，也是××工业飞速发展的重要战略机遇期。××投资集团处于改革开放的前沿，在开发和利用国内外两种资源、两种资金、两个市场、促进中国××工业发展方面具有特殊的战略地位和优势，扮演着十分重要的角色。希望××投资集团以产业报国、做大做强中国××工业为己任，在发展自己、实现光荣与梦想的同时，为中国××工业的持续健康发展、全面建设小康社会作出更大的贡献！

再一次热烈、盛情地祝贺××投资集团隆重开业！谢谢大家！

范文二：在超市开业庆典上致辞

【场合】超市开业庆典

【人物】超市领导、超市员工、相关领导、社区群众

【致辞人】区领导

各位领导、各位来宾、各位朋友：

今天，我们欢聚在这里，共同庆祝××超市隆重开业。在此，我首先代表××市委、市政府，对××超市的盛大开业表示衷心的祝贺！向参加典礼的领导和朋友们表示热烈的欢迎！向多年来关心、支持和帮助××市发展的社会各界人士表示真诚的感谢！

××超市是规模大、实力强、层次高的个体商贸企业，总投资达××多万元。因此可以说，××超市是我区商贸行业中的龙头企业，也是我区经济发展的新亮点。它的隆重开业会将更多有眼光、有胆识的创业者的目光，吸引到××区这块热土。在未来，他们也可能在这里大展宏图，开辟新天地。

另外，××超市的落户我区，对我区商贸的发展、职工就业和群众生活都会发挥积极作用。要实现××区的大发展，就务必要为企业营造一个宽松的外部环境，提供优良的服务。希望政府经济管理职能部门和市场杠杆部门本着“发展第一”的思想，从各方面大力扶持这个企业，并为以后更多的创业者、投资者鸣锣开道，提供最优的政策、最佳的环境和最好的服务。

各位朋友、各位来宾，优越的环境、无限的商机正在向你们招手，我代表××区人民竭诚欢迎各地精英来我区投资发展。我相信，在上级政府的正确领导下，我们必定能共同创造××区美好的未来！

最后，再次祝愿××超市开业大吉！

非商业机构开业贺词

范文一：在校文学社成立仪式上致辞

【场合】校文学社成立仪式

【人物】学校领导、文学社成员、学生、老师

【致辞人】校长

尊敬的老师们，亲爱的同学们：

大家好！

经过精心的筹备，我校××文学社终于成立了！让我们用热烈的掌声祝贺××文学社的顺利成立！

在此之前，我校一直没有正式的文学社，这也让很多爱好文学的学生感到莫大的遗憾。从今天起，大家将不再有这样的遗憾。现在××文学社的成立，为大家提供了一片挥洒才华的天地，提供了一条通往圣洁的文学殿堂的航线。

在这里，我们能够自由地耕耘和驰骋，我们可以搭乘文学之舟，扬帆远航、乘风破浪！××文学社立足于培养学生的阅读能力、写作能力、交际能力。它是学习母语文化的重要阵地，也是学校文化的重要组成部分。希望我们的文学社能够带动全校学生关注文学，积极创作，开展多种形式的文学活动，丰富自己的人生体验，提升个人的人生境界，推进学校的文化建设。

需要指出的是，文学社成立后，还有很多的工作要做。我们文学社

的成员要发挥文学主力军的作用，带动全校学生共同做好这些工作。现在，文学社的组织机构已经确立，也已制定了社团章程。在以后，文学社的正式成员要积极开展活动，吸引更多的文学爱好者参与进来。

我们的××文学社自成立之初，就要秉承四点精神，即“热情、学习、提高和坚持”。

首先说“热情”。要做好一件事离不开高度的热情。热情高，做事时就会有创新精神、会主动积极，就会刻苦钻研而不觉累，就会觉得在做的过程中是一种快乐与享受，做出来的效果就会更令人满意。反之，就会失去创新动力，不愿意主动去做，效率也就不高，甚至可能会放弃。搞文学创作也是一样的。

第二个是“学习”。搞文学创作需要努力学习，要善于学习。努力学习，就是多读好的文学作品，不管是古今的，还是中外的，因为只有“厚积”，才能“薄发”。善于学习，就要不断积累文学写作知识与技巧。一方面要提高自己对生活的认识，加强自己对生活的理解，以便更好地去提炼写作主题；另一方面，要注意吸收和借鉴经典作家的成功经验和优秀作品。

第三个是“提高”。这里说到的“提高”，就是前面说到的“学习”的升华。学习的目的就是为了提高。当然，要到达提高的目的，不仅要靠自己努力学习，也离不开老师们的悉心指导。我们要能在老师的指导下，学会正确鉴赏文学作品。在这个基础上，我们要勇于投入到写作实践之中去，并不断总结自己在写作中的得失。唯有如此，才能有真正的提高，才会见到成效。

最后一个是“坚持”。俗话说，“万事开头难”，但事实上长期坚持更难。不能否认，有的同学在刚刚参加文学社时觉得新鲜，热情很高，但一遇到课程多、作业多、压力大时，就开始打退堂鼓了；有的同学写了两三篇文章都觉得不好，或者得不到别人的认可，于是就有了畏难情绪，觉得自己不适合搞文学创作，于是选择放弃。因此，要搞好文学创作，热情是前提，学习是基础，提高是重点，坚持是关键。

我坚信，只要我们的同学做到这四点，那么你的文学创作水平一定可以不断提高。小溪汇入了大河，大河注入了海洋。

老师们，同学们，让我们与真善美同在，用文学提升自己的精神境界！让我们的心灵充满感动，用文学提升自己的生活品位！最后祝××文学社如雏鹰出谷，展翅翱翔！谢谢大家！

范文二：在环保志愿者协会成立仪式上致辞

【场合】环保志愿者协会成立仪式

【人物】企业领导、公司员工、员工家属

【致辞人】公司总裁

尊敬的各位领导、各位来宾，朋友们：

大家好！

今天，是值得××省环保志愿者永远铭记的日子。我们相聚于此，共同庆祝××省环保志愿者协会成立。首先，我谨代表××省的广大环保志愿者向与会的各位领导、各界朋友表示最诚挚的谢意！

无论是洁净的空气，还是优雅的环境，都是我们共享的，因此每一个人都应该对环境保护尽一份义务。就算你不是环保专业人员，职业也与环保无关，但你仍可以拥有绿色的情怀。你可以随时成为一名环保志愿者，参加环保宣传，帮助环保组织工作。环境保护，人人有责。在环境污染的“肇事者”名单中，没有一个人可以逃脱；在环境恶化的受害者中，也没有人能够幸免！我们每天都在污染环境，也每天都在受到来自环境污染的威胁，因此，我们有责任去做环境污染的治理者。

环境保护绝不仅仅是一个口号，它更是一门科学，一种意识，一种理念，一种生活方式……它需要公众的广泛参与，而且要从身边的一点一滴做起。所以，有人便说，公益事业需要众手浇花。在这方面，广大志愿者的参与和支持是必不可少的。

然而，我国是一个发展中国家，国民的环保意识还有待提高，这需要社会加强对环境保护的宣传工作，更有赖于广大环保志愿者通过各类活动进行积极推动。我们成立环保志愿者协会就是要网聚绿色力量，张扬绿色情怀，传播绿色文明，携手绿色行动。××省环保志愿者协会旨在把××省的环保志愿者联合起来，形成强大的社会合力，以不断推动环境保护事业的发展，推动全民环境意识的提高，促进社会形成绿色文明和可持续消费的世纪新时尚。

最后，让我们携起手来，祝福我们的××省环保志愿者协会越办越好，祝福我们共同的绿色明天！

开幕式贺词

范文一：在国际花卉园艺展览会开幕式上致辞

【场合】国际花卉园艺展览会开幕式

【人物】嘉宾、领导、员工、国际友人

【致辞人】花卉协会会长

各位来宾、各位朋友，女士们、先生们：

在这个春风送暖、百花齐放的四月，我们迎来了第×届国际花卉园艺展览会的开幕式。我非常荣幸能够主持这次开幕仪式。在此，我谨代表花卉协会对各位领导、各位嘉宾和花卉界朋友们的光临表示热烈的欢迎！

国际花卉园艺展览会已经成功地举办过×次了，不仅加强了花卉界的合作交流，对于国际间的交往也发挥了不容小觑的作用。

本届展览会有来自中国、美国、德国、荷兰、比利时、芬兰等100多个国家和包括香港、澳门、中国台湾等10多个地区的×××多家知名企业参展，集中展示国际花卉园艺最新的产品和技术，展出面积×万平方米。展览期间，还将举办信息交流、产品发布、技术研讨、插花表演、专业考察等丰富多彩的活动，为国内外花卉园艺界提供一个相互学习、相互交流、贸易合作的良好平台。

花卉业效益相对较高，它集经济、社会、生态效益于一体。发展花卉业，对于增加农民收入，建设社会主义新农村；对于加强物质文明、精神文明和生态文明建设；对于全面建设小康社会，构建社会主义和谐社会，都具有十分重大的意义。

中国有丰富的种植资源、气候资源和劳动力资源，有源远流长的花卉文化，有巨大的花卉消费市场，发展花卉业前景十分广阔。当前，我国正在全面推进现代花卉业建设，加快实现由传统花卉业向现代花卉业的历史性转变。用现代物质条件装备花卉业，用现代科学技术改造花卉业，用现代产业体系提升花卉业，用现代经营形式推进花卉业，用现代发展理念引领花卉业，用扩大对外开放拓展花卉业，用培养新型花农发展花卉业，提高花卉业科学化、机械化和信息化水平，提高土地产出率、资源利用率和劳动生产率，提高花卉业的素质、效益和竞争力。相信中国国际花卉园艺展览会的成功举办，必将进一步推动现代花卉业建设，促进花卉园艺事业又好又快发展。

先生们、女士们，中国愿进一步加强与世界各个国家和地区在花卉园艺领域的交流与合作，为世界花卉园艺事业的繁荣发展作出新的更大的贡献。

最后，预祝本届中国国际花卉园艺展览会圆满成功！谢谢大家！

范文二：在武术之乡武术比赛开幕式上致辞

【场合】武术比赛开幕式

【人物】运动员、裁判、观众、领导

【致辞人】武术运动管理中心主任

各位领导、各位来宾，女士们、先生们、朋友们：

大家好！

大家现在所在的地方就是中国少林武术的发祥地——××。今天将在这里隆重举行××××年“××杯”，第×届全国武术之乡武术比赛的开幕式。在这里我谨代表××武术运动管理中心、第×届全国武术之乡武术比赛组委会向大赛的举办表示热烈的祝贺！

中华武术历史悠久，源远流长，是人类历史文化中的瑰宝。改革开放以来，各武术流派蓬勃发展。为了促进中华各流派武术的交流与发展，××决定，每两年在全国武术之乡××举办武术比赛。

本届比赛筹备工作中，得到了各有关单位的大力支持，特别是××市委、市政府付出了辛勤的努力。在此，我代表大赛组委会，向关心支持本届武术比赛的各位成员、各位代表以及××市委、市政府表示衷心的感谢！同时，希望全国各武术之乡加强交流，携手奋进，为促进中华武术发扬光大、走向世界作出积极贡献！

最后，预祝××××年“××杯”第×届全国武术之乡武术比赛圆满成功！谢谢大家！

开工庆典贺词

范文一：在市老干部活动中心奠基仪式上的致辞

【场合】市老干部活动中心奠基仪式

【人物】市领导、退休老干部

【致辞人】市领导

同志们：

在天高气爽、喜获丰收的美好季节，我们在这里隆重举行市老干部活动中心奠基仪式。这是我市老干部工作的又一捷报，也是全市广大离退休老干部的一大喜事。首先，我代表市委、市政府对老干部活动中心的开工建设致以热烈的祝贺！同时向广大离退休老干部致以亲切的问候和良好的祝愿！

建设老干部活动中心，为老干部“老有所学、老有所教、老有所为、老有所乐”提供良好的环境和条件，是老干部工作的重要内容，也是市委、市政府应尽的责任。市老干部活动中心建成后，将为市区老干部提供一个环境优美、条件良好的政治学习的课堂、文体活动的场所、发挥作用的阵地，一定会受到广大离退休老干部的普遍欢迎。

市老干部活动中心的建设，得到了区委、区政府及市级机关各有关部门的极大关注和大力的支持。希望各施工单位要认真组织精干队伍，抓好施工质量，确保建设任务按期圆满完成；市建工局要抓好工程的管理监督工作，负责工程质量、工程进度、安全施工的督促检查，确保万无一失；工程监理单位要严把质量关，以对老干部高度负责、对工程质量高度负责的精神，一丝不苟地抓好监理工作；市委老干部局和市国有资产管理局，要继续协调配合，精心组织，周密计划，认认真真抓好工程建设的每一个环节，让市委、市政府放心，让广大老干部满意。

最后，预祝市老干部活动中心圆满建成，祝广大老干部健康长寿、生活幸福！

范文二：在建筑工地开工仪式上致辞

【场合】建筑工地开工仪式

【人物】领导、施工单位人员、建设单位人员

【致辞人】市城建局代表

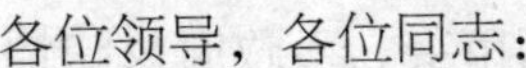

各位领导，各位同志：

今天是××楼工程开工庆典的大喜日子。在此，我谨代表市城建局对工程的如期开工表示热烈祝贺！对该工程的中标监理单位、施工单位表示热烈祝贺！向出席今天庆典活动的各位来宾、各界朋友表示热烈的欢迎！

××楼工程，是一个民心工程、样板工程。我们完全有理由相信，这个为发展××事业所办的实事、大事，一定能够办好！一定能够发挥最大的社会效益和经济效益。

今天，在此举行工程开工庆典，希望××公司继续努力，不断完善内部管理机制和发展潜力，进一步发展壮大。希望监理单位认真履行职责，强化工程监管，确保工程质量。希望施工单位严格执行行业规范和质量标准，牢固树立“安全第一”的思想，认真组织，精心施工，将××楼工程建成优质工程和样板工程。

最后，祝××楼工程建设圆满成功！祝参加庆典的所有嘉宾身体健康、工作顺利、万事如意！

开通仪式贺词

范文一：在镇公交车开通仪式上致辞

【场合】公交车开通仪式

【人物】领导、公交公司员工

【致辞人】镇领导

各位领导、各位来宾，女士们、先生们：

大家好！

××镇公交车开通仪式将在今天隆重举行。首先，我代表镇党委、政府向出席今天公交车开通仪式的市委领导及交通局、公交公司的领导表示最热烈的欢迎！

××镇地处××市西南部，包括××个村，×千多口人。由于受自然条件的限制，公共交通不便，群众出行困难。近年来，出行难的问题引起了镇党委、政府高度重视，去年镇政府积极向市委、市政府反映情况。市委×××书记对此十分关心，亲自到我镇实地调研察看，并数次协调有关部门力促××公交车开通。市交通局、公交公司、运管所对此事大力支持，简化程序，牺牲利益，实现了××公交的开通。在此，我代表××镇党委、政府、代表××镇××人民，对××书记、××主任、××市长以及交通局、公交公司、运管所的各位领导表示衷心的感谢！

××镇党委、政府一定不辜负市委、市政府以及诸位领导的关心、支持，一定努力为公交提供优良的环境。同时，镇直各职能部门、沿线各村要密切配合，共同维护公交车良好的运营环境。希望公交公司要树立“以人为本”的思想，为群众提供便利、优质、安全的运输服务。欢迎广大群众乘坐公交，支持公交，促进公交事业的健康发展。

××镇公交车的开通，不仅大大方便了人民群众的出行，改善了群众乘车条件，而且也是镇党委、政府践行“三个代表”重要思想，全心全意为人民群众办实事、办好事的具体表现。我相信：××公交车的开通，必将推进城乡一体化的进展，为××经济发展、社会进步起到促进作用。

谢谢大家！

范文二：在机场通航仪式上致辞

【场合】机场通航仪式

【人物】领导、嘉宾、员工

【致辞人】市领导

尊敬的各位领导、各位嘉宾，同志们，朋友们：

大家好！

金色之秋，丰收在望；喜事盈门，梦想成真。全市人民盼望已久的××机场今天正式通航了，这是值得全市人民庆祝的一件大喜事。首先，我代表市委、市政府和全市××万人民，向前来参加通航仪式的各位领导、各位来宾表示热烈的欢迎和衷心的感谢！

××机场的建成通航，填补了我市航空的空白，开辟了我市乃至整个××地区通向外界的一条“空中走廊”，对促进全市参与对外贸易和区域经济合作，实施走出去战略，扩大对外开放都具有重要的现实意义和战略意义。

该机场从××××年×月开工建设至××××年×月顺利建成通航，历时仅×年多，创造了全省支线机场建设速度快、投资省、质量优的光辉业绩。当然这样光辉的业绩的取得，离不开国家和市发改委、民航行政管理等有关部门和空军的大力支持与帮助。

市委书记×××同志、市长××同志等领导多次亲临施工建设现场调研指导，帮助解决实际困难。机场建设业主和施工单位严密组织，精心施工，科学管理，为机场的建设作出了不懈的努力。中国××航空公司有独到的眼光、宽广的胸怀，在通航营运方面与××市政府真诚合作，互利共赢，签订了长期合作协议，为机场的开通和营运奠定了坚实

基础，创造了良好的条件。

××机场首航后，我们将同××集团和中国航空公司一道，努力培育航空市场，切实加强航线的营销管理，打造精品航线，努力实现机场营运经济效益和社会效益的双丰收。

“乘风破浪会有时，直挂云帆济沧海。”我相信，在市委、市政府的领导下，在国家和省厅各有关单位的支持和帮助下，××机场的明天会更加美好！

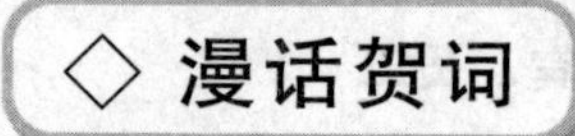

开业贺词吉语

我们豪情满怀，我们任重道远。让我们用心血和汗水浇灌新生的××分公司，共同创造美好明天！

各位领导、各位来宾，××有梦，××的梦需要全体员工精诚团结，努力开拓，奋力实现；××有梦，××的梦更需要新老朋友携手相助，共同托起！

今天的庆典，标志着事业的起步，标志着××有限公司大展宏图、绘制五彩缤纷画卷的开始，标志着××集团“联合舰队”打造的这条大船扬帆起航，迎着市场经济的大潮，迎着大潮中汹涌的波涛，驶向胜利的彼岸。祝愿××有限公司在各级领导的关怀、呵护和帮助下，在经济发展的大道上飞速发展，勇往直前，硕果累累，形成区域经济的“亮点”！

祝愿××公司业务欣欣向荣、蒸蒸日上，祝愿董事会各位领导、公司所有员工、广大合作伙伴身体健康，家庭幸福，事业有成，大展宏图！

各位朋友、各界同仁，良辰已至，已是八仙过海、各显神通之际！是千里马，就应高声长鸣；是祥龙，就应冲腾起舞！让我们驾起事业的航船，振动奋斗的双桨，扬起自信的风帆，将××产业的宏伟蓝图描绘得更加灿烂多彩、光彩耀人，坚信我们的理想一定会变为现实！

今天的开业庆典是万里征程迈出坚实的第一步，是一种新的尝试，以后的日子更重要的是靠智慧、毅力凝聚人心，开拓市场，勇于创先。创业艰辛，守业更难，希望××企业公司百尺竿头、更进一步。

祝愿××开业庆典吉祥，事业成功！祝到会的各位领导、各位来宾身体健康，万事如意，合家幸福！

开业花篮贺词集锦

敬贺开张，并祝吉祥。

宏基始创，骏业日新。

生意似春笋，财源如春潮。

财源滚滚达三江，生意兴隆通四海。

物质文明称巨子，商情豁达属先生。

生意如同春意满，财源更比流水长。

门迎晓日财源广，户纳春风喜庆多。

友以义交情可久，财从道取利方长。

根深叶茂无疆业，源远流长有道财。

一点公心平似水，十分生意稳如山。

东风利市春来有象，生意兴隆日进无疆。

一马百符，商人爱福；七厅六耦，君手维新。

经之，营之，财恒足矣；悠也，久也，利莫大焉。

秉管鲍精神，因商作战；富陶朱学术，到处皆春。

开业贺词素材

1. 商业机构开业

万民便利；百货流通。

兴隆大业；昌裕后人。

升临福地；祥集德门。

萃集百货；丰盈八方。

同行增劲旅；商界跃新军。

开张添吉庆；启步肇昌隆。

利泽源头水；生意锦上花。

货好门若市；心公客常来。

财源通四海；生意畅三春。

三江顾客盈门至；百货称心满街春。

财如晓日腾云起；利似春潮带雨来。

五湖寄迹陶公业；四海交游晏子风。

根深叶茂无疆业；源远流长有道才。

事与人便人称便；货招客来客自来。

凤律新调三阳开泰；鸿犹王振四季亨通。

荷叶承雨财气益盛；藕根连绵店门呈盈。

气爽天高经营伊始；日增月盛利益均红。

顾客如川川流不息；生财有道道畅无穷。

2. 餐饮机构开业

盈门飞酒韵；开业会春风。

满面春风开业喜；应时生意在人为。

开张笑纳城乡客；开业喜迎远近宾。

红梅献瑞祝新店；瑞雪拥祥贺启门。

色香味形多雅趣；烹调蒸煮俱清奇。

生意兴隆通四海；饭肴佳美誉三京。

饭肴誉名三江水；信誉感召四海心。

善心经营多得利；良心交易广生财。

一川风月留人醉；百样菜肴任客尝。

酒店新开杨柳岸；青帘高挂杏黄旗。

唯求利若源头水；但得财如锦上花。

花发上林生意盛；莺迁乔木好音多。

3. 工业、交通运输机构开业

大业开鹏举；东风启壮图。

开张迎喜报；举步尽春光。

远征步向三春迈；伟业图从四化描。

起程虽是小天地；创业如同大文章。

乌龙竞舞振兴志；新矿宏开奋起图。

四化腾飞天永盛；千军奋进业方兴。

4. 文卫机构开业

文坛生异彩；艺苑溢花芳。

土沃群芳艳；国宁百艺生。

雄心开伟业；妙墨系春秋。

风月有情常似旧；丹青妙处不可言。

妙曲吹开百花艳；英姿舞得万马腾。

大地山川生笔底；神州伟业出毫端。

荧窗虽小观今古；屏镜呈方映乾坤。

5. 教育机构开业

倾一腔热血；育百代英才。

愿做春泥滋嫩李；甘当人梯架金桥。

新校始开，全靠春风时雨润；教坛肇庆，尽催桃李梓楠新。

庆新校改颜，国旗招展腾腾气；祝教园更貌，院舍生辉振振歌。

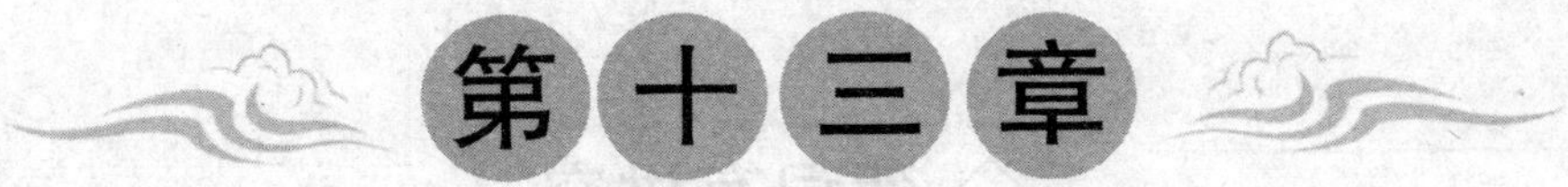

第十三章

贺周年

——贺喜贺周年，继往以开来

周年纪念日，这是一个值得庆贺的日子。不仅是对过去的经历的一个总结，更是对美好未来的祝愿和憧憬。同时，在举办的周年宴会上，主办者和嘉宾们又能够联络感情、增强凝聚力。这么重要的场合当然是少不了贺词的了，贺词中不仅可以表达出对主办者的美好祝愿，还能够表达自己的感情，烘托庆典的气氛。

◇ 贺词有讲究

结婚周年重“真情”和“感恩”

佛说：“前世的500次回眸，才换来今生的擦肩而过。”那么两个人前世肯定付出了很多努力，今生才能走到一起。两个人能够相伴便是无尽的缘分，茫茫人海中，两个素不相识的人从相遇，到相识，再到相知，最后能走进婚姻的殿堂，这是很大的缘分，所以要珍惜对方，“十年修得同船渡，百年修得共枕眠”就是这个道理。

对于两个人来说，结婚是两个人终于结束了爱情长跑，在亲朋好友的祝福和见证下，从此开始了相伴一生的生活。因此，每个结婚纪念日都是很有意义的。婚前的爱情是处于不食人间烟火、一心只谈爱情的童话世界里。而婚后，两个人的爱情要经受柴米油盐的考验，一下子就从梦幻回到了现实里，现实的残酷有可能摧毁曾经编织的美好梦想，认识到曾经对未来生活的美好憧憬是多么的遥不可及。所以，能一起过每个结婚纪念日是幸运的，说明彼此能够经受住平淡生活考验，这样的感情才是最真的。同时，庆祝结婚周年还可以升华夫妻之间的感情。

正是因为基于这样的真实感情，因此在发表结婚周年贺词的时候，要重视“真情”和“感恩”这两个因素。“真情”和“感恩”不仅仅是夫妻之间可以共诉的情感，他人也同样可以在结婚周年上表达。

夫妻之间的“真情”已经不仅仅是当初的爱情了，更多的是朝夕相处下产生的亲情。而“感恩”也不再仅仅是感谢彼此的爱，更是感激多年来对方对自己的关怀、理解和彼此之间的相濡以沫。一般来讲，如果是年轻人过结婚纪念日，刚刚结婚三两年，妻子可以这样对丈夫说："从我们携手走上红毯的那一刻，我就认定今生把自己交给你，这两年有你为我遮风挡雨，我感到无比的幸福！感谢老公对我的付出，我会珍惜我们今后相伴的时光！"老公也可以对妻子说："'执子之手，与子偕老'，这是我今生不变的追求。从你答应做我老婆的那一刻起，我就告诫自己：今后一定要让你幸福！感谢老婆为这个家里所作的伟大牺牲！"但如果是结婚几十年的夫妻，亲情早已超过爱情，没有了轰轰烈烈的告白，只有平平淡淡的感激。这时丈夫可以对妻子说："如今我们都老了，老伴儿，老伴儿，老来作伴儿，这一辈子能娶到你是我最大的幸运。"

他人在夫妻结婚周年庆典上发表贺词时，"真情"和"感恩"同样不能缺少，这个时候的致辞多半是祝愿之类的，也有以他们为榜样的意思。例如子女对父母的金婚之喜说："亲爱的爸爸妈妈，你们经历了50年的风风雨雨、50年的柴米油盐、50年的酸甜苦辣、50年的相濡以沫，你们对感情的执著和真诚为我们树立了榜样，希望你们一直幸福下去。"

每一次的结婚周年纪念庆典，就如同夫妻二人又结了次婚，是激情已过、回归平淡婚姻生活的爱情添加剂。每年的结婚庆典实际上起到了升华夫妻感情的作用，而庆典中，贺词则成了人们表达感情的最好方式。

公司周年重"感激"和"祝愿"

实际上，每次的公司周年庆典都可以作为一场感恩会。因为一个公司从小做到大，需要各方面的配合与努力：政策的支持、领导层的英明决策和员工的同舟共济、爱岗敬业。因此，在公司周年庆典上发表贺词时，要着重于"感激"。例如公司的董事长在发表贺词时，可以这样说："我公司这几年的发展离不开市委、市政府领导长期以来的关心、帮助与支持！更离不开辛勤的员工们的无私奉献。"

我们知道公司都是希望能够发展壮大，创造更大的效益，因此在表达"感激"之余，贺词的结尾一定要带上祝福语，表达对公司美好明天的期盼。如“我坚信：在大家的共同努力下，我们的公司会越来越好，让我们携手，面向未来，争取更大的发展。”

学校周年重“历史”和“展望”

学校的周年庆典上的贺词内容上主要有两个方面：第一，回顾学校的历史，这样能够增加学校的荣誉感和历史的厚重感。悠久的历史是一个学校的资本，悠久的历史承载了一个学校的非凡。第二，展望一下学校的未来，因为历史无论多么辉煌，那毕竟是过去的成就，每一个学校都希望能够更好地发展下去，因此在结束语时，不管谁发言，都会说一通对学校美好前景的祝愿，表达自己对学校情感的寄托。

例如校友在发表贺词时，可以这样说：“今天是母校的 80 周岁华诞，我代表全体校友对学校表示祝贺。80 年来，母校在一天天壮大成长：从中专、大专，一直升到本科，教学楼从土房子到瓦房，再到今天的现代化的高楼，学校从建校初的 100 多人到现在的几万人，教师从一般的老师到现在的博士，名望从当初的不为人所知到现在的名声显赫。并且从这里走出来的学生多已获得很大的成就，这都是母校赋予我们的。”“希望社会各界进一步重视教育，希望有能力的校友们尽自己最大的努力，继续支持我们的母校，关心母校、捐助母校，为母校的发展创造更好的发展环境。最后，祝愿母校的明天更加辉煌，为我们的××年、××年校庆时的再聚首表示期待，期待看到更加灿烂的××！”

诞辰周年重“歌颂”和“怀念”

诞辰，多数用于受人尊敬的、已故之人，或伟大的组织团体。因此，在纪念×××诞辰多少周年之时，重点在于歌颂其丰功伟绩，怀念其走过的峥嵘岁月。

节日周年重“意义”

节日如长河中的朵朵浪花，让平淡的生活时而充满激情；如整片绿叶中的朵朵鲜花，起到了点缀千篇一律的生活的作用。中国人民喜欢过节，有句话说中国的节日是“大节三六九，小节天天有”。但是得到人们重视的节日也只是具有特殊意义的节日，比如说辞旧迎新的春节、拜祖寻根的清明节、纪念爱国诗人屈原的端午节、“六一”儿童节、“每逢佳节倍思亲”的中秋节、重阳节等等。

人们在庆祝节日周年时，重视的是节日本身所蕴涵的特殊意义。比如春节，人们在庆祝时多有辞旧迎新的意义；中秋节就是期盼团圆的意义。

香港和澳门的回归在中国实现民族统一大业上具有重要的意义，每逢回归周年庆的时候都很重视，尤其是逢五逢十的周年，场面很是隆重。因此，在发表周年贺词时，要突出以下三点：(1) 香港、澳门自古以来就是中国神圣不可分割的领土；(2) 香港和澳门回归后，各个方面所取得的成就；(3) 台湾回归是大势所趋。例如××香港市民在香港回归周年庆上，可以这样说：“香港是中国的领土，为了完成祖国统一的大业，中国人民收回香港的主权是不可非议的。”“回归后的香港，在‘一国两制’政策的实施下，焕发生机，社会各个方面取得了飞速发展，面貌焕然一新。我们已为台湾回归做了良好的示范，希望国家早日完成统一大业！”

◇ 经典贺词共赏

结婚周年贺词

范文一：在结婚5周年庆典上致辞

【场合】结婚5周年庆典

【人物】亲朋好友、妻子

【致辞人】丈夫

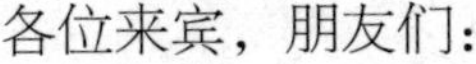

各位来宾，朋友们：

今天，我们欢聚一堂，共同迎来了×××与我结婚的5周年庆典。在这个值得纪念的日子里，我的心情十分激动，也无比开心。首先，我代表我们夫妻二人向来参加我们结婚周年庆典的朋友们表示热烈的欢迎和衷心的感谢！向我的另一半表示节日的祝贺！

我们结婚已经五年了，在过去的那五年中，我们慢慢地退去了新婚时的激情，过起了平平淡淡的小日子；这五年中我们在共同的生活中经历了磨合期，逐渐地巩固了我们的感情。在精神上我们相互支持，在家务上我们相互帮助。由于我前两年时工作的需要，我们有过几次短暂的分离，这更加让我体会到长相厮守的幸福。这五年的生活中，我们不再像谈恋爱时轰轰烈烈，而是如清茶一般，虽平淡但是也回味无穷、值得品味。

现在，我们的工作都已经稳定了，经济条件也得到了改善，感情与日俱增，就在去年的夏天我们迎来了家庭的第三个成员——我们可爱的女儿。这让我在幸福的同时，也倍感压力。但是我相信有老婆的支持，有大家的帮助，我们的日子一定会越过越红火。

在今天这个特殊的日子里，我还要感谢我的妻子。感谢她这五年的对我、对孩子的照顾，对这个家毫无保留地付出。我没有给她丰富的物质享受，感到深深的内疚，今后我一定会加倍地对她好，保护她们娘俩。

回首过去，我心中满是感动；展望未来，我心中满是期待！今天的庆典只是一个开始，在未来的生活道路上，我们依然要携手并肩，和谐、幸福地度过整个人生。

范文二：在父母亲金婚喜宴上致辞

【场合】父母亲金婚喜宴

【人物】亲朋好友、妻子、父母双亲

【致辞人】儿子

尊敬的各位来宾，各位亲朋好友：

大家中午好！

今天是××××年×月×日，是一个值得特别纪念的日子。因为今

天是我的爸爸和妈妈结婚50周年的金婚纪念日。在这个大喜的日子里，首先，我代表全家对来参加我们父母金婚纪念活动的各位来宾表示衷心的感谢！在这欢歌笑语、喜气洋洋的日子里，我们这些晚辈带着诚挚的祝福与浓浓的感恩之情，向亲爱的爸爸妈妈道一声：祝你们金婚快乐，永远幸福！

时光飞逝，岁月如梭，转眼间父母结婚已整整50周年。50年在历史的长河中，可能只是弹指一挥间，可在人的一生中，特别是婚姻生活中却是漫长和值得珍惜的。

父母是我们这些孩子眼中的模范夫妻。对我们来说，那些父母看来风风雨雨的日子都曾经是我们美好、快乐的童年时光。在50年的岁月中，有太多为我们遮风挡雨的往事，有太多为我们灯下缝补衣服的辛劳，又有太多为我们牵肠挂肚的期盼。爸爸那满头的银发，妈妈那深深的皱纹，是父母对我们那深深的爱的记忆！爸爸从风华少年，经过风雨的洗礼，肩负起家庭的重担，成为一个受家人尊敬的贤夫慈父。爸爸，您功比天高！妈妈从一个纯真的少女，经过生活的磨难，抚养了我们子女，遮挡全家老少的温饱，成为一个受家人爱戴的贤妻良母。妈妈，您的恩比海深！我们会用实际行动来报答回馈你们的养育之恩。

听爸爸、妈妈说，当年他们结婚的时候，由于家庭条件的关系没有举办婚礼，那时候的他们也没有现代年轻人的海誓山盟、风花雪月。但爸妈坚守着这份婚姻，他们把爱刻在心里，用了50年的时光验证了爱一个人的真正含义，彼此珍爱对方，相互理解，相互宽容。五十年风雨同舟情相依，五十年福慧双修耀德门。爸爸、妈妈，你们是我们学习的楷模。我们祝你们美满的婚姻之船驶向更美好的明天！

人生最难得的不是相爱，而是能够相守一生。爸妈，祝你们恩恩爱爱到永远！祝你们身体健康，寿比南山，事事如意，幸福永远！

最后，祝愿天下的父母健康、快乐！愿我们每个人都经营出美满的家庭！

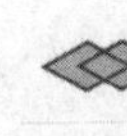

公司周年贺词

范文一：在公司成立10周年庆典上的贺词

【场合】公司成立10周年庆典

【人物】嘉宾、员工

【致辞人】老总

各位来宾，朋友们：

大家好！

刚刚度过了新春佳节，欢乐的脚步还没有走远，我们又迎来了××有限公司开业10周年庆典。今天，我们在这里举办隆重的宴会，和各界朋友们共同庆祝××公司10周岁的生日。

首先，请允许我代表公司全体员工向关心和支持我们的兄弟公司表示衷心的感谢和崇高的敬意，让我们以热烈的掌声，欢迎他们的到来！同时，也允许我代表公司向各位员工的辛勤劳动表示亲切的慰问。

10年前，××有限公司正式挂牌成立，当时主要从事零售批发、贸易业务。乘着改革开放的东风和经济形势的大好，经过10年的发展，××有限公司已由原来的50多人的小公司，发展成为拥有2000员工、近千家加盟店的大型企业，独创的名牌×××以绿色的口号、鲜明的功效、合理的价位迅速占领全国的市场。以营养最为丰富的××为原料，以美国公司的精湛提取技术为依托，使用效果甚为明显，赢得了受众的广泛欢迎。

2000年年底，尽管当时市场上已经有了不少的知名化妆品，化妆品市场正在经受着国外产品的冲击，几乎接近饱和，并且××成分的化妆品也不止一家。在这些投资环境并不是很好的情况下，××独具慧眼，对投资××充满信心，毅然作出投资的决策。现在，××有限公司在××先生的正确领导下，在各位代理区经理的精心管理下，经过全体员工的共同努力，业务蒸蒸日上，不断发展壮大，已获得了大众的信赖。

众所周知，××有限公司有今日的辉煌，离不开赶上的好机遇和好形势，离不开领导的英明决策和精心管理，离不开员工的辛勤努力和无私奉献，离不开广大顾客的支持，我们坚信：有了这些天时、地利和人和，我们的公司会越做越大，我们的事业会更加辉煌！

范文二：在公司成立 100 周年庆典上的贺词

【场合】公司成立 100 周年庆典

【人物】职工、领导、嘉宾

【致辞人】职工

尊敬的各位领导、各位来宾、同事们：

大家好！

鞭炮齐鸣，锣鼓震天，今天是我们××公司的百年大庆，很高兴能和大家欢聚一堂，共同为我们××公司的百岁华诞庆祝。作为一名有着百年历史企业的职工，我感到无比的高兴与自豪，在此我衷心地祝愿我们的公司生日快乐！

百年历史，沧桑变化，如今××公司的发展和成就大家都是有目共睹的。能够走到今天，是几代××人不辞辛苦、无私奉献的结果，凝聚了几代人的心血和汗水，当然和在座的每位领导、职工的努力付出是密不可分的。

回首过往的岁月，感慨万千。俗话说“万事开头难”，××的成长也是如此，根据公司的资料显示，以及前辈们的回忆，成立之初，××只是个小小的店面，在艰苦、动乱的年代里独立支撑着，多亏了前辈们的极力维持，才有了后来的发展，使得××的发展壮大成为了可能。1949 年以后，经过国家政策的调整，××成为国有企业，在国家的大力扶持下，××的发展突飞猛进，规模逐渐壮大；随着改革开放，××把握新时期、新机遇，顺应时代潮流，突破自我，引进先进的技术和管

理方法，终于，××成为了一个实力雄厚、资本充足的大企业。但好事多磨，经济危机的冲击，使得××的发展又遇到了阻碍，但是当时以×××为首的领导班子果断采取措施，大刀阔斧地实行改革，使我们的企业突破国有企业的束缚，成为了私营企业，增加了竞争机制，与市场接轨，这就焕发了企业的生机，使得企业蒸蒸日上，一直发展到现在。××的发展历程告诉我们："不经历风雨，不能见彩虹。"××公司的今天来之不易，发展也不是一帆风顺的，经历了许多坎坷、挫折，直到现在的成长、壮大，成为一流的品牌企业。

××虽然历史悠久，但是它的精神和理念并不迂腐、陈旧，而是与时俱进、紧跟时代步伐，企业如今已经突破瓶颈，走向规范化、程序化、整体化。××已经形成了"无私奉献、锐意进取、团结向上、创新发展"的企业精神，这个精神是我们几代人经验的总结，今后这个精神也会带领××走得更远。

我已经在××工作××年了，在这些年中，我已经深深体会到企业精神带给我的感动和震撼！我坚信在公司上层的领导和职工的坚持努力下，没有任何困难能阻挡我们前进的脚步。

如今，××就好比一个大家庭，生活中大家亲如兄弟姐妹，互帮互助，让每个人都感受到亲人的温暖、家的温馨。我们每个人作为大家庭的一员，应该充分发挥主人翁的精神，用心呵护这个大家庭，工作严格按照公司的各项规章制度来约束自己，一心一意为公司谋发展。我坚信：××的发展是无限的，前途是光明的，职工是优秀的。我愿意和大家以毕生的精力扎根××，奉献××，为我们××的腾飞撑起一片蓝天！

最后，我想借此机会说几句心里话：感谢大家，谢谢大家在这段时间里，对我无论是生活上还是工作上的支持与帮助，让我体会到"家"的感觉，在以后的工作中我会用自己出色的工作表现来回报各位领导、回报各位同事、回报公司。谢谢大家！

商场周年贺词

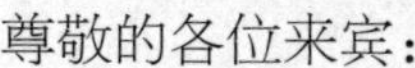

范文一：在××书城成立15周年庆典上的贺词

【场合】书城成立15周年庆典

【人物】读者、书城员工、作家

【致辞人】书城经理

尊敬的各位来宾：

大家好，在硕果飘香的金秋十月，我们××书城迎来了自己的15岁生日。书城这15年的发展，离不开在座的各位领导和广大读者的大力支持，在此，我代表××书城的全体员工对大家的理解和支持表示由衷的感谢。

莎士比亚说："书籍是全世界的营养品，生活里没有书籍就好像没有阳光，智慧里没有书籍就好像鸟儿没有翅膀。"培根说："读书在于造成完全的人格。阅读使人充实，会谈使人敏捷，写作与笔记使人精确，史鉴使人明智，诗歌使人巧慧，数学使人精细，博物使人深沉，伦理之学使人庄重，逻辑与修辞使人善辩。"从中，我们可以看出阅读的重要性。为此，15年前在市领导的关怀下，××书城拔地而起，以"为全市人民提供充足的精神食粮，提供良好的阅读环境和优质的服务"为宗旨，经过这15年的扩充与发展，现在书城里各类书籍应有尽有，而且分类详细，不仅有纸质的还有电子版的，在这里你可以阅尽天下书籍，在知识的海洋里尽情遨游。我们书城不仅方便了民众的阅读，丰富了他们的业余生活，同时也得到了广大读者的认可，这是我们15年来日积月累的成绩，也是大家对我们最好的鼓励！

这15年来取得的成就，不可否认，与书城全体员工的无私奉献、兢兢业业有很大的关系，所以，我也代表书城的领导层对大家表示真诚的问候。我相信，有你们这批尽心尽力的员工，我们的书

城会越做越大，更好地为民众服务。最后祝愿我们书城的明天更加辉煌！

范文二：在××百货商场进驻市场5周年庆典上的贺词

【场合】××百货商场进驻市场5周年庆典

【人物】嘉宾、商城员工、领导、顾客

【致辞人】董事长

尊敬的各位来宾，朋友们：

大家好！

大地春意融融，一片生机焕发。阵阵的锣鼓声和悦耳的鞭炮声结束了我们××百货商场进驻××市场的第5个年头，准备迎接新的一年到来。新时期、新气象，我代表××百货向这5年来一直给予支持的朋友们、领导们表示由衷的感谢！

××××年×月，××百货进驻××，由此揭开了××百货开拓××市场的新篇章。俗话说：万事开头难。大多数企业处于初创时期并不是一帆风顺的，××××年是××百货商场在××扎根的第一年，也是全球经济危机严重的一年，百货零售业遇到了前所未有的困难，再加上市场竞争的激烈，××百货的发展遇到了很大的阻力。

但是，在××百货领导层的正确带领下，全体员工奋发图强，努力工作，圆满地完成了各项工作任务，顶住了经济危机的冲击，以及同行业的激烈竞争。在××××年，××百货在××地区取得了长足的发展，商场的整体规模、硬件设施、品牌阵容、服务质量、销售模式等方面都大放异彩，可圈可点，增强了××百货的竞争力。××××年直至今日，××百货已经成为××百货行业的领军人物。5年来取得的惊人成就，是我们没有想到的，感谢领导，是你们在政策上的支持，成就了××的今天；感谢各位消费者，是你们的认可，给了××继续前进的动力；感谢××百货的员工，是你们的辛勤付出，托起了××的未来；感谢×、各阶层的管理者，是你们英明的管理，带领着××走向美好的明天！祝愿我们的××再创佳绩，为××的经济发展、为满足顾客的需求而努力奋斗！

酒店周年贺词

范文一：在××酒店5周年庆典上的贺词

【场合】××酒店5周年庆典

【人物】嘉宾、酒店员工、领导、顾客

【致辞人】员工

女士们，先生们：

大家好！

百花争艳，鞭炮齐鸣。今天我们迎来了我们××酒店的5周岁生日。首先，让我们以热烈的掌声，欢迎各位领导和嘉宾朋友的到来，感谢他们长期以来对我们酒店的关心、帮助与支持！然后，让我们把热烈的掌声送给我们辛勤的员工，正是由于他们的无私奉献、兢兢业业，才有我们酒店的今天。最后，让我们把掌声送给这个美好的时代，好时代造就了发展的好机会、好前景。

回首这5年的时光，感慨万千，最初我们的酒店只是三星级的，为了提升酒店的档次，我们全体员工在领导层的带领下，全新改造，在酒店的硬件设施方面，比如房间的物品，都是紧跟国际时尚潮流，重视顾客的舒适度，让顾客感到温馨。在酒店的软件方面，比如员工的服务水平，都是按照五星级的水准要求和培训的。经过大家的努力，我们酒店终于获得了相关部门的验收合格，达到了五星级酒店的标准，并且在同一年，入选奥运会合作单位，也协办了多次重要的会议。

在这5年来，我们酒店在领导层的英明领导和决策下，在社会各界的支持下，在所有员工的勤奋进取下，才取得了今天的不凡业绩。5年的时间不算长，但是在这1800多个日日夜夜里，对于我们

××酒店的每一个人来说，都是难以忘怀的，我们对××酒店的发展投入了很多的感情和心血，可以说，我们是看着××酒店成长起来的，它就仿佛是我们一手培养成才的孩子一般。今天是我们××酒店成立5周年的纪念日，此时此刻我的心情是难以用语言来形容的，我实在是太激动了，看着自己的努力得到了回报怎么能够不激动呢？

最后，祝愿我们的酒店越办越好，有个辉煌的明天！

范文二：在××饭店60周年庆典上的贺词

【场合】××饭店60周年庆典

【人物】嘉宾、员工、领导、顾客

【致辞人】省领导

各位领导、各位来宾，以及××饭店的员工们，大家好：

风雨兼程，惊涛骇浪一轮甲子；改革开放，日新月异几度春秋。

秋风送爽，丹桂飘香，今天，我们迎来了××饭店的60周岁华诞。在这个喜庆的日子里，我代表省委、省政府向付出辛勤汗水的××饭店所有员工致以节日的问候和诚挚的敬意。

××饭店始建于1951年，是省会建立后的第一个省级接待单位，隶属于省政府接待办公室。××饭店具有60年的历史积淀，它见证了省会60年的发展壮大，虽显历史沧桑，不像现代化建筑那般透露着潮流时尚的元素，但这也正是其他现代化酒店所望尘莫及的，正是××饭店的魅力所在。

××饭店在保留自己历史厚重感的同时，没有故步自封，而是在新时期，根据时代的发展和市场的需求，在×××的带领下，大刀阔斧地进行了改革。整体面貌上突出历史文化元素的同时，也具有现代化的气息，尽显大气。内部的装饰装修，也配合着××饭店的精神文化，气势恢弘。

地处商业、公务之枢的××饭店，地理位置得天独厚，交通便利。经过60年的发展壮大，现饭店占地面积××××××平方米，建筑面积×××××平方米。拥有整体楼舍×幢，标准客房×××间、床位×××个，豪华套间×余套，可以满足不同宾客的需要。××饭店还拥有×个大型的自助餐厅，×个宴会接待厅和××个风格各异的豪华包间，同时可以满足××××多人就餐，主营豫菜，兼营川、粤菜及其他菜系，满足不同口味的宾客就餐。会议室×个，成为举行会议的首选。同时，为方便客人停车，南北区均辟有可容纳200余辆机动车的停车场，另外设有防盗电子监控系统，并提供日夜保安服务。

“有朋自远方来，不亦乐乎?”作为历届省党代会、人代会的主要接待场所，××饭店全体员工将真诚服务于你。我相信××饭店正敞开着大门欢迎四方宾朋，三星级的标准给你营造一个良好的下榻环境。

最后，祝愿××饭店越办越好，有更加辉煌的明天！全体员工节日快乐、身体健康、工作愉快!

学校周年贺词

范文：在庆祝母校80华诞的贺词

【场合】母校建校80周年

【人物】学生、老师、领导

【致辞人】校友

尊敬的各位领导、老师，校友们:

大家好，金风送爽，丹桂飘香，时值母校××建校80周年之际，我谨代表我们所有的校友向母校表示由衷的祝福和真诚的感谢！向参加校庆的教职工和校友们致以亲切的问候。

作为××的学生，我真心地感谢母校对我的四年栽培，在这里，我们深切地感受了老师们严谨的治学精神和同学们高昂的学习劲头；在这里，老师们为我们树立正确的世界观、价值观和人生观，教会了我们知识的同时，也让我们懂得了做人的道理；在这里，我们感受了母校无私、无尽的关爱，我们衷心感谢对我们倾注了许多心血的学校教职工。俗话说“饮水思源”，我们虽然远离母校，但我们时刻关心着母校的动态，看到母校一年一年取得的好成绩，看到母校的建设与发展，我们真感到欣慰。

回首母校的80年光辉历程，母校从中专、大专，一直升到本科；教学楼从土房子到瓦房，再到今天的现代化的高楼；学校从建校初的100多人到现在的几万人；教师从一般的老师到现在的博士；名望从当初的不为人所知到现在的名声显赫。想到这些，我就为自己作为××的人感到自豪。阔别多年，重回母校，我的心情和所有的校友一样激动不已，面对蒸蒸日上的母校，看着一张张亲切、友爱、慈祥的面孔，我们无法抑制内心的激动，我真切地感受到了母校生生不息的活力和蓬勃向上的朝气，母校多年来所取得的优异的教育教学成绩，令我们欢欣、鼓舞！正是有了母校的培育，我们才会有资本、有能力在社会上站住脚跟，得到社会的认可，才能在各行各业中干出一番成绩，所以，再次感谢母校！作为你们的学长，我以过来人的身份想对广大的学弟和学妹们说些肺腑之言：希望同学们珍惜美好的时光，树立起远大的理想，“博学而笃意，切间而近思”，在学习中加强修养，在求索中锻炼品格，在实践中提高能力，实现服务家乡，报效祖国、回报社会的理想。

同时，希望社会各界进一步重视教育，希望有能力的校友们尽大家最大的努力，继续支持我们的母校，关心母校、捐助母校，为母校的发展创造更好的发展环境。

最后，祝愿母校的明天更加辉煌，为我们的90年、100年校庆时的再聚首表示期待，期待看到更加灿烂的××！

诞辰周年贺词

范文：在孔子诞辰 2550 周年研讨会上的贺词

【场合】孔子诞辰 2550 周年研讨会

【人物】学者、同志们

【致辞人】学生代表

各位学者，同志们：

今天，我国的学术界将迎来一件盛事——中国古代伟大的思想家、哲学家、教育家孔子诞辰 2550 周年。今天，我们相聚一起，共同缅怀这位对中国政治、文化、教育、思想等方面影响了 2000 多年的伟人！如今他的思想、他的学问影响的已经不仅仅是我们炎黄子孙，它漂洋过海，传播到了世界各地，也成为了全世界受人敬仰的伟人。

“滚滚长江东逝水，浪花淘尽英雄。”“江山代有才人出，各领风骚数百年。”各个时期都有自己的英雄人物，但许多经过岁月的冲刷，已经淹没在滚滚红尘中。司马迁也曾感叹，许多显赫的人物很快就被人们忘记了，而“孔子布衣，传十余世，学者宗之。自天子王侯，中国言六艺者折中于夫子，可谓至圣矣。”在历史的长河中能够永站浪头，千百年来被世人传颂、敬仰的只是沧海一粟，而孔子就是其中一位。他的思想、学问、人格魅力至今大放异彩，不仅在我国，现在世界各地都在办孔子学院，学习儒家思想。

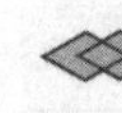

司马迁在《史记·孔子世家》写道：“孔子以诗书礼乐教，弟子盖三千焉，深通六艺者，七十有二人。”孔子开创了“儒家”学派，成就了影响中国 2000 多年的儒家思想，位于《四书》之一的《论语》影响了中国思想文化发展，对中国古代读书人的命运产生了重大影响。“仁”是孔子思想的核心，他的思想理论经过后世儒家的传承与发展，衍生出一整套道德法则和社会政治伦理规范。这些法则和规范影响到后世社会的各个角落，而且在历史的发展中，通过名言警句、启蒙读物、书院教育和官方文献等途径广为传布，已经成为民众思想的一部分，成为民族精神的重要因素。其中的许多内容，今天仍然在社会生活的各个方面发挥着广泛的作用。

中华民族是一个具有悠久历史传统的民族，中华文明也是人类社会发展中唯一没有中断的古老文明，“以古为镜，可以知兴替”。历史证明，文化与国家的命运息息相关，只有文化上的独立与繁荣，才有国家民族的兴旺与昌盛；只有文化的继承，才有文化的创新与发展。应当说以孔子和儒家学说为主要代表的文化传统所起的积极的作用，才使我们民族在经历了那么多的内忧外患时，能够自强不息，不断地探索稳定与发展的新途径，并始终表现出很强的凝聚力。随着改革开放，我国学术界有关孔子、儒学、传统文化的研究有了很大进展，包括在座的各位都取得了许多重要的成果。但人们对孔子及其儒家思想还存在着不同的见解与争论。学术上一定要坚持百家争鸣，容许不同的声音，才能够推陈出新。

各位学者，同志们，在新世纪到来之际，我们面对着五千年的文明，丰厚的文化遗产，同时还要面临外来文化的冲击，鉴于历史上中华民族曾经以博大的胸襟吸收和成功地消化了外来的文化，滋养了中华民族的发展；同时，此时的中华民族正以昂扬的姿态走向世界，我们应该接受外来的优秀文化成果。我们相信：一个既善于继承自己优秀的文化传统，而又善于吸收全人类文明成果的民族，才是最有前途、最有希望的。

在建设中国特色社会主义的伟大进程中，创建社会主义的民族的、科学的、大众的新文化，是历史赋予我们的神圣使命。让我们满怀庄严而崇高的历史责任感，迎接中华民族振兴与发展的新世纪！

节日周年贺词

范文一：在五四青年节 60 周年庆典上的贺词

【场合】五四青年节 60 周年庆典

【人物】学生、老师

【致辞人】校长

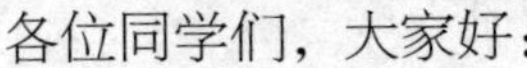

各位同学们，大家好：

从 1949 年 12 月，中国中央人民政府政务院正式宣布五月四日为中国青年节以来，五四青年节走过了 60 年的日日月月。五四青年节是大家的节日，今天大家欢聚一起，让我们以热烈的掌声迎接青年节 60 年庆典的到来。

五四青年节是为纪念 1919 年 5 月 4 日中国学生爱国运动而设立的节日。在巴黎和会上，中国外交的失败是导致这次运动的主要原因。作为战胜国的中国，不仅权益得不到伸张，而且主权遭到侵犯，消息传来，举国震怒，群情激愤。以学生为先导的五四爱国运动就如火山爆发一般地开始了。他们打着“誓死力争，还我青岛”的口号，不畏强权和压迫，殊死抵抗卖国求荣的北洋军阀，用爱国激情和热血谱写了一曲惊天地泣鬼神的赞歌，很快学生运动得到了全国人民的响应，学生罢课、工人罢工、商人罢市，一时群情激昂。面对强大社会舆论压力，曹、陆、章相继被免职，总统徐世昌提出辞职，6 月 28 日，中国代表没有在和约上签字，五四运动取得了历史性的胜利。

五四运动具有重要的意义：五四运动是一次彻底的不妥协的反帝反封建的爱国运动。五四运动揭开了中国新民主主义革命的序幕，这场爱国运动推动了中国历史进程，促进了马克思主义在中国的广泛传播，促进了马克思主义与中国工人运动的结合，造就了一批具有初步共产主义思想的知识分子，为中国共产党的建立作了思想上、干部上的准备。学生在五四运动中起到了先锋的作用，彰显了青年人的作用。

梁启超在其《少年中国说》中重点指出："故今日之责任，不在他人，而全在我少年。少年智则国智，少年富则国富，少年强则国强，少年独立则国独立，少年自由则国自由，少年进步则国进步，少年胜于欧洲，则国胜于欧洲，少年雄于地球，则国雄于地球。红日初升，其道大光；河出伏流，一泻汪洋；潜龙腾渊，鳞爪飞扬；乳虎啸谷，百兽震惶；鹰隼试翼，风尘翕张；奇花初胎，郁郁皇皇；干将发硎，有作其芒；天戴其苍，地履其黄；纵有千古，横有八荒；前途似海，来日方长。美哉，我少年中国，与天不老！壮哉，我中国少年，与国无疆！"可见，国家的希望和未来都寄托在你们青年一代的身上。

五四精神的核心内容为"爱国、进步、民主、科学"，今天大家欢聚一堂纪念五四青年节60周年，目的在于号召广大学生发扬五四精神，为振兴中华民族而努力奋斗。

最后希望大家记住今天的讲话，继承先辈的优良传统，担负起振兴中华的民族使命，为国家的富强而努力！

范文二：在国际劳动妇女节100周年庆典上的贺词

【场合】国际劳动妇女节100周年庆典

【人物】各界的女性工作者、市领导

【致辞人】妇女代表

女同胞们、姐妹们，大家好：

春回大地，万物复苏。今天，我们迎来了"三八"国际劳动妇女节100周年，我们在此隆重集会，共同庆祝这个具有特殊意义的节日。借此机会，向在座的各位女同胞们，并通过你们向广大女性致以节日的问候！向所有关心、支持女性事业发展的各位朋友和为女性事业作出贡献的工作者致以最诚挚的谢意！

国际妇女节在每年的3月8日，为庆祝女性在经济、政治和社会等领域作出的重要贡献和取得的巨大成就而设立的节日。国际妇女节是全世界女性的节日，不仅得到了联合国的承认，而且也被许多国家定为法定节日。虽属不同国界、语言、种族、经济、文化和政治，但在这一天却能够同时庆祝属于自己的节日。100 年来，世界女性解放运动波澜壮阔，我国女性解放运动也取得了辉煌的成就。女性不再是男人的附庸，而是能在各项工作中起着“半边天”的作用。对于我们女性来说，我们是家里的“主心骨”，承担着照顾家庭的责任。不仅要照顾老人和教育子女，也要做好丈夫的后盾，努力营造家庭的幸福和美满。同时我们广大女性也具有强烈的主人翁意识，我们不甘心围着锅碗瓢勺转，我们要像男性一样，积极参与到社会工作中，在工作中兢兢业业，丝毫不输于男性。我们将个人利益和集体发展紧密联系在一起，为社会的发展作出了重要贡献，以饱满的热情、执著的追求，为我们女性的独立和解放奏出时代最强音。

在近几年来，涌现出了许多杰出的女同胞，例如全国五一劳动奖章获得者、全国公安战线一级英雄模范、被誉为警界女神警的任长霞，她多次深入虎穴，化装侦察。她调任登封市公安局局长，解决了多年来的控申积案，抓获犯罪嫌疑人 3200 余人，有力地维护了登封社会治安和稳定的政治大局。这种“巾帼不让须眉”的女同胞比比皆是，为我们女性树立了好榜样，也让社会对我们女性另眼相看，谁说女子不如儿男？

女同胞们，新的一年里，希望大家再接再厉、振奋精神，在家庭和工作中，充分发挥“半边天”的作用，为树立女性崇高的地位添砖加瓦。

最后，祝姐妹们节日快乐，工作顺利，身体健康，合家幸福！

谢谢大家！

社团周年贺词

范文一：在市总商会成立 3 周年庆祝仪式上致辞

【场合】市总商会成立 3 周年庆祝仪式

【人物】企业家、商会领导、成员

【致辞人】民营企业代表

各位来宾，同志们、朋友们：

大家好！

掐指算来，我们××商会已经成立3年了，今天邀请大家相聚于此，既是为了庆祝商会成立三周年，更是为了增加各企业家的交流，建立更加和谐的协作关系。首先，请允许我代表全市民营企业向县总商会及商会全体会员表示最热烈的祝贺！

在三年中，市总商会的凝聚力和向心力不断增强，会员队伍越来越壮大，也凸显出强劲的活力和旺盛的生命力。三年以来，总商会充分发挥自己的职能作用，经常开展各种有声有色的活动，并积极沟通和服务于全市民营企业，为促进××市民营经济的健康发展做了大量富有成效的工作，使××市民营经济规模不断扩大、发展水平不断提升。这些成绩的取得，离不开市委、市政府的正确领导，离不开各有关部门的大力支持与配合，更离不开总商会会员们的精心耕耘和不懈努力。

目前，我市的经济发展，特别是民营经济的发展，既面临着机遇，又面临着不同程度的挑战。党的十六大为民营经济发展进一步解决了理论认识问题，扫清了思想障碍；省、市民营经济工作会议的召开，为进一步发展民营经济指明了前进方向。在此，我希望市总商会在今后的工作中，一如既往地发挥好服务与沟通职能，把握良好机遇，紧跟发展形势，团结和带领全市的民营企业，不断开拓创新、艰苦创业，并为推动××市民营经济的发展作出新的、更大的贡献！

同志们、朋友们，在今年年初召开的市党代会、市人代会、市政协会议上，市委、市政府明确提出把民营经济列为全市经济发展目标四大突破之一，可见民营经济发展是全市当前和今后一个时期工作的重点。我深信，随着市“三会”精神的贯彻落实，我市民营经济必将会有一个长足的发展，工商联和商会事业也会迎来一个新的发展高潮。让我们在市委、市政府的领导下，团结一致，开拓创新，为××市民营经济的发展和社会全面进步而努力奋斗！

最后，祝总商会各项事业百尺竿头，更进一步！祝各位来宾身体健康、合家幸福、万事如意！

谢谢大家！

范文二：在市残疾人联合会成立30周年之际致辞

【场合】市残疾人联合会成立30周年

【人物】残联的会员、市领导

【致辞人】市长

各位来宾，残疾朋友们：

大家好！

××市残疾人联合会迎来了30岁生日。首先，我谨代表市委市政府向市残疾人联合会及广大残疾人朋友表示热烈的祝贺和真诚的问候！

30年来，沐浴着改革开放的春风，伴随着××市振兴的脚步，在市委、市政府的正确领导下，在社会各界的帮助下，××市残疾人事业从无到有，从小到大，从弱到强，取得了迅速发展。尤其是进入新世纪以来，我市残疾人工作始终走在全省前列，残疾人事业纳入我市总体规划，与经济、社会协调发展；贯彻执行《中华人民共和国残疾人保障法》、《××省实施〈中华人民共和国残疾人保障法〉办法》及《××市委市政府关于促进全市残疾人事业发展的实施意见》等相关残疾人工作的法规，依法开展残疾人工作，使残疾人事业在法制化轨道上健康发展。

在残疾人就业、维权、救助、组织建设等多项工作中取得较大的进展，切实保障了残疾人士的人身权利，受到了省和国家的表彰。30年来，共有××万名残疾人得到不同程度的康复服务；××万名残疾人接受不同程度教育；××万名残疾人得到不同技能的培训并实现了就业；投入残疾人就业保障金×亿元；近××家律师事务所接受各级残联的指定或委托，为残疾人提供“优先、优质、优惠”的法律服务。

全社会扶残助残的社会风气不断浓厚，扶残助残先进集体、先进个人不断涌现，不断汇集和壮大了发展残疾人事业的中坚力量。广大残疾人发扬“自尊、自信、自强、自立”的精神，涌现出一批优秀残疾人典型，在各条战线上为我市建设作出了贡献，创造了业绩。

站在新的起点上，我们的责任重大。伴着构建和谐社会的春风，在我市经济实现总量再翻一番的号角下，我们有信心在市委的领导下，坚持以科学发展为统领，坚持以残疾人的利益为根本出发点，努力构筑残疾人社会保障体系和服务体系，改善残疾人平等参与社会生活的物质条件和社会环境，缩小残疾人状况与社会平均水平的差距，促进××市残疾人事业与全市经济社会同步发展，促进××市更加文明、进步、和谐！

◇ 漫话贺词

周年贺词吉语

常言说“不经历风雨，怎么见彩虹。”八年的风风雨雨，八年的勤奋耕耘，公司的巨变令我骄傲和自豪。没有广大新老客户的支持，没有公司员工脚踏实地地耕耘脚下这片新天地，就不会有今日公司的大变样。

回首往事，一个个平凡而充满激情的片断在我们的眼前交相辉映，汇集成一段××公司发展的历史，一段××人奋斗的历史。

光阴荏苒，日月如梭。××研究所自××××年正式成立，至今已有 50 周年。50 年的风雨兼程，50 年的学海拼搏。面对上万篇的学术论文，抚摩近千部的学术著作，历历往事，如泣如歌。曾记得，在她的旗帜下，无数学人不怕条件简陋，不畏环境险恶，在奋斗中求索。

十载风雨沧桑创业路，十载征程跋涉铸辉煌。抚今追昔，感慨万千；展望未来，信心百倍。我们相信，在全体员工的辛勤努力下，××公司的明天一定会更加辉煌灿烂！最后，祝各位领导、各位嘉宾，同志们家庭幸福，万事如意！

回首往事，我们豪情满怀！公司 30 年的点点滴滴构成了一幅幅平凡而充满激情的历史画卷，公司 30 年的光辉历程不时地在我们每个人的眼前交相辉映，折射出公司人与时俱进的发展轨迹，引领着公司人迎着朝阳再度扬帆启程、一路高歌、继往开来！

十年的艰苦奋斗，十年的坎坷征程，圆了企业跨越发展的振兴梦，谱写了企业再创辉煌的光荣史。展望未来，让我们风雨同舟，携手共进，把目光更多地投向明天，去开拓更加壮丽美好的新事业！

周年贺词素材

1. 校庆

校园迎隽秀；桃李向阳红。

讯传连四海；校庆汇三江。

洒下园丁千滴汗；赢来桃李一堂春。

春催桃李遍天下；雨润栋梁竖九州。

花枝竞秀须雨露；桃李争荣靠园丁。

园丁辛苦一堂秀；桃李成才四海春。

看今日育李栽桃结硕果；待明朝生光拔萃尽英才。

2. 厂庆

庆典一堂喜；花开四化荣。

改革春风催劲羽；振兴喜庆鼓鹏程。

忆昔坎坷兴业路；抚今昌盛换新天。

青山万里春光催；盛厂千军气势雄。

树雄心创大业与江山共秀；立壮志写春秋共日月同辉。

3. 会庆

友谊长存并肩携手；同仁共奋合力贴心。

一筹兴劲旅辉煌业绩；数载起宏图浩荡春风。

喜会庆合欢一堂济济；看人和共颂百感绵绵。

创新兴事业耀今烁古；举旷代英才继往开来。

携手开华夏千秋大业；并肩展神州万古雄才。

4. 刊庆

道义正偏吾有责；文笔优劣我无辞。

艺苑奇葩争芳斗艳；文坛妙笔推陈出新。

指点江山春光满目；激扬文字彩笔生花。

一筹启邸林尽载时情哲趣；五载汇涛声每披奇事新闻。

5. 路庆

车载十年庆；路伸万里程。

千车连万户；一线贯九州。

万里路程如同经纬；九州脉络格外分明。

复蹈旧辙并非复旧；创开新路才是创新。

路穿万水千山畅通无阻；车过十州百县缩地有方。

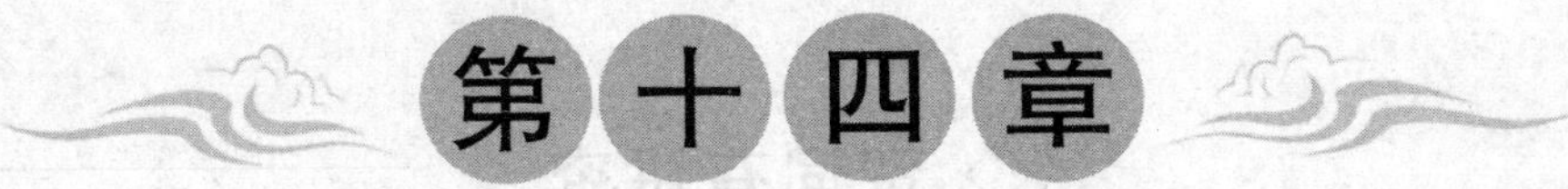

第十四章

贺升学

——春色常昭志士，才华乐奉勤人

升学自古就被看成一件可喜可贺的大喜事。古有“登科”之说，现有“千军万马过独木桥”之言。学子们通过自己的努力，考上了理想的院校，不仅自己高兴、父母欣慰，就连亲戚朋友也激动不已，于是一场庆祝宴会在所难免，宴会上的贺词更是不可或缺的。父母和亲朋好友们要表达对学子的祝贺，学子要致辞对别人的祝贺表示感谢。

◇ 贺词有讲究

来宾贺词的特点

庆升学贺词，根据致辞人的身份不同，其内容和所表达的情感也不尽相同。普通的来宾或者宴会的主持人致辞，一般有三点内容：其一，表示祝贺，如“恭喜××同学考入理想的大学”；其二，称赞其父母。“你们为孩子提供了一个良好的学习环境……”其三，向学子表达自己的祝愿，例如“希望你步入新的校园后，再接再厉，再攀高峰”。

若是父母的亲友或同事，可能或侧重于说些为人父母育子不易的话，并以长者的身份对学子提出告诫或传授一些经验，当然也少不了向学子表示一番祝贺了，“今天×××收到了××大学的录取通知书，×××圆了梦想，他的父母更是熬出了头，在此我要真诚地恭喜你们。”学校的领导或者师生，则会重点夸赞学子在校勤奋好学，老师会说“×××同学学习刻苦、认真，我们一直对他寄予厚望，他也没有辜负大家的期望”；学生可以说“×××和我是多年的同窗，他对于学习的那股劲儿永远都旺盛，和他在一起读书，他会感染你，让你永远都不想放松懈怠”；轮到学校领导讲话，可能会说“×××学生是学习标兵，我们应该号召全体学子向他学习”等。

父母在宴会上的礼仪

父母在升学宴上的角色，绝不是只向子女表示祝贺那么简单，父母需要注重礼仪方面的细节，所以，他们在致辞时，通常包含了很多内容。

第一，先感谢来赴宴的宾客，常会说“各位来宾能在百忙之中来参加这次宴会，我和我的家人表示深深的感谢”。

第二，对子女学业有成表示祝贺。中国的大多数父母在教育子女的过程中，总是鞭策得多，鼓励得少，但是在这个苦尽甘来的好日子里，他们也一定不会吝啬赞美之语，因为这个时候，为人子女的学子们最希望得到的，就是父母的肯定。父母可能有时候会回忆以往养育子女的情形，发出一些感慨，他们会说，“这十几年来，为了子女的学业，×××很辛苦，我们做父母的也很劳累。”

第三，对子女关于将来的路提出告诫或者希望，“希望你在新的环境中，能够更加勤奋、努力，学到更多的知识和道理……”

第四，代表学子向他的老师同学以及其余帮助过的人表示感谢，这时候的感谢是非常重要的，人都需要学会感恩，特别是像升学宴这样的重要场合，其实升学宴既是庆功宴，也是感恩宴，学子一家应当感谢每一个关心和帮助他们的人。

最后少不了对众位来宾再次致谢，并请大家尽情畅饮。如“感谢你们的光临，要是有什么地方招待不周，多多包涵。”

学子如何做好宴会的礼仪

学子是升学宴的主角，是宴会所有人注目的焦点，学子的任何一点表现，都会被来宾及父母看在眼里，即便学子不够老练成熟，在这个属于自己的时刻，在这个属于自己的场合，都应该学会如何将自己完美地展现给大家。

首先，学子必须注意自己的衣着打扮，切忌穿着随便，或者时尚潮流，这样会给人一种轻浮的感觉。也不需要你西装革履、衬衫领带，毕竟你还是个学生，不是社会人。最好也不要穿学生装，会让人觉得你不成熟，也许事实如此，但是在那个时刻，大家都期待你成熟长大。其实学子的着装只需要简单，穿一件平日在学校的生活装或者生活中的一件正式衣服就行了，是否漂亮不重要，重要的是给人一种干净质朴的感觉。

学子还要在礼节上得体。来参加升学宴的宾客，基本上都是自己的长辈和老师，他们都是你敬重的人，所以在宴会上，学子一定要在礼节上做到位，比如说在客人光临时，如何欢迎他们；宴会上学子要向客人敬酒，怎么安排顺序；敬酒的时候说些什么，这些都是至关重要的礼节，不可马虎，更不可紧张。学子的致谢词是宴会的核心和高潮部分，也是学子在宴会上的最佳表现机会，如何说出一篇条理清晰、内容充实的致谢词，这是对学子的最大考验。

一般来说，学子的致谢词有三大部分：第一部分是总结，先回顾自己多年来的学习和成长历程，对于其中的对与错、得与失作一次全面的总结；第二部分是感谢，要感谢父母的培养，老师、同学的帮助，以及亲朋好友无私的关心与支持，感恩，是致谢词中最重要的环节；第三部分是对未来的畅想，学子应表明自己升学后的目标和方向，并表示决心，将为了更高的目标而努力奋斗。

◇ 经典贺词共赏

父母贺词

范文一：父亲在子女升学宴上的贺词

【场合】儿子的升学宴

【人物】亲朋好友，学校的领导老师

【致辞人】学生的父亲

各位领导、各位师生、各位朋友：

大家晚上好！

今天晚上在这里举行宴会，是为了庆祝我的儿子在今年的高考中，顺利地考上了他理想的大学——北京××大学。在这里，我首先代表我们一家三口，向前来祝贺的各位嘉宾表示热烈的欢迎和真诚的感谢。

儿子考上大学，这不仅是他人生中一个重要的转折点，也让我们夫妻俩倍感欣慰。回忆起孩子的学习及成长历程，有很多人给予了关心和支持，今天借此机会，我要对所有关心××、支持××的人说一声“谢谢”！

首先我要感谢我的妻子。在家里，她是最操劳的。我因为工作忙碌的关系，经常不在家中，是她时时刻刻陪在儿子身边，照料他、养育他、督促他。特别是儿子上高三这一年，她比任何人都尽心尽力。如今儿子金榜题名，她真的是劳苦功高。“老婆，多谢你了。”

其次，我要感谢在学校中帮助儿子进步的各科老师和学校的领导们，是你们的责任心和友爱心，令我的儿子可以不断地进步与成长。我还记得去年的十一月份，儿子因为感冒不能去学校上学，他的班主任×老师专门在周日那天来看望他的学生，×老师不仅给儿子送来了全班学生的祝福，还给儿子补习了那周落下的课程。使儿子病愈后去上学时，可以赶得上班级的学习进程。

最后我也要对我的儿子说几句话。你考入了理想中的大学，我为你自豪，你是我的骄傲。但是你要记住：“吾生也有涯，而知也无涯”，希望你能不要骄傲，不要松懈，大学不是奋斗的终点，相反它是你攀向更高峰的起点。希望你在大学四年里得到磨炼，学有所成，再创辉煌！

我的话讲完了，最后祝福众位嘉宾身体健康、工作顺达，合家幸福、万事如意！谢谢！

范文二：母亲在子女升学宴上的贺词

【场合】女儿的升学庆祝宴

【人物】亲朋好友、老师

【致辞人】学生的母亲

各位朋友、各位老师、各位同学：

大家晚上好！

今晚大家相聚在这里，来参加我女儿的升学宴会，我代表我的家人对大家的到来表示深深的感谢和欢迎。

昨天上午，我女儿收到了××大学的录取通知书，当时是激动万分，我也替她高兴，在这里我要对女儿表示祝贺，她的辛苦耕耘终于收获了回报。女儿是我的骄傲，她从小就志向坚定、勤奋好学，在学校的表现一直都很优秀，我为有这样的女儿感到自豪。当然了，我也要感谢××学校的××老师，你是女儿的伯乐，是你对女儿的悉心教导，才让她有了今天的成绩。在此我向××老师表示最真诚的感谢。

再过一个月，女儿就要远离我们去别的城市读书，虽然我心中十分不舍，但是我更希望女儿能够实现自己的梦想。对于女儿，我有几句话要嘱托："第一，就是你要永远保持一颗积极向上的决心，不论是为了学业，还是将来的工作，都要像以往那样，勤学好问，不断进取；第二，就是你要常与家人联系，不要让爸爸妈妈担心。"

话不多说了，再次感谢各位嘉宾的光临，希望你们今晚能吃喝畅快。最后祝大家身体康健，工作顺心。谢谢大家。

校长贺词

范文：学校校长在本校学生升学宴上的贺词

【场合】学生的升学宴

【人物】学校的领导、老师、学生

【致辞人】学校的校长

各位家长、各位师生、各位朋友：

大家下午好！

今天，大家欢聚一堂，来参见×××同学的升学庆功宴，我首先代表×××同学及他的家人，对大家的到来表示欢迎。×××同学在今年六月份的高考中表现出色，以×××分的优异成绩考入了北京的×××大学，在此，我代表学校的全体师生向你表示最热烈的祝贺。

在这里，我想谈一谈我的三点感受：第一是感谢。我要感谢的是包括×××同学在内的全体学子以及这一年来不辞劳苦、辛勤工作的高三老师们，是你们的不懈追求和共同努力，为学校争得了荣誉。×××同学是我校毕业生中杰出的代表，他在学校的表现大家都是有目共睹的，正所谓天道酬勤，他能取得今日的成绩，可以说与他平日的勤奋学习是密切相关的，他是学校的榜样，是学校的骄傲。

第二还是感谢，这次我要感谢的是×××同学的父母。我虽然不了解你们是如何培养子女的，但是天下父母一般心，我也有我的子女，我能体会到你们为自己的孩子所付出了多少艰辛。我想说，有这样伟大的父母，才能培育出这样优秀的子女，你们是好样的！

第三点的感受是对×××同学说的，××中学是你的母校，你在这里曾经拥有过同学间的友情、老师们的关爱和学校对你的教育。等你升入大学后去了另一个城市以后，父母和家是你的根，而母校是你另外的一个家，你要记得常回母校看看。

最后我想说的是，你收到了大学录取通知书，仅仅是完成了考大学的任务，但这决不意味着你就是真正的大学生了。大学是什么？它有一半是学校，有一半是社会，真正的大学生活是什么？不仅仅是多读书，用心学习，还要培养自己各方面的能力。高中要的是成绩，大学要的是成功，而成功只会光顾那些经受住了磨炼的人。

好了，×××同学，你要记住我的话，等到上了大学，拿出自己的勇气和坚强去闯荡吧，你的父母，你的母校，都会在家乡等着你的好消息。

我的话讲完了，最后祝在座的所有朋友健康美满，财源广进。谢谢大家。

老师代表贺词

范文：在本班学生×××升学宴上的贺词

【场合】本班学生×××被大学录取的庆祝宴会

【人物】校领导、班主任、学生们

【致辞人】班主任

尊敬的各位领导、各位来宾：

大家晚上好！

8 月夏日暖意融融，令人感到舒心。在这个舒心的季节，我们又迎来了一份喜人的收获，那就是大家一直以来都关心的×××同学在今年的高考中以×××分的优秀成绩考入了他梦想的大学。

我很荣幸能够被邀请到此，为×××同学送上我的祝福。

我首先要说：×××，你是我们班乃至我们学校的骄傲，你顺利地考入××大学，我为你自豪，此时此刻，我想在座的各位嘉宾和我一样，都想为你送上最真挚的祝贺。作为你的班主任，我亲眼见证了你为学习付出的艰辛，特别是在高考前的那三个月，你比平时更加刻苦、用功，有时候晚自习结束了还要比别人多看一会儿。你课间从不出去和同学们嬉闹，总是安静地坐在课桌前，或是验算复杂的数学公式，或是背诵密密麻麻的英语单词。当时我看得出来，你是鼓足了劲儿，要把今年的高考拿下。我也相信你一定会成功的，每一次的模拟考试，你都有进步，而且你也从不自满，总在找自已在学习上的不足之处。

如果说今年的高考是一块试金石，那么你就是那最纯质的黄金！高考成绩出来后，当我告诉你你的分数时，你哭了，不是因为成绩没有达到你的期望，反之，最终分数比你的估分要多出十几分。你的哭泣是一种成功的喜悦，因为你确定可以考入自己梦想的大学了。其实当时我也忍不住流泪，我知道，你的哭泣还包含着一种对过往艰辛的感伤。

在这里，我还要感谢×××同学的父母，你们是孩子的第一任老师，是你们给了他一个良好的学习环境，从小培养了他良好的学习习惯。这十几年来，正是由于你们悉心严格的教养，你们的孩子才能拥有求知进取、努力拼搏的优秀品质。我相信，你们一定也吃了不少苦，受了不少累。我想跟你们说一句：你们辛苦了。

×××同学，你马上要去远方就读大学，要离开你的父母和家乡，也会离开你的老师和学校。你将步入大学殿堂，这是人生中很美好的事情，在这临别时刻，老师衷心地祝愿你能在步入大学校门的时候，将它作为你人生的新起点，继续勇往直前、拼搏进取，开启人生中另一篇辉煌。我也希望你能时刻怀着一颗感恩的心，时常回来看望你的母校和老师。

我的话就说到这里，最后祝大家心情愉快、一生平安！谢谢大家！

学生代表贺词

范文：在同学升学宴上的贺词

【场合】同学××的升学宴上

【人物】学校领导、老师、同学

【致辞人】学生代表

尊敬的各位领导、各位老师，远道而来的朋友们：

大家晚上好！

仲夏之夜、风微云淡，在这个美丽的夜晚，我们怀着相同美丽的心情欢聚一堂，共同祝贺我的同窗好友，××以优异的成绩考入××大学。

今晚我站在这里致辞，感到十分激动，又很荣幸。我和××是高中三年的同窗，他学习很努力，在学校一直都是优秀生。作为他的好朋友和他一起学习是又有压力又有动力。他对于学习的执著态度感动了我，也感染了我，使我不断告诫自己，一定要加倍努力，不要落于人后。我总是这样想，所以我也能在班级中保持前列的成绩。

今时今日，××马上就要去××大学就读，而我也将去另一所大学上学，从此我们即将为了各自的梦想各奔东西。希望我们之间的友谊不会因为距离的拉开而变淡。

在今天这个值得庆祝的日子，作为好友，我知道××心中一定对老师父母充满了感激。在此我代表××、代表我们高三（×）班的全体学生，对我们的各科老师说一声："谢谢，你们辛苦了。"有人说老师是灵魂的工程师，有人说老师是燃烧的蜡烛，有人说老师是春天的雨露，但我要说，老师是我们的第二父母，你们不仅教会了我们知识，还传授给了我们人生的道理，令我们在灰心的时候没有逃避、沮丧的时候没有放弃。

除了感谢老师，我们还应该感谢的就是我们的父母。×××对我说过，他能取得如此骄人的成绩，离不开父亲多年来无微不至的培育与栽培、离不开母亲贴心的教导与呵护！我想，×××此时此刻肯定是十分激动，他一定想对自己的父母说一声谢谢。

×××，我的好朋友，再过一个月，我们都将各奔前程了，下一次见面还不晓得是什么时候。我有几句话想对你说，其实也是在对我说。老师说过，步入大学只是人生中又一个新起点，真正的磨炼才刚刚开始。我们选择了进取，就意味着我们愿意接受挑战，在竞争中锻炼自己。还是那句话，宝剑锋从磨砺出，梅花香自苦寒来。你我都加油吧。

各位来宾，今晚明月皓洁、星光璀璨，在这个温馨的夜晚，让我们举起酒杯，祝×××在今后的大学生活中学有所成、再创辉煌，也祝我们在座的各位身体健康、家庭幸福。谢谢。

长辈代表贺词

范文：在外甥升学宴上的贺词

【场合】外甥的升学庆祝宴会

【人物】老师、亲戚、学生

【致辞人】学子的小姨

各位领导、各位老师，女士们、先生们：

大家晚上好！

今晚微风清凉、新月如钩，大家欢聚一堂共同庆祝我的外甥×××同学金榜题名。此时此刻，我非常高兴，×××经过十余载的寒窗苦读，终于凭借着自己的努力考入××大学，向他的梦想迈进了一大步。这不仅是属于他的荣誉，更是我们家族的荣耀。

首先，我要对他表示祝贺，他是最优秀的，这十余年的勤苦学习，我们这些亲人都看得到，也都为他心疼，可是他很执著，从不放弃。我作为他的小姨，打心里为他自豪，为他喝彩。

其次，我要代表我的全家对××的所有老师和同学、朋友表示衷心的感谢。感谢老师这么多年对×××的教育和关心；感谢他的朋友和同学们对他的帮助。×××今天的成功离不开你们的付出，谢谢你们！

再过一个月，×××就要离开家乡一个人到一个陌生的城市上大学了，这是他长这么大第一次去那么远的地方，小姨真舍不得啊，我想我的姐姐姐夫更舍不得。在这里小姨作为过来人，有几句话要嘱咐你：

第一，希望你能保持高中时代勤奋刻苦的精神。步入大学，你需要重新开始，大学是自由的天堂，充满了诸多诱惑，你一定要经得起诱惑，坚持做原来的自己，锐意进取，勇攀高峰。你要记住，只有你的辛勤劳作，才能收获金秋的硕果。

第二，学海无涯，所以你千万不能自满。自满是堕落的陷阱，谦虚好学才是前进的车轮。希望你在四年的大学生活中，不断磨炼自己，有所作为。那么将来不论是考研，还是工作，你一定都会成功的。

最后，我想把祝福带给今天在座的每一位来宾，祝愿你们心想事成、幸福快乐、万事如意！谢谢大家！

主持人贺词

范文：主持人在学子升学宴上的贺词

【场合】×××同学的升学庆祝宴会

【人物】老师、学生、家长

【致辞人】宴会主持人

尊敬的各位来宾，女士们、先生们：

大家晚上好！

今天，各位尊敬的嘉宾来到××大酒店共同庆祝×××同学收到他梦想中的大学录取通知书，他终于实现了他中学时代的梦想。今晚我站在这里担当×××同学升学宴会的主持人，真的是非常高兴，也非常激动。

首先让我来介绍一下在座的三位重要人物，坐在东边正中间戴眼镜的那位男生，就是我们今晚宴会的主角×××同学，坐在他左右两边的是他的父亲×××先生和×××女士。

今晚前来祝贺的，有×××同学的老师和朋友、学校的校长、×××同学父母的亲属、同事和好友，大家能够在百忙之中抽出时间来参加此次宴会，不论你们是谁，你们的到来都为这次宴会增添了光彩。在此，请允许我代表×××同学及其父母向今天所有到场的来宾表示热烈的欢迎和最诚挚的感谢。

“宝剑锋从磨砺出，梅花香自苦寒来。”×××同学经过了十余年的苦读勤学，终于在今年的高考中出色发挥，以优异的成绩考取了××大学的××专业。让我们以热烈的掌声向×××同学表示祝贺！

×××同学能取得今日的荣誉，除了他自己个人的努力外，还离不开他的父母无微不至的培育。我想每一位父母都望子成龙、望女成凤，现在他们看到自己的儿子马上就要步入神圣的大学殿堂，此时此刻，他们的心中一定是喜不自胜。

除了父母的照顾，老师的谆谆教导也是×××取得成功的关键。各科老师都兢兢业业、无私地为学生们奉献着。他们和学生们一起早起、晚睡，和学生们一起奋斗在高考的战线上。在这里我代表所有的莘莘学子，向在座的老师说一声："你们辛苦了！"

最后祝福所有的嘉宾，一家和睦、一年开心、一生快乐、一辈子平安，日日喜气洋洋、年年招财进宝，每个人都健康长寿，每一家都万事顺心！

父母朋友贺词

范文一：在同事孩子升学宴上的贺词

【场合】同事孩子升入大学的庆祝宴

【人物】学子父母、父母的同事、学子

【致辞人】学子母亲的公司同事

尊敬的各位来宾、各位朋友：

大家中午好！

金榜题名，乃人生之乐事也。今晚在××酒店，我的同事×××女士为了庆祝她的女儿×××升入×××大学特意举办了这次宴会，此时此刻，我相信×××夫妇的心情一定非常的激动。在此我要代表所有的来宾对×××同学以及她的父母表示真挚的祝贺，也要代表×××夫妇对大家的到来和祝贺表示真挚的谢意。

再过20多天，×××同学就要离别父母，离别我们所有人，到她心目中的大学去学习深造，我想这个时候，最舍不得的就是他们的父母。

为人父母者，哪个不希望他们的孩子能够长时间陪伴在他们身边？但是为了孩子们的前途，他们却不得不忍受离别之苦。

在这里，我想对×××提出两点希望：第一就是希望你能在大学中努力奋斗，争取拿出优异的表现来回报你的父母，你的父母没有期望你

一定要成为万中无一的高才，但他们肯定都希望你在学校能踏实进步；第二就是虽然父母不在你的身边，但是他们都时刻挂念着你，希望你能常与家人联系，除了寒暑假，其余假期能回家也尽量回家看望父母。

最后送你一句祝福：祝愿你在将来的大学生活中，可以历经磨难，茁壮成才，成为国家和社会的栋梁！

我的话讲完了，祝在座各位工作顺利，家庭幸福，财源广进！谢谢大家！

范文二：在同事孩子升学宴上的贺词

【场合】同事孩子的升学宴会

【人物】学子父母、学子父母的同事、学子

【致辞人】学子父亲的同事

尊敬的各位女士、各位先生：

大家晚上好！

欢迎大家来到××大酒店，参加我的同事×××先生为爱子×××同学举办的升学庆祝宴会。今晚这么多亲朋好友会聚一堂，为的就是一起分享这份金榜题名的喜悦。在这里我要代表各位来宾送上最诚挚的祝贺！

古语有云“十年寒窗苦读，一朝金榜题名”，对于×××同学来说，数年的艰辛付出，终于有了理想的回报。今年的高考，他以优异的成绩考入××大学，这对于×××同学及其父母来说，真算得上一件可喜可贺的大事。在此，我要对×××同学表示祝贺，要对他的父母说一声恭喜。

这份荣誉的取得离不开×××本人的勤奋刻苦，也离不开各位老师多年的教诲和帮助，更离不开父母十几年的精心呵护。我是×××同学父亲的同事，共事多年，我对他也颇为了解。他平时看起来是一副严父的样子，有时候孩子犯错了也会惩罚，但那是恨铁不成钢的一时的怒气。父爱虽没有母爱那么细腻，但是父爱是深沉的、含蓄的。为了给你提供更好的学习环境，你的父亲经常在公司加班加点。他的奖金拿得最多，我们总是开玩笑问他为什么这么拼命，每当这时候，他总是淡淡一笑说：还不是为了我那儿子。我想说的是，做父亲的，总是将自己对子女的爱埋在心底，但在关键时刻，却会立即迸发出来，表现出巨大的力量。×××你一定要理解你的父亲，一定要能够明白他爱你的心。

最后我希望你在今后的日子里拥有勇攀高峰的豪情，在大学殿堂里大展宏图，开辟出一片新的天地！

各位嘉宾，让我们斟满一杯祝福的美酒，为他美好的今天和明天干杯，为了在座所有人的健康幸福，干杯！谢谢大家！

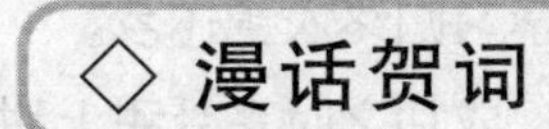

贺升学吉语

通过刻苦的学习，考取自己理想的学校，有些人顺利跨过，而更多人则望尘莫及。然而，你通过自己的努力圆了自己的学业之梦，特向你表示祝贺！

祝贺你考取了自己理想的大学，但是梦想的脚步并未停歇，不要懈怠，不要骄傲，向着更高的山峰攀登吧！

社会是一部书，你要刻苦地去攻读，理会它的深意，再去续写它的新篇。

天空吸引你展翅飞翔，海洋召唤你扬帆起航，高山激励你奋勇攀登，平原等待你信马由疆……出发吧，愿你前程无量！

有人说："人人都可以成为自己的幸运的建筑师。"愿你在走向新生活的道路上，用自己的双手建造幸运的大厦。

只要你珍惜今天，又以百倍的热情去拥抱明天，那么，未来就一定属于你！

十几载寒窗使她的身姿更加挺拔，丰富的知识使她的目光更加睿智，前行的岁月使她的容颜更加娇美，求学的道路使她的身影更加昂扬。不懈的努力将使她的前途更加光明！

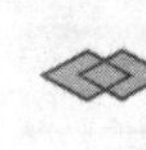

贺升学经典对联

升学合院喜；起步九天欢。

春色常昭志士；才华乐奉勤人。

青春有志须勤奋；学业启门报苦辛。

兴华时有凌云志；报国常怀赤子心。

长江后浪推前浪；盛世前贤让后贤。

一年之计春为早；千里征程志在先。

学海拼搏终有果；成功在望思报恩。

成功后则建家立业；学习归终衣锦还乡。

学海十年吃得苦中苦；成功之时享受甜上甜。

蒲为席宾朋满座贺中魁；舟作屋张灯结彩祝夺标。

蒲生书山有路乘风踏浪；舟渡学海无涯苦尽甘来。

入学喜报饱浸学子千滴汗；开宴鹿鸣荡漾恩师万缕情。

跬步举风雷一筹大展登云志；雄风惊日月十载自能弄海潮。

中道莫踌躇，努力进行求上达；前程颇远大，乘风飞去属高才。

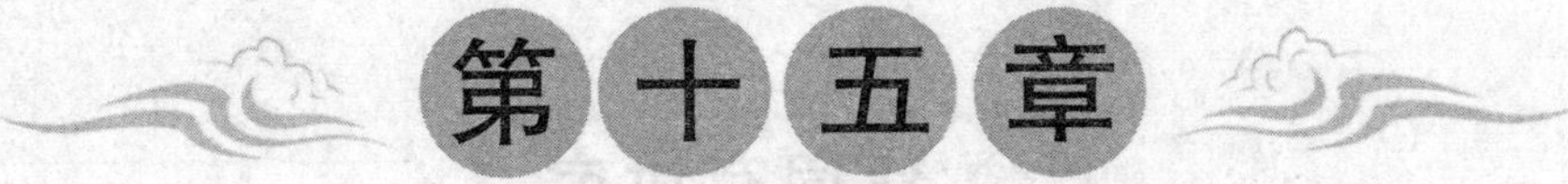

第十五章

贺聚会联谊

——海内存知己，天涯若比邻

亲朋好友聚会是一件多么令人高兴的事，大家欢聚一堂共享亲情的温暖、友情的温馨。在这样美好的气氛中，我们无须准备就能说出博得掌声和欢呼声的贺词，因为这贺词发自肺腑。我们甚至不用冥思苦想就能出口成章，因为那是为最真实的情感书写的华美的赞诗。

◇贺词有讲究

聚会的礼仪

聚会的种类

在社会交往中，聚会是一种经常性的、广为流行的交际形式。因其内容的多样性、形式的灵活性，广受各阶层人们的喜爱和欢迎。聚会不仅能够交流感情、结识新朋友，还能够广泛地获取各方面的信息，扩展见识和交际面。

聚会的类型多种多样，通常按聚会的目的和主旨来区分，可分为：交流感情、增进友谊类的。比如说，亲朋好友聚会、同学聚会、战友之间的聚会等等；也有同行业的人组织的讨论学术性问题的聚会；还有以商业合作为目的的商业性的聚会。如果按照聚会活动的方式来分，聚会可以分为座谈会、茶话会、聚餐会、酒会、生日派对、联欢会、节日晚会等。

聚会基本礼仪

不管是哪种聚会，为了保证活动的圆满成功，都需要在事前做好必要的准备工作。通常情况下，在聚会前要把聚会的时间、地点、形式和参加者确定下来。关于聚会的一些事项，可以由一个人安排决定，也可以由大家群策群力，共同商定。各种聚会中，同学、亲朋好友的聚会比较随意，但在准备时也不可过于马虎，要尽量准备充分些，让大家更尽兴，更好地交流感情。

在确定了聚会的时间、地点、形式和参加者之后，就要开始布置聚会场所了。如果聚会在酒店进行，这一工作也就可以省略了。作为聚会的负责人，还要准备聚会活动所需要的各种物品和活动的议程安排，以及迎接参加者的准备工作。

参加者也有自己的工作要做。在参加活动之前，参加者要根据聚会的活动形式，对自己的仪表和服饰进行必要的修饰和选择。一般比较正规的聚会上，男士应该理发、剃须，穿西服套装或休闲装；女士要做好发型、化好妆，穿时装套裙或休闲装。如果是夫妻或情侣一起参加活动，要注意在衣着打扮上协调一致。在朋友或同学聚会上，衣着打扮可以随便一点儿，但也要注意适应场合。

参加聚会时，要特别注意一点，那就是要遵守约定的时间。聚会是一种社交活动，如果参加者无故迟到、早退或是失约，不仅浪费了他人的时间，也失敬于人、失信于人，这些都是社会交往的大忌。参加聚会就要遵守时间，准时到场，如果真的有特殊情况，不能参加或不能准时到场，应该及时通知他人，并对大家表示歉意。

在聚会上，每个参加者的都要注意自己的举止。衣着得体、精神开朗、举止文雅、谈吐大方、为人大度、谦虚诚恳，都能给其他人留下良好的印象，并能赢得大家的信任，增进与大家的感情。

聚会中，参加者要主动与他人交谈。参加者可以通过聚会与老朋友们增进感情，也可以主动扩大自己的交际圈，去结识更多的新朋友。在跟新朋友交谈时，要诚恳虚心，既要注意主动发表自己的见解和主张，也要善于向他人学习和请教。

居所聚会礼仪

日常生活中，在家中聚会的情况也十分常见。这种私人居所的聚会，要求主人和客人都要懂得一些待客、做客之道，以便让聚会更加圆满。

首先说待客之道。主人在客人到来之前，要做的准备工作有很多，如打扫卫生、整理屋子、选择合适的着装、准备待客的食品和饮料等。如果是聚餐，那就要准备好丰盛的食物。总之，要全力打造一个舒适、良好的环境，给客人一种宾至如归的感觉。

客人来到时，主人要热情迎客。主人可以根据客人的具体情况，选择在门口或楼下迎接。一般常来常往的客人在门口迎接就行了，但也要在对方到达时起身相迎。在见到客人时，要热情地与客人握手、问候，并表示欢迎。要注意的是，不管客人是多熟的朋友，都不能怠慢。在迎接客人时，对在场的家人或其他客人要作介绍。进入房间后，主人要帮助客人脱衣摘帽并挂好，然后领客人到客厅就座。

客人入座之后，主人应主动给客人倒茶，递烟或水果。茶水要求浓度适中，水量适中，不能过满。之后，主客双方开始聊天互动。在聊天时，主人应该集中精力，表现出浓厚的兴趣，千万不要一副心不在焉的样子。在聚会中，可以举行一些大家感兴趣的娱乐活动，但注意不要影响到邻居。

聚会结束时，客人会提出告辞。此时，主人要表示真诚挽留。如果客人执意要走，那就尊重客人的意思。在送客人离开时，一般要送到室外或电梯门口；对于一些重要的客人，要送到楼下或其上车离开的地方，注意别忘记握手告别。

接下来说做客之道，或者说为客的礼仪。作为客人，在收到主人的邀请时，要认真安排好各项事宜，决定是准时参加还是谢绝。如果决定参加，就准备合适的服装和礼物，以示对主人的尊重。

在到达主人家门前时，不论门是开是合，都要礼貌地先敲门或按门铃，等主人来迎接时再进门，千万不可不打招呼就推门直入。在见到主人的时候，要主动和主人问好，并与主人亲切握手。如果双方是初次见面，要对自己进行简要的介绍。另外，对主人的家人和先到的客人们，也要主动打招呼问好。

在进屋后，要主动脱衣摘帽，并将其和随身带的物品一起放在主人指定的地方。有时，主人家备有拖鞋，作为客人要主动换上拖鞋，并放好自己的鞋子，然后随主人到客厅。在客厅入座时，要遵循主人的安排。

在聚会过程中，要注意自己的行为举止。要诚恳大方、言谈得体，注意主人的态度、情绪反应，把握好谈话技巧，还要注意坐姿是否文雅、接物是否合礼、吸烟是否合适等。特别要注意的是，未经主人同意或引领，最好不要到处走动或乱动主人家的东西，要克制自己的好奇心。

最后，要注意聚会时间的把握。一般聚会的时间不要太长，特别是发现主人已经疲倦或有其他事时，要主动提出告辞。在出门后，应请主人“留步”并握手告别，表示感谢，避免站在门口再说个不停。

◇ 经典贺词共赏

同学聚会联谊贺词

范文一：高中同学聚会上同学代表致辞

【场合】高中毕业 20 年的聚会上

【人物】同学们

【致辞人】同学代表

亲爱的同学们：

你们好！

一转眼，我们高中毕业已经 20 年了，20 年以后，我们还能聚在一起，畅谈过去、现在和未来，这是很不容易的啊。为了我们今天的再聚首，我们要先干一杯！

20 年前，我们怀着激情与梦想，共同走入××中学，开始了为期三年的奋斗。我们在那里相识相知，经历了人生中最纯洁美好的时光。后来我们各奔东西，时至今日，我们都各自走过了不同于任何人的 20 年。如今，我们终于实现了离别时的约定，重聚在一起，共同回味当年的意气风发，一起品味 20 年来的酸甜苦辣。此刻，我的心情是十分复杂的：

第一，我非常感动。我没有想到这次的聚会会有这么多同学参加。同学们平时都很忙，这次能放下手中的工作，积极前来参加聚会，说明大家心中依然怀着对老同学的一片深情，依然还在相互思念与牵挂。

第二，我非常高兴。大家在此欢聚的场面，让我想起了当年毕业时

大家依依不舍、挥泪告别的情景。如今，能再次聚首，真是一件值得庆祝的事。

第三，我深感欣慰。当年在学校的时候，我们大多是幼稚的孩子，如今我们的同学个个变得成熟、坚强，都在各自的岗位上辛勤工作，成为社会各个领域的中坚力量。这怎不叫人感到欣慰呢！

同学们，让我们借今天聚会的机会好好聊一聊、乐一乐，让我们谈谈过去、现在和未来，谈谈生活、工作和事业。只要我们能在自己和别人 20 年的人生经历中得到一些感悟和收获，那么我们的这次聚会就是一次圆满成功的聚会！在此，我祝愿这次同学会能加深我们之间的同学情谊，使我们互相鼓励、互相支持、互相帮助，从而使我们今后的人生之路走得更加辉煌、灿烂！

人们都说同学之间有割不断的情、分不开的缘。我相信这次聚会将永远定格在我们每一个人的人生记忆中！聚会的时间虽然短暂，但我们之间的情谊将如钻石一样永恒……希望大家从此加强联系，共同珍惜和呵护我们之间难得的同学之情！最后，让我们向未能参加今天聚会的那些同学祝福，希望我们的祝福跨越时空传到他们身边！祝愿全体同学家庭幸福、身体安康、事业发达！谢谢大家！

范文二：大学同学聚会上班长致辞

【场合】同学聚会

【人物】老师、同学们

【致辞人】班长

尊敬的老师们，亲爱的同学们：

你们好！

今天，我们从四面八方纷纷赶来，欢聚于此。虽然现在是隆冬季节，但是我们这里春风荡漾、春意盎然！这是因为今天是我们××校××届×班同学 30 年大聚会的日子！在此，我谨代表全体同学向曾经教育我们的老师们表示崇高的敬意和衷心的感谢！向全体同学表示美好的祝愿！

30年前，我们还是一群意气风发的少年，在金色的年代里，接受着人类文明的启蒙和洗礼。全班40位风华正茂的年轻人，在充满诗情画意、充满阳光雨露的乐园里，受到了园丁们的辛勤培育和呵护。就在那里，我们不但学到了科学文化知识，而且彼此间建立起了兄弟姐妹般的深厚情谊。那是一种特殊的情谊，它纯真、圣洁，而且永恒不变!

30年，弹指一挥间！我们已经走出学校大门30个春秋了。在这30年中，我们告别了稚气未脱的少年和富于幻想的青年时代，跨过了而立之年，走向不惑之年。在那梦幻般的生活与我们渐行渐远之际，我们有的只是无穷的回忆和无限的思念。生活之路是多姿多彩的，我们当中每个人都有自己的独特的人生经历。尽管境遇不同，但我们之间那种纯真的同学友谊是一样的，而且是始终没有改变的！

30年间发生了太多的改变，但是唯一没有变的就是我们之间那份纯真的友情，和30年前那永远无法磨灭的回忆。此刻，在这让人沉醉的时光中，让我们回顾青春岁月，畅谈同学友谊，共叙地久天长，尽情畅饮，尽情歌唱，尽情起舞，尽情享受同学相聚的快乐！相信久别重逢的我们，会在今天的聚会中写出共同的誓言——珍惜相聚，期待重逢，共同携手，在人生绚丽的舞台上写下属于我们的更加辉煌的篇章！

最后，我们共同祝福我们敬爱的老师们健康、长寿！预祝全体同学开心、快乐！

朋友聚会联谊贺词

范文一：乡友聚会上的致辞

【场合】乡友联谊会

【人物】老乡朋友

【致辞人】聚会组织者

各位乡友：

大家好！

今天我们××（地）乡友们欢聚一堂，举行一次盛大的聚会活动，今天一定能成为一个难忘的回忆。首先，我要向百忙之中抽出时间来参与本次聚会的各位乡友表示衷心的感谢！向为本次聚会奔波劳碌的乡友们表示崇高的敬意！

为了加强乡友之间的了解和交流，加深乡友之间的感情，增进彼此的友谊，促进团结互助，进一步加强乡友之间的凝聚力，在广大乡友的呼吁下，在××等人的带动下，我们终于迎来了今天的同乡联谊聚会。

我们都来自偏僻的乡村，为了生计背井离乡，来到这个陌生的城市打拼。期间我们大家辗转过很多城市、很多地方。但是我相信在大家眼里还是故土的风光最美好，因为那里有我们熟悉的乡音，有我们挚爱的亲人，有养育我们的山山水水。有我们的童年、我们的伙伴，在那里发生的一切，是一种记忆，更是一种财富，值得我们用一生去珍惜它。

如今，虽然我们身在他乡，但难忘乡情。故乡的一山一水、一草一木，故乡童年的伙伴、故乡惦念的亲人，故乡的那一张张熟悉的面孔，始终在子夜中盘旋在我们的脑海里。乡情如酒，味浓而易醉；乡情如花，芬芳而淡雅；乡情如书，深刻而厚重；乡情如歌，动听而美妙；乡情是那意味深长的散文，写过昨天又期待未来。

故乡给我们烙下了永远不变的山里人坚韧而诚实的性格，还有那永远不改的乡音。在遥远的异乡，只要听到一句家乡的口音，立刻就不再陌生，就会觉得自己不再孤单，有了精神的寄托和生活的依靠。老乡的可贵不仅是因为曾在同一个地方走过，而是在离家之后依然能时时想起，这就是故土带给我们的浓厚情谊！今天的聚会是一个契机。我真诚地希望通过这次聚会，升华我们那兄弟姐妹般的同乡情谊。让我们在这里坦诚相待、畅所欲言，抛开种种顾虑，传递真诚，畅叙友情！让我们的聚会成为一道令人羡慕的风景线，让我们的聚会成为一种美丽的永恒！

此外，我在这里建议乡友们平时多联系、多走动、多关照，特别是在老乡遇到困难的时候，请大家多多关心、多多帮助！

最后，祝各位乡友身体健康、家庭幸福、事业有成！

范文二：朋友聚会上的致辞

【场合】离别多年的朋友聚会

【人物】老朋友们

【致辞人】朋友代表

亲爱的朋友们：

好久不见了，有些人从毕业以后直到现在还是第一次见面吧。这么多年了，大家还好吧。虽然分别的时间已经很久了，但是我相信大家的情谊没有变。友情就像久酿的老酒，越久越香；友情就像历经风霜的古镇，越老越美。

时光流逝，会让我们忘记很多东西，却永远也不能让我们忘却曾经共度的那段美好时光。那些日子，我们一起哭过、笑过，打过、闹过，爱过、恨过；那些日子，为了我们的梦想奋斗过、拼搏过、坚持了、付出着。

在我的心中，那些都是辉煌的瞬间、精彩的时刻，尽管已经过去了很久，但我依然能清晰地感觉到当年我们的歌声、笑声、欢呼声、哭泣声。朋友们，我一直留恋那纯洁、多梦、浪漫的季节！

在离别后的日日夜夜里，我经常捧起咱们的合影。目光在照片上游弋，思想中却经常出现你们的一颦一笑、一举手一投足。每当此时，我总是在心中不断地追问：朋友们，你们都还好吧？现在过得怎么样？

朋友们，时间和距离决不能将我们之间的友谊冲淡！我们的心是紧紧连在一起的！今天，让我们再续友情、升华友情，并让这友情将我们团结起来，共同奔向辉煌灿烂的明天！

战友聚会联谊贺词

范文：在退伍十年战友聚会上致辞

【场合】退伍十年战友聚会

【人物】战友们

【致辞人】战友代表

久别的战友们：

你们好！

今天是我们分别后的十年里的第一次相聚，真是个值得庆祝的日子啊。在这里我要特别感谢发起这次聚会的××、××和××等人，是你们的坚持，换来了今天的重聚，给了大家一次叙旧的机会。

我们在青春年少时相识，在美丽的军港结义，在军旅生涯中度过了最宝贵的青春时光。亲爱的战友们，那段记忆是最珍贵、最难忘的！清晰地记得那是××××年××月××日我们穿上绿色的军装，相识在××部队，开始了我们的军旅生活。

军营是一个特殊的家，给了我们太多美好的东西。它磨炼了我们的意志，教会了我们做人的原则，让我们也多出一些与众不同的军人风范，成就了我们为之骄傲的军人本色。直到今天，我们依然感到受益匪浅。那几年的军旅生活，让我拥有了坚强不屈、艰苦奋斗的品格，在后来的各个岗位上，始终保持了军人的作风，严谨做事、宽容待人。我相信你们一定和我一样，在部队中得到了太多的宝贵经验。

亲爱的战友们，离开军营之后，我们从事着不同的职业，因为工作的关系我们很久不曾再见面，但我们不会遗忘天真年少时结下的战友情，一起穿过的绿军装，一个个英俊的军人风姿。尽管天各一方，岁月在我们的脸上留下了风霜的痕迹，却割不断我们之间的思念和友情。就在今天，让我们一同追忆军旅生涯，诉说战友情谊，分享这十年后才姗姗迟来的聚会。看，那一张张欢颜的笑脸，那一阵阵开心的微笑，都展示着一缕缕芬芳的战友情！

战友同甘苦、共患难，亲如兄弟。在军营的时候，我们团结互助；事隔多年，我们要依然如此。让我们把事业中取得的成功经验，拿出来一起分享；让我们把生活中遇到的挫折困惑，倒出来一起分担。人生的道路上有苦有甜，我们要携手同甘共苦！最后，再次向老战友们致以深深的祝福：祝福你们身体安康、家庭幸福、事事顺意！

同事聚会联谊贺词

范文：公司同事聚会贺词

【场合】公司同事的联谊会

【人物】公司领导、同事

【致辞人】同事

尊敬的各位同事、各位来宾：

大家晚上好！

爆竹声声辞旧岁，金龙吉祥迎新出。在这辞旧迎新的美好时刻，很高兴能与大家相聚在此，共进晚餐。首先，我要向领导及各位同事致以节日的祝福，愿你们新年吉祥，合家欢乐！

刚刚过去的××××年，是公司经济发展极不平凡的一年。我们在如今竞争日益激烈严峻的形势下，顶住了来自各方面危机的袭击，逆流勇进，争创效益，取得了令人鼓舞的成绩，这与公司领导班子的正确指挥是分不开的，与全体员工的共同努力也是分不开的。

一年来，我们在公司领导的带领下，经过日日夜夜的奋斗，才取得了今天的辉煌。不仅顺利地开发了新的产品，而且成功地打入了市场，由于新产品的功能强大，价格比同水平的其他品牌商品略低，所以受到广大消费者的青睐和好评。公司顶住了压力，在各位同事的共同努力下，又创造了新的销售额高峰！

最后，我再次代表公司领导说一声：大家辛苦了！谢谢大家！

网友聚会联谊贺词

范文：网友聚会时的致辞

【场合】网友聚会

【人物】网友们

【致辞人】网友

亲爱的朋友们：

大家晚上好！

金秋十月，瓜果齐香。今天是一个值得纪念的日子，我们××论坛的全体成员首次团聚。在此，我代表××论坛的管理人员向大家表示良好的祝愿，并对各位的到来表示热烈的欢迎！

很高兴能在这样一个秋高气爽的日子里和大家相聚，这是我们××群，自建群以来第一次组织这样的聚会，很多人为了参加大家的聚会，调整了工作，丢下了家务，来到这里和大家相会，在此我首先对大家表示由衷的感谢和热烈的欢迎！

今天的聚会在我们××群的历史上，将是浓重的一笔，希望大家珍惜这样的机会，尽情地聊天，放松地交流，在现实生活中也同样成为知心朋友。之前我们只是停留在网上，而今见面了，也许你不知道他（她）的真实姓名，让我们彼此讲出自己的网名，让大家好一见庐山真面目。让我们不止是网络上虚拟的朋友，更让我们成为现实生活中的好朋友吧。

我们来自不同的地方，来自不同的环境，来自不同的行业，但是我们有着共同的爱好，所以我们加入了同一个群，我们每个人都是××群的一员，大家也是一家人。希望通过这次的相聚，能够增进了解，能够在生活中互相帮助、互相鼓励，使得生活更加的美好，也使得我们的群更加有价值，让我们不止是这虚拟世界的朋友，在现实中也能坦诚相待。

唯一的缺憾就是有几位网友因为工作和家庭的原因，不能如约跟大家聚会，希望我们的快乐可以通过时空，传播到他们的工作岗位和家庭岗位上。

亲爱的朋友们，让我们举杯祝福，祝福大家身体健康、家庭美满，祝福我们的友谊天长地久！干杯！

老乡聚会联谊贺词

范文：老乡聚会时的致辞

【场合】同乡朋友聚会

【人物】老乡、朋友

【致辞人】老乡代表

各位同乡、各位嘉宾：

大家晚上好！

华灯璀璨，美酒飘香。在座的亲爱的老乡们，在这个美好的夜晚，我们带着对故土的深深眷恋、切切深情，相聚一堂，共叙心曲，在此，我代表家乡人民对各位的到来表示衷心的感谢和热烈的欢迎！

参天之树，必有其根；怀山之水，必有其源。我们虽然背井离乡，身在异乡为异客，但是我们无时无刻不惦念着家乡、祝福着家乡的父老乡亲。有缘千里来相聚，无缘对面手难牵，如今是同乡的缘分，更是那不变的乡音将我们拉在了一起，让我们共叙思乡之情。

今晚，同一片乡土承载了我们的相思，使这里成了家的世界、情的海洋。

今晚，同一句乡音述说了我们的乡情，使这里欢声阵阵、亲情荡漾；

今晚，同一份乡情凝聚了我们的心，使这里激情飞跃、豪情万丈！

在此，祝福在座的各位发达，祝福我们的家乡腾飞。谢谢！

客户聚会联谊贺词

范文一：和客户聚会的致辞

【场合】和客户聚会的宴席上

【人物】客户、领导、同事

【致辞人】主办方代表

各位领导、各位朋友、各位来宾：

大家晚上好！

我公司为了酬谢多年来一直给予我们帮助和支持的新老客户，特此在这金碧辉煌的××大酒店内设宴，热烈欢迎来自全国同行业的新老朋友。首先，我代表我公司的全体员工对给予本次会议大力支持的××各部门领导和××行业学会的领导、专家教授以及为本次会议提供全方位支持和服务的东道主——上海××同人表示衷心的感谢，对在百忙之中莅临本次会议的各位代表表示热烈的欢迎！

××联谊会已经成功地举办了×届。从上一届开始，我们把产品展会由过去在馆内开放改为在展览馆里开放，并更名为“××展览会暨联谊会”。为适应参展企业和参会代表不断增加的需要，今年我们将在展览馆开放的基础上把参展面积由去年的××平方米扩大到了××平方米。在推广的方式上，除了继续采取上门邀请、书面邀请、电子邮件和我们自已的三大媒体交互式宣传以及与行业其他强势媒体、展览会互换广告外，我们还采取手机短信和在互联网上宣传等新形式立体宣传，效果比去年更为明显。加之上海的独特地位、功能和商业魅力，本届展会无论是参展的企业还是参会代表，均比上届展会有不同程度的增加，特别是××行业的新朋友来参会的增加了不少。

今年在新老朋友的支持下，我们在不断提高产品质量和销售量的同时，又通过网络建立了大型的网络专业性市场。在品种齐全、质量同比、价格透明等方面，占有很大的优势。对消费者而言，它便于集中挑选产品，比质比价，节省了购买时间；对经营者而言，它更容易吸引有效客户而又不需花费宣传推介企业及其产品的费用，极大地提高了经营效率。建立这一网络性的市场平台，任何人都可以在里面建立自己的商铺，全世界的客户都可以在第一时间内准确无误地找到他。无论谁在上面发布了采购信息，都会有各地的供货商在最短的时间内找到你，与个人独立宣传推广相比，节省了大量费用，同时将效率提高了无数倍。

休戚相关，荣辱与共。在行业传统营销举步维艰之时，如果明年我们精诚合作，共同把××市场做大做强，作出人气来，就能够共同搭上网络营销这辆快车，携起手来再创佳绩！

最后，我祝愿各位新老朋友借这次联谊会广交朋友、扩大生意，冲出国门，走向世界，也希望各位同行相互之间多交流，增进了解，加深友谊，加强合作，明年更上一层楼。谢谢大家！

范文二：酒店客户聚会贺词

【场合】联谊宴会

【人物】新老客户、酒店领导、员工

【致辞人】酒店经理

各位来宾，女士们、先生们：

大家晚上好！

今晚，××酒店贵客盈门，高朋满座！各位能在百忙之中莅临我店，是我店极大的荣幸。首先，请允许我代表××酒店的领导和全体员工，向出席今晚联谊会的各位来宾、朋友们致以最衷心的感谢和最诚挚的祝福！祝愿大家在以后的生活中身体健康、家庭幸福、万事如意！

光阴似箭，岁月如梭。只有与时间进行拼搏，才能创造一番成就。自××年开业以来，××酒店已走过了×年艰辛的发展历程。×年来，我们与社会各界人士尤其是与在座的嘉宾建立了深厚的情谊和良好的合作关系。如今，我们的工作日新月异、成绩斐然，先后荣获了全国“××先进单位”、省级“××先进单位”等多种荣誉称号。这些成绩的取得，是离不开各位朋友的关心与支持的。所以，我们希望借“客户联谊会”这次机会来表达对各位来宾、各位朋友的由衷感激之情。在今后的岁月里，我们仍需要各位朋友一如既往地给予我们更多的关心与支持，我们也一定会以更优质的服务来回报各位，让××酒店成为您最舒适、最理想的家园。

最后，让我们祝愿我们共同的理想早日到来，也祝愿我们的友谊天长地久。

企业聚会联谊贺词

范文：电信公司客户联谊会上的致辞

【场合】 客户联谊会

【人物】 客户、电信公司领导、员工

【致辞人】 电信公司领导

尊敬的各位领导、各位嘉宾：

你们好！

今天，能与在座各位领导和朋友欢聚一堂，感到非常的荣幸。在此，我谨代表××电信对多年来一贯地关心、关爱和支持我们发展的各位领导和朋友们表示衷心的感谢，对各位的光临表示热烈的欢迎！

多年来，××电信在县委、县政府和上级部门的正确领导下，充分发挥信息化建设主力军作用，不断加快通信基础设施建设，改善地方的通信环境，助力地方经济发展。目前，小灵通网络已覆盖全县主要乡镇，宽带网络通达全县所有乡镇。

各位领导、各位来宾，客户成功，我们才成功。你们的关爱，就是我们的动力；你们的希望，就是我们的目标；你们的要求，就是我们前进的动力。

在此，我再一次代表××电信所有员工，对各位表示衷心的感谢，也真诚地希望社会各界一如既往地对××电信的工作给予更大的支持和帮助。谢谢！

商务聚会联谊贺词

范文：商务联谊会上的致辞

【场合】商务联谊会

【人物】嘉宾、举办方的领导和员工

【致辞人】举办方的领导

尊敬的女士们、先生们：

一语天然万古新，豪华落尽见真淳。

今天，我非常荣幸地代表××公司，欢迎各位领导、经销商精英、各位常来常往的朋友的到来。今天，在这繁华的××广场上，我们隆重举行××商务联谊会。

世间最干净的水是深山徐徐流淌的清泉，商界最难能可贵的是相互之间的信任和提携。我感谢各位为我们之间坚不可摧的友谊所付出的辛勤劳动和心血，同时也感谢各位盛情厚谊赴这次嘉宾云集的宴会。

美好的时光，欢快的心情，伴随着悦耳动听的音乐和欢声笑语，祝各位来宾：前面是平安，后面是幸福；吉祥是领子，如意是袖子，快乐是扣子；××伴你生活每一天！

希望各位来宾能够一如既往地支持××公司，你们的支持和帮助将是我们成功的最大动力。最后祝愿大家有个难忘的夜晚。

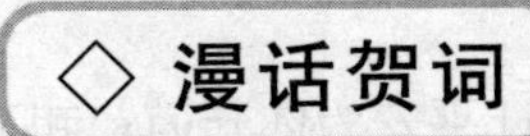

◇漫话贺词

贺友谊吉语

1. 朋友聚会

有了理解，友谊才能长驻；有了友谊，生命才有价值。让我们发出理解之光。

我们耕耘着这一块土地，甜果涩果分尝一半。为了共同享有那甜蜜的生活，我们需要奋斗和友谊。

在友谊面前，人与人之间，犹如星与星之间，不是彼此妨碍，而是互相照耀。

人生中有了友谊，就不会感到孤独，日子就会变得丰富多彩。

因为友谊是梦的编者，它在人生中绽放出亮丽的青春，释放出迷人的芬芳。

知音，不需多言，要用心去交流；友谊，不能言表，要用心去品尝。

友情是灯，愈拨愈亮；友情是河，愈流愈深；友情是花，愈开愈美；友情是酒，愈陈愈香。

把太阳藏于心胸，让它成为美妙的梦幻；把友谊烙于胸海，让它成为甜蜜的珍藏。

2. 同学聚会

我们曾经在一起欣赏过美丽的花，我们曾经在一起幻想过美丽的季节。纵使我们今后不能再朝夕相处，但是请不要忘了我们曾经一起走过的日子。不要忘记我们曾经的那个共同的理想，不要忘记我们共同的心声。无论是得到的，还是失去的，一切都将存留在我们记忆的最深处。

人们常说，战友与同学的友谊是世界上两种最诚挚、最永恒的友谊，我们拥有其一，不应该感到幸福吗？

再回首，是一串充满酸甜苦辣的昨天：昨天，有我们在课堂上的争论；昨天，有我们在球场上的奔跑；昨天，有我们在考场上的奋斗；昨天，有我们在烛光中的歌唱。是啊，昨天，多么美好，多么值得回忆！

3. 战友聚会

装满一装甲车祝福，让平安为你开道；卸下一步战车厚礼，让快乐与你拥抱；空投一战斗机真情，让幸福把你围绕。我们的节日已到，让健康对我们的亲人关照，祝全体军人合家幸福。军人用理想充实头脑，用意志铸造信念，用绿色装点青春，用生命书写忠诚，把情感思念打入背囊，把责任荣誉刻入心田。

兵味是浸透在军人骨髓里非同寻常的气息，是一种境界。想家时吉他里弹出的乡愁是一种兵味，沙场点兵时的万丈豪情是一种兵味；训练场上的摸爬滚打是一种兵味。自从穿上军装的那天起，兵味就在我们身上散发。

军歌嘹亮，每一个音符都渗透到军人的骨子里，每一个字眼都激发着军人的斗志。当生命中有了军歌嘹亮，就有了荡气回肠的无限精彩。

军旅生活犹如障碍跑，这里有慢跑，有跳跃，有跨越，也有冲刺，在你前进的路上，需要俯下身子，需要攀援向上，需要身处险境而泰然自若，还需要在没过头顶的困境中一跃而起。它不是走，也不是飞，那是你不断越过障碍的精彩人生。

掉过皮、掉过肉，只为比武争上游；流过血、淌过汗，不做掉泪男子汉；爬过冰、卧过雪，心里还是一团火；战过寒、斗过暑，默默奉献情永驻。

假如人的一生是一首长诗，军旅生涯就是最壮美的篇章，驰骋疆场就是最华丽的诗行。在八一建军节到来之际，让我们共同怀念那段难忘的岁月，永远珍惜那身草绿色的军装，永远纪念我们共同的节日吧。

战友是琴，演奏一生的美妙，战友是茶，品味一世的清香，战友是笔，写出一生的幸福，战友是歌，唱出一辈子的温馨和快乐！

4. 知青聚会

让我们的手紧紧地握住，互相交流吧！心灵相通，快乐地笑吧！让我们共同倾吐，向往美好的未来。

友情是装在瓶里的佳酿，无色无味，多年后开启溢出的是那浓浓的香。

一切暂别都要重逢，一切遗憾都会圆满，一切看来隔离的都不可分开。

千难万险中得来的东西最为珍贵，患难与共中结下的友谊必将常驻你我的心间。

或许是一阵风雨的洗礼，才使得心与心之间的碰撞更为清脆、响亮，更为精彩、晶莹、绚丽。

不是每个人都能以心交心的，真正的朋友是不计较名与利的坦诚相待。

贺友谊诗词

海内存知己，天涯若比邻。(唐）王勃

莫愁前路无知己，天下谁人不识君。(唐）高适

天下快意之事莫若友，快友之事莫若谈。(清）蒲松龄

人之相识，贵在相知，人之相知，贵在知心。(战国）

君子之交淡若水。(战国）庄子

人生贵相知，何必金与钱。(唐）李白

布衣之交不可忘。(唐）李延寿

人生乐在相知心。(宋）王安石

万两黄金容易得，知心一个也难求。(清）曹雪芹

换我心，为你心，始知相忆深。(唐）顾黄

钟子期死，伯牙终身不复鼓琴。《汉书》

大丈夫处世处，当交四海英雄。《三国志·蜀书·刘巴传》

一死一生，乃知交情。一贫一富，乃知交态。一贵一贱，交情乃见。《史记》

少年乐相知，衰暮思故友。(唐）韩愈

合意友来情不厌，知心人至话投机。(明）冯梦龙

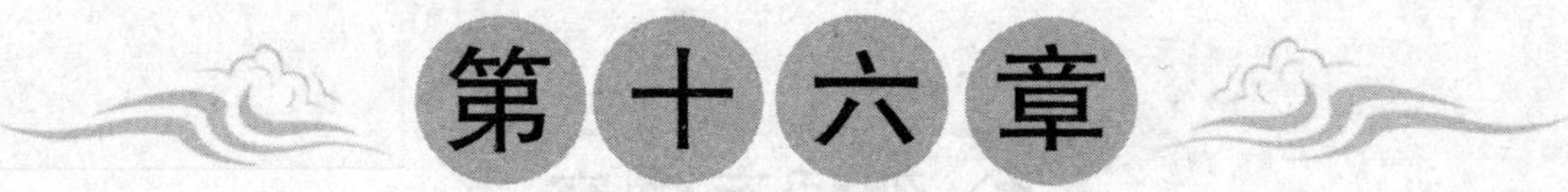

第十六章

贺乔迁

——华屋辉生壁，紫气指新梁

古代民俗中“乔迁之喜”，是需要举行盛大宴会、同时亲朋要送贺礼的。根据民俗，一般乔迁时亲朋送红竹石饰品寓意红红火火。现如今，无论是个人还是单位，旧宅换新舍都是一件喜事，也是值得庆祝的，因而一篇激情洋溢的贺词是必不可少的。乔迁贺词应做到：既有祝福之情，又有贺喜之意。

◇ 贺词有讲究

乔迁之喜礼为先

庆贺迁居的宴会一般由搬迁者举办，如果是在新居中举办宴会，那么客人在参加宴会时，习惯上应为主人带一件礼物，以表示祝贺。但是如果是露天宴会、或者是为了展示新居设计而举行的宴会则不要求送礼。

选择庆祝乔迁的礼物也是有讲究的，概括来说需要考虑一下因素：迁进的房子的大小、新旧，主人是不是刚刚搬入新居，这是不是主人第一个家等等。

乔迁送礼原则

乔迁送礼自古至今形成了一定规范，所以在送礼时要注意约定俗成的习惯，主要应遵循以下原则：

送热闹——乔迁一般场面较大，越热闹越能衬托喜庆气氛，所送礼物以具有装饰性为宜。

送吉祥——搬迁新居都要图个吉祥，选择日子都不例外，何况送礼礼物要有吉祥的含义，才能让主人满意。

送财源——迁入新居，谁都希望家畜兴旺、年年有余，所送礼物能表达送去财源的祝愿，当然是好的礼物。

如果乔迁的喜宴是在酒店举办的，则不宜当天送礼物；如果是在新居举办的，则可以考虑以下礼物：

当天预先送花，这些花就能在就餐时摆在客厅或餐桌上。

带一两瓶葡萄酒或一瓶香槟酒。

厨房配件。

大号餐布，上面绣上主人的名字。

给主人孩子的礼物。

其他可送的东西：磨刀器、蜡烛、门前踏步垫、花园用具、剪刀、伞架、野餐用具、茶具、门铃、浴室用品、枕头、烹饪书籍或为主人订阅室内装潢杂志等。

◇ 经典贺词共赏

家庭乔迁贺词

范文一：在朋友乔迁宴会上的贺词

【场合】在乔迁宴会上

【人物】主人一家、亲朋好友

【致辞人】主人的朋友

亲爱各位来宾，女士们、先生们：

上午好！

今天，我们欢聚一堂，在这里祝贺×××先生一家乔迁之喜。首先，请允许我代表所有的来宾对×××先生一家喜迁新居表示热烈的祝贺！祝愿他们："楼舍乐成增如意，新居进住呈吉祥"。

衣、食、住、行是人们赖以生存的四大基本要素，随着社会的发展衣食已经无忧了。但是对于住和行的要求确实越来越高，×××先生通过自己的奋斗，早在三年前就拥有了自己的汽车，如今又搬进了新房子，这真是一件值得庆贺的事啊。在这我也衷心地祝愿各位通过自己的努力，早日拥有自己的新车、新房。

今天×××先生的全家一定感到非常开心、非常幸福。这些年他们从公司的员工宿舍搬到××胡同，后来又搬到××，但是那些都是租

的。今天他们终于搬到了属于自己的房子里，这当然是一件值得高兴、值得庆贺的一件事。俗话说："人往高处走，水往低处流。"×××先生这些年一直勤勤恳恳、兢兢业业，如今也算看到了回报，我也由衷地替他们高兴。

尊敬的各位来宾，让我们共享×××先生为我们准备的丰盛美酒，让我们共享这令人陶醉的喜庆时刻，让我们共同祝愿明天的生活更加美好，像芝麻开花一样——节节高！

范文二：乔迁宴会上的致辞

【场合】乔迁宴会

【人物】迁居的夫妇、亲朋好友

【致辞人】宴会主持

尊敬各位来宾，女士们、先生们：

大家好！

今天屋外阳光明媚，屋内欢声笑语，在这美丽欢乐的日子里，×××先生和×××女士迎来了他们人生中的又一件喜事——乔迁新居。在此，请允许我代表现场的各位来宾恭祝××夫妇二人乔迁之喜。同时，我也谨代表他们夫妇二人对各位亲朋好友的到来和祝福表示热烈的欢迎和衷心的感谢。

娶妻生子、安居乐业这是人生中最重要的大喜事。×××先生和×××女士在工作和事业上拼搏进取、积极向上、兢兢业业，为今天的乔迁新居奠定了良好的经济基础。在生活上他们勤俭持家，精打细算，两个人的小日子一天比一天好，一天比一天红火，令人羡慕不已。今天的幸福生活，靠的他们夫妻俩共同的努力，也要靠各位亲朋好友的帮助。在此，我代表他们夫妻二人，对曾经给过他们帮助和支持的朋友表示衷心的感谢，同时也希望在座的各位在今后的生活中能够继续帮助和支持他们。今天××夫妇在这里略设便宴，粗茶淡饭，薄酒一杯，不成敬意，望各位来宾海涵、赐谅。

各位来宾，让我们举起手中的酒杯，共同祝福××夫妇一家一帆风顺、二龙腾飞、三羊开泰、四季平安、五福临门、六六大顺、七星高照、八方来财、九九同心、十全十美！同时祝各位来宾工作顺利，万事如意，发财交好运！谢谢各位！

企事业单位乔迁贺词

范文一：街道办事处乔迁仪式上的致辞

【场合】街道办事处乔迁的宴会

【人物】区委、区政府领导、办事处领导、工作人员

【致辞人】嘉宾代表

尊敬的各位领导、各位来宾，同志们：

东风送暖，草长莺飞。在这个充满希望的季节里，我们迎来了××街道办事处的乔迁之喜。在这里请允许我代表××公司全体干部职工，向××街道表示热烈的祝贺！

近几年来，××街道办事处由于硬件条件的制约，街道各方面工作的发展受到阻碍。但即便如此，××街道党工委班子并没有在困难面前退缩，而是通过积极与社会各界协调，努力克服困难，在办公条件较为艰苦的环境下，依然使街道的各项社会工作取得了较好的成绩。今年，在区委、区政府的关注下，在辖区相关单位的支持下，街道办事处的办公条件终于得到了根本改善。作为办事处辖区单位的代表，我对此感到十分高兴，街道办事处办公大楼的优质、快速建设和顺利竣工，是区委、区政府对××街道工作高度重视的结果，也是××街道办事处干部职工积极努力的结果。在这里我代表全区人民向各位领导的关心和重视表示衷心的感谢。

××街道办事处办公条件的全面改善将为辖区各项社会事业的发展奠定良好的基础。今后，我们将一如既往地支持××街道的各项工作，

自觉服从服务于建设××的大局，更好地履行自己的职责，为推动“两个率先”建设，实现××跨越式发展作出贡献！

最后，衷心祝愿××街道办事处的工作蒸蒸日上！恭祝各位领导、各位来宾身体健康、万事如意！

范文二：在疾控中心挂牌乔迁仪式上致辞

【场合】疾控中心挂牌乔迁仪式上

【人物】医院领导、医务工作者

【致辞人】医院领导

尊敬的各位领导，尊敬的各位同仁：

在这金秋时节，我非常荣幸，也非常高兴，能在这里跟大家欢聚一堂，共同庆祝××疾控中心挂牌乔迁之喜。

首先，请允许我代表××医院的全体同仁，向卫生防疫战线上的所有疾控人员表示衷心的祝贺！这是一个非常值得庆贺的日子，××疾控中心，今天终于挂牌乔迁，这是××地卫生事业发展史上的一件大事，更是我市疾病预防控制事业发展的一个里程碑，标志着我市疾病预防控制事业又将进入一个崭新的发展阶段。

除此之外，××疾控中心还将成为我市疾控事业上光彩的一页。它在预防和控制危害民众身心健康的传染病、地方病等方面，将能发挥前沿阵地的作用。为进一步保障民众的生命健康安全，增强国民身体素质，提高民众的生命质量，作出巨大的贡献。疾病预防控制体系建设是公共卫生体系建设的基础，关系到广大民众的切身利益，关系到全面建设小康社会宏伟目标的实现，关系到如何构建和谐社会的大局。加强疾控体系建设是增强处置突发公共卫生事件能力的关键。

我们有理由相信，有政府和卫生行政部门的关怀和大力支持，有广大人民群众的信任，有今天的这一良好契机，有我们满载荣誉和肩负光荣使命的疾控同仁共同努力，我们一定能够展望未来，再立新功，取得更加辉煌的成就！

最后，祝福大家身心健康、工作顺利、万事如意！谢谢大家！

范文三：县文化局乔迁典礼上致辞

【场合】县文化局乔迁的典礼

【人物】文化局领导、员工、市委市政府领导

【致辞人】文化局局长

各位领导、各位来宾：

大家好！

在这艳阳高照的好日子里，我市文化局正式迁入新办公大楼。今天我们欢聚一堂，共同庆祝这一美好的时刻，在今天的典礼上，我希望能与大家一同分享快乐和喜庆。借此机会，我还要代表县文化局对各位领导、各位来宾的光临表示热烈的欢迎和美好的祝愿！向长期关心、支持文化工作的各界人士表示衷心的感谢！

大家都知道，我县文化局曾坐落于××镇一个偏僻的居民住宅区内。文化局各部门××多名干部职工长期拥挤在总面积不到××平方米的简陋平房内办公，很不利于开展文化工作。正因为如此，改善文化局的处境成为我们多年来的心愿。如今，在各级领导和兄弟单位的关心、支持和帮助下，我们终于实现了这个心愿。

时光飞逝，岁月如梭，转眼间已历经了××个春秋。这些年大家共同见证了××文化局从小变大的整个发展过程。近两年来，我局更是取得了令人瞩目的成就：××××、××××年连续两年荣获全市文化工作第一名；××××年又荣获县委、县政府先进单位；县文化馆被评为全省优秀文化馆；乡镇文化建设和民间艺人管理等经验在全国推荐……全县文化系统出现了前所未有的好形势。

抚今追昔，多少个日日夜夜，我们共同度过；多少份艰难困苦，我们共同品尝；多少次荣誉骄傲，我们共同分享。这所有困难的度过，无不凝聚着我们文化人的心血与汗水！所有荣誉的取得，无不闪耀着所有

文化干部职工工作求精务实、开拓创新、勇于拼搏的顽强精神！所有成绩的获得，也无不倾注着各级领导、各个单位对文化事业的高度重视和大力支持！

新的环境，面临着新的机遇和新的挑战。我们将继续向社会秉承“诚信、创新、服务”的理念，在困难中崛起，在实践中创新，在服务中优化，在竞争中壮大，塑造文化形象，提升文化品位，打造文化品牌，进一步增强文化的聚集力、辐射力、带动力。我们决心把握时机，努力谋求新的思路，迈出新的步伐，展示新的亮点，再创新的辉煌！

我们相信：我县文化事业，在县委、县政府的正确领导，在市文化局、市新闻出版局和县委宣传部的直接指导下，在县直各部门、各兄弟单位的大力支持下，在全体文化工作者的共同努力下，一定会取得更加瞩目的成就，我们的目标一定会达到，我们的愿望一定会实现，我们明天的××文化一定会更加璀璨夺目！

最后，祝各位领导、各位来宾身体健康、万事如意！谢谢大家！

建筑物落成贺词

范文一：老年活动中心落成仪式上的致辞

【场合】老年活动中心落成仪式

【人物】学校的领导、离退休的老教师

【致辞人】学校校长

尊敬的各位领导、各位离退休老同志，同志们：

大家好！

正所谓“人逢喜事精神爽”，刚刚欢度了教师节，我们又迎来了我校老年活动中心的落成仪式，为了表达对××名离退休老教师的关爱和敬重，我们特意修建了这个老年活动中心，向那些为了教育事业奉献一生的老教师聊表我们的感激之情。首先，我代表学校向全校离退休老同志们表示热烈的祝贺和亲切的慰问！同时向长期以来支持我校老龄工作的市委、市政府表示衷心的感谢！

一个国家对老人的态度反映了一个国家的素质，一所大学对老人的态度反映了一个学校的胸怀。截至今年×月，我校离退休人员达×××人，你们是学校的宝贵财富。党政领导班子高度重视离退休工作，成立了以党委书记为组长，以各有关部门主要负责人为成员的校离退休工作领导小组；在职干部带着感情、带着责任，把老龄工作当事业，用心、用情去做。在我们的在职干部与离退休老同志之间，形成了“小的敬老的，老的爱小的”的良性感情循环，他们同心同德，共谋发展。

近年来，随着学校综合实力的增强，我校老同志的物质文化生活逐步得到改善。特别是今年，我们新建了采光、通风一流的大楼作为老年人活动中心，并拨款××多万元用于装修和购置基本设施。为把好事办实、实事办好，全校各单位给新落成的老年活动中心予以力所能及的、实实在在的支持，有钱出钱，有力出力，添砖加瓦——捐赠款项及实物合计××万元。新老年活动中心为老同志提供了一个温馨的环境，让老同志快乐的时候有地方抒怀，烦闷的时候有地方倾诉，生气的时候有地方发泄，休闲的时候有地方散步，困难的时候有地方求助，生病的时候有人去关心。

饮水思其源，师恩深如海，而今当图报。学校党委、校行政部门要求全校各级组织，重视支持老龄工作，教育师生员工都来尊重老年人，关心老年人，形成敬老、养老、助老的良好氛围。学校按照中央确定的“老有所养，老有所医，老有所教，老有所学，老有所为，老有所乐”的工作目标，发展老龄事业，让爱和关怀的足迹绵延不断，代代相传。

希望全校的离退休老同志都能拥有健康的体魄、乐观的精神、愉快的心态，继续为物质文明和精神文明、政治文明建设，为重大的改革、发展、稳定贡献余热。

最后，我代表××大学校党委、校行政部门向为××大学的建设和发展作出贡献的老同志深深鞠躬！衷心祝愿老同志们身体健康、合家欢乐，晚年生活像春天一样绚丽多彩！

范文二：在银行新办公楼落成庆典仪式上致辞

【场合】银行新办公楼落成庆典仪式

【人物】市领导、银行员工

【致辞人】市领导

各位来宾，同志们、朋友们：

大家好！

今天是个值得庆贺的日子，我市的××银行的××分行新办公大楼在今天正式落成。在此，我谨代表市委、市政府对××分行新办公大楼落成表示热烈祝贺！向前来参加庆典仪式的省××银行的各位领导和社会各界的朋友们表示热烈的欢迎！

多年来，××分行作为国有商业银行，认真贯彻执行国家的金融方针政策，始终坚持以客户为中心，以市场为导向，以存款为基础，以服务为主线，加快业务创新，各项业务得到发展，为客户提供了门类齐全的金融产品和全方位的优质服务，树立了良好的形象，赢得了广大客户的信任和赞誉，为我市的经济发展作出了突出贡献。在长期的经营中，××分行顾全大局，与地方政府、金融监管部门以及广大客户建立了良好的合作关系，携手共进，共谋发展，建立了深厚的友谊，随着××银行上市带来的大好机遇，这种友谊必将得到巩固和发展。

各位来宾、各界朋友，××分行的发展离不开全体员工的共同努力，更离不开大家的帮助与关怀。对××分行今后的发展，市委、市政府十分重视，将全力支持××银行××分行的业务快速发展，使其真正成为全市金融业发展的主力军。市委、市政府各部门会一如既往地关心支持××分行的业务发展。

今后，我希望各位来宾、各界朋友能够对××分行给予更多的关注和支持，进一步加强合作，共谋发展，为我市的经济发展作出更大的成绩。同时，我也希望××分行借这次办公大楼落成仪式，再接再厉，以崭新的精神风貌，以良好的服务环境，为全市人民提供更加优质高效的金融服务，为××市社会与经济的快速发展作出新的、更大的贡献！谢谢大家！

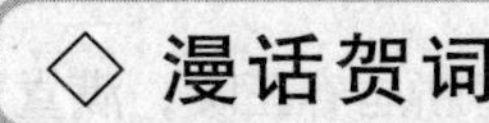

◇ 漫话贺词

乔迁吉语

华屋生辉　昌大门楣　宏基鼎定　堂构增辉　金玉满堂
鸣凤栖梧　喜庆乔迁　祥云绕屋　瑞气云集　宏基永固
华堂集瑞　堂开华厦　美轮美奂　新基鼎定　怡座腾欢
吉星高照　人杰地灵　千祥云集　人宅大吉　新居鼎定
华堂集福　宏图大展　堂构更新　兰阶添喜　百世其昌
紫阳高照　华厦生辉　新居凝瑞　福地人杰　华堂祥瑞
华厦开新　燕贺德邻　焕然一新　莺迁乔木　门迎百福
户纳千祥　德必有邻　瑞霭盈轩　瑞霭华堂　德门仁第
创厦维新　室接青云　秀茁兰芽　燕入高楼　上梁大吉
春光永驻　物华天宝

乔迁花篮贺词

华厅集瑞，旭日临门
一门瑞气，万里和风
吉日迁居，万事如意
莺迁乔木，燕入高楼
祥云环绕新门第，红日光临喜人家

乔迁经典对联

三阳日照平安宅；五福星临吉庆门
新居迎万福风和新居暖；仁宅集千祥日丽甲第安
新春迎新气门庭多喜气；福地启福门家室驻早春
福临吉地春光入户燕贺新禧；春满华堂福气临门莺歌阳春

新屋落成千载盛祥云环绕新门第；阳光普照一家春红日光临喜人家

吉星高照福安地，日丽风和锦铺院；盛世促成和睦家，冬暖夏爽笑满堂

一片彩霞迎旭日，燕喜新居春正暖；满堂春风庆新居，莺迁乔木日初长

居之安四时吉庆，三阳日照平安地；平为福八节康宁，五福星临吉庆门

甲第宏开美轮美奂，门对青山庭铺锦绣；新屋落成多福多寿，屋临绿水窗横彩霞

参考文献

[1] 陈博．实用祝酒词大全［M］．长春：吉林出版集团有限责任公司，2011.

[2] 高邑．祝酒词全集［M］．北京：中国华侨出版社，2011.

[3] 宋桂花，黄亚男．祝酒词场景应用艺术与经典范例大全［M］．北京：北京工业大学出版社，2008.

[4] 清风．祝酒词大全［M］．北京：中国华侨出版社，2010.

[5] 杨茜彦．领导庆典贺词大全［M］．北京：北京工业大学出版社，2011.

[6] 王学典．庆典贺词全书［M］．北京：企业管理出版社，2012.

[7] 左中荣．庆典贺词全书［M］．哈尔滨：哈尔滨出版社，2010.

[8] 张立辉．庆典贺词大全［M］．哈尔滨：黑龙江科学技术出版社，2004.